미용건강학

머리말

아름다움은 건강을 기초로 할 때 그 진가를 발휘한다. 따라서 미용관리를 위해서 건강관리가 기초적이며 필수적인 요소라고 할 수 있다. 미용과 건강은 서로 밀접한 관련성이 있으며 미용관련학과에서 전공교과목의 하나로 중요하게 인식되고 있으나, 미용과 관련된 건강학 교재는 매우 부족한 상태이다. 이에 미용관련 건강학 교재의 필요성을 절감하고 필자들은 미용관리와 관련하여 학습이 요구되는 건강학 분야를 정리하고자 하였다.

이 책에서는 건강관리를 위해서 무엇보다 올바른 영양과 식생활이 중요하므로 우선 건강한 식생활, 영양소와 건강에 대해 다루었다. 그리고 실제적으로 미용과 관련된 주요한 기관인 피부와 모발 및 두피의 건강에 대해 다루었으며, 비만이 건강과 미용을 위협하는 점을 중시하여 비만과 여성건강 및 관리법 등을 폭넓게 다루었다.

또한 흡연, 스트레스 등 여러 가지 생활습관과 미용건강과의 관련성에 대해 다루었으며 마지막으로 청소년기부터 임신기, 산후, 성인기, 폐경기, 노년기까지 생애주기별 미용건강법에 대하여 상세하게 다루었다.

이 책이 대학 관련학과 교재로 활용되고, 또한 미용인들을 포함하여 미용을 위하여 건강에 관심가지고 있는 사람들의 참고서적으로 이용되기를 바라며, 미진한 부분은 계속 연구 노력하여 보완할 것을 약속드린다.

끝으로 이 책이 출간되기까지 힘써주신 파워북 사장님과 편집부 직원 및 출간 관계자 여러분께 감사드린다.

2007. 9

저자 일동

Contents

제7장 비만과 건강 ··· 159

제8장 생활습관과 미용건강 … 215

제9장 생애주기와 미용건강 … 257

제 1 장 식생활과 건강

1. 영양과 건강
2. 건강한 식생활
3. 바람직한 식사계획
4. 한국인의 식생활 지침
5. 영양표시제

PART 01 식생활과 건강

"잘 먹는다"는 것은 건강한 삶을 유지하기 위해 매우 중요하며, 나아가 먹는 즐거움과 심리적 안정감을 주기도 한다. 우리는 태어나기 전부터 엄마의 뱃속에서 출생을 기다리는 동안 영양을 섭취하며 태어나면서 식품을 통해 영양소를 공급받고 에너지를 얻어서 성장하고 생명을 유지한다. 사람은 일생 동안 7만 끼니, 식품으로는 약 60톤 정도를 섭취한다. 우리는 매일, 하루에도 몇 차례씩, 무엇을 어떻게 먹을까를 생각한다. 그날그날의 식품선택은 즉시 건강에 지대한 영향을 주는 것은 아니지만 장기간 반복된 식생활 습관은 성장 또는 건강유지에 중요한 역할을 하게 된다. 매일의 적절한 식품선택은 우리 몸에 필요한 영양소를 공급해줄 뿐 아니라 체내 면역체계를 튼튼하게 하여 질병을 예방하고 치료에도 도움을 줄 수 있다.

건강한 식생활은 피부조직에 영양을 공급하여 활력을 주고 아름다움을 선사하기도 한다. 식품섭취가 올바르지 못해서 생기는 영양불량이나 영양과잉의 불균형 상태는 여러 질병을 유발한다. 최근 우리 식생활이 점차 풍요로워지고 서구화되면서 현대의 만성질환인 암이나 심혈관계 질환이 사망 원인의 1, 2위를 차지하고 있다. 영양불균형, 또는 잘못된 식습관에 의해 유발된 만성질환은 대부분 양호한 식생활을 통해 예방할 수 있다. 따라서 올바른 식습관 형성은 평생의 건강유지에 중요한 요소이며 생리적으로 균형 잡힌 영양 상태는 모든 건강문제를 해결하는 첫 번째 단계이다. 평소 식생활에서의 적은 노력은 활기 있고 건강한 삶을 유지하는 데에 큰 변화로 나타날 수 있다.

01 영양과 건강

1) 건강의 의미

우리 모두는 누구나 건강하게 오래 살기를 바란다. 건강이란 무엇인가? 건강은 즐겁고 행복한 삶을 살아가기 위한 필요충분조건이다. 세계보건기구에서는 건강이란 "신체적, 정신적, 그리고 사회적으로 완전하게 양호한 상태이며, 단순히 질병이 없거나 허약하지 않다는 것만을 의미하지 않는다"로 정의한 바 있다. 즉, 우리의 건강은 먼저 신체적으로 튼튼하여야 하며, 정신적으로는 안정되고 활기차야 하고, 사회적으로도 소외되지 않고 인정받는 상태가 되어야 비로소 완전히 건강하다고 할 수 있다는 것이다. 그러나 무엇보다도 가장 핵심은 신체의 대사기능이 정상적으로 이루어져야 한다는 점이다. 신체의 모든 기능이 정상적으로 움직일 때, 즉 대사가 정상적으로 수행될 때 그 신체는 건강하다고 할 수 있으며 이것을 바탕으로 모든 행동과 사고가 정상적으로 수행되기 때문이다.

건강을 유지하는 방법으로 세 가지가 있다. 첫째, 질병이나 어떤 증세가 나타났을 때 의사에게 진단받고 치료하는 소극적인 방법과 둘째, 건강상 문제를 일으킬 만한 위험요인을 미리 찾아내는 방향으로 행동하는 예방차원의 방법이 있다. 마지막으로는 건강증진을 위한 적극적인 생활방식과 행동을 통해 삶의 질을 높여 나가는 방법을 들 수 있다. 이와 더불어 양호한 건강상태를 유지하기 위해서는 개인의 생활양식에서의 건강관리는 물론이거니와 개인이 소속되어 있는 사회의 보건과 건강을 위한 복지정책, 의료시설 그리고 경제적 여건이 복합적으로 잘 관리되어야만 한다.

2) 식생활과 만성질환

개인의 건강상태는 유전, 영양 및 식사, 환경인자, 건강관리 및 생활방식 등에 의해 결정된다. 이 중에서 유전적 요인을 제외한 다른 인자들은 개인의 노력에 의해 어느 정도 조절될 수 있다. 즉, 식사, 운동, 흡연, 음주, 스트레스 등을 잘 관리할 때 건강에 대

한 위협을 상당히 감소시킬 수 있다.(표 1-1)

과식이나 영양이 불균형한 식사를 하면서 활동량이 적은 생활양식은 심혈관계 질환, 뇌졸중, 고혈압, 당뇨병, 암 등 만성질환의 발병과 사망의 위험인자로 알려져 있다. 최근 통계청에서 발표한 바에 의하면 (표 1-2)에서 보는 바와 같이 한국인의 10대 사망원인과 관련된 질환은 1위가 암(위암, 간암, 폐암 등)이며, 순환기계 질환(뇌혈관 질환, 허혈성심장 질환, 고혈압성 질환 등), 내분비 · 영양 및 대사 질환(당뇨), 소화기계 질환(궤양, 간

표 1-1 만성질환의 위험인자가 되는 식사 및 생활양식

식사 및 생활양식의 위험인자 \ 만성질환	암	고혈압	당뇨병	동맥경화	비만	심근경색	골다공증
에너지 및 지질 섭취	✓	✓	✓	✓	✓	✓	
곡류와 식이섬유의 섭취	✓		✓	✓	✓	✓	
칼슘 섭취	✓	✓					✓
비타민과 무기질 섭취	✓	✓		✓			✓
짠 음식과 절인식품 섭취	✓	✓					✓
알코올 섭취	✓	✓		✓	✓	✓	
흡연	✓	✓		✓		✓	✓
유전자	✓	✓	✓	✓	✓	✓	✓
연령	✓	✓	✓	✓		✓	✓
잘못된 생활습관	✓	✓	✓	✓	✓		✓
스트레스	✓	✓		✓		✓	✓

표 1-2 우리나라 주요 사망원인 질환별 식생활 관련 추정 위험인자

순위	질환 종류		추정 위험인자
1	암	위암 간암 폐암	비만, 지질섭취 과다, 식이섬유질 섭취의 감소, 짠 음식, 낮은 칼슘섭취, 비타민과 무기질 섭취의 감소, 과다한 음주, 흡연
2	순환기계 질환	뇌혈관 질환 허혈성심장 질환 고혈압성 질환	비만, 지질섭취 과다, 식이섬유질 섭취의 감소, 짠 음식, 낮은 칼슘섭취, 비타민과 무기질 섭취의 감소, 과다한 음주
3	내분비 · 영양 및 대사 질환	당뇨	비만, 지질섭취 과다, 식이섬유질 섭취의 감소
4	소화기계 질환	궤양 간질환	짠 음식, 과다한 음주, 스트레스

자료 : 통계청, 한국인의 주요 사망원인, 2003.

질환), 호흡기계 질환 순으로 나타났다. 이들 질환 중 식사와 관련되지 않은 것은 거의 없다.

현대사회에서 이런 모든 만성질환은 풍요에 따른 재해로 볼 수 있지만, 다행히 식생활로 예방이 가능한 질환들이기 때문에 건강한 삶과 아름다움을 유지하기 위해서는 평소 적절한 식생활 관리가 필요하다. 따라서 현대인들이 균형 있는 영양소의 섭취와 식이섬유질의 충분한 섭취를 위한 올바른 식품선택, 그리고 자신의 식습관을 이해하고 영양에 대한 올바른 지식을 가지게 되면 적어도 식생활과 연관된 건강문제의 위험은 크게 줄어들 것이다.

02 건강한 식생활

건강한 식생활의 기본은 필요한 영양소를 적당량, 균형 있게 골고루 섭취하는 것이다. 즉, 식사의 다양성, 적절한 양, 균형이 건강을 위한 식사원칙이 된다.

1) 다양한 식품선택

식품을 골고루 먹어야 하는 이유는 완전한 식품이 없기 때문이다. 인체에 필요한 모든 영양소를 한 가지 식품에서 모두 얻을 수 없으므로 여러 식품군에서 다양한 식품을 선택하여 성장과 건강에 요구되는 영양소들을 섭취하여야 한다. 예를 들면, 우유는 칼슘이 풍부하지만 철분은 매우 적고 식이섬유는 거의 없다. 만약 당근을 좋아해서 매일 당근만 먹는다면 비타민A는 섭취할 수 있으나 엽산의 섭취는 부족하게 된다. 그러므로 엽산이 풍부한 상추, 쑥갓 같은 야채를 함께 섭취해야 한다. 더욱이 과일, 야채, 전곡류 같은 식물성 식품에는 파이토케미컬 phytochemical 이라는 생리활성 물질이 풍부하게 함유되어 있어서 이를 많이 섭취하면 암이나 심혈관계 질환의 위험을 감소시킬 수 있다고 알려져 있다. 과일, 야채류의 섭취가 부족할 때 우리는 흔히 비타민·무기질 영양

보충제를 통해 보충받기도 하지만 자연식품에 들어있는 생리활성 물질의 섭취는 불가능하게 된다.

2) 균형 잡힌 식사

균형식이란 에너지와 영양소들 간의 비율이 적당한 식사를 의미한다. 표에 제시한 곡류 및 전분류, 채소 및 과일류, 고기, 생선, 달걀 및 콩류, 우유 및 유제품, 유지 및 당류 등 5가지 식품군에서 골고루 식품을 선택하여 매끼 식사를 준비한다면 균형 잡힌 영양섭취를 할 수 있다.

3) 적당한 양 섭취

적절한 양을 섭취한다는 것은 모든 영양소를 필요한 만큼 골고루 섭취할 수 있도록 음식의 양을 조절하는 것을 말하며, 너무 많거나 적게 섭취하지 않는 것을 뜻한다. 음식 섭취량의 조절은 단순히 한 끼 식사의 분량을 조절하는 것뿐만 아니라 하루 세 끼 식사에서 영양소의 배분을 고려하는 것도 중요하다. 어느 날 점심에 돼지고기 삼겹살을 먹어 지방섭취가 많았다면 저녁에는 야채샐러드, 나물류를 많이 먹어서 전체적으로 영양소 섭취량을 조절하는 것이 바람직하다.

03 바람직한 식사계획

우리는 건강을 유지하기 위해 각 식품과 영양소들을 얼마나 섭취해야 될까? 개인이나 국가차원에서 영양결핍이나 과잉으로 인한 건강문제를 방지하기 위해 일상 식사의 적정성을 평가하는 데 일반인들도 쉽게 이해할 수 있도록 여러 가지 도구와 기준이 마련되었다.

1) 영양섭취기준(Dietary reference intake: DRI)

우리나라에서는 1962년부터 국민의 영양결핍을 예방하기 위한 목적으로 권장 영양섭취기준 Recommended dietary allowance: RDA 을 제정하여 사용해 왔다. 영양권장량이란 건강한 인구집단의 영양필요량을 충족하기 위하여 성별, 연령별로 설정한 각 필수영양소의 섭취수준이다. 이와 같은 영양권장량은 영양정책 수립, 식사계획, 식사지침 개발 및 영양표시의 기준치 등을 제시할때 활용 되었다.

최근 생명과학의 발달로 인간의 수명이 길어지고 영양소 강화식품과 비타민 · 무기질 보충제 섭취가 증가하는 한편, 고열량 및 고지질 식사로 인한 비만과 고지혈증 등의 만성질환 발병률이 점차 증가하고 있다. 이에 따라 전 세계적으로 영양소 부족뿐 아니라 과잉으로 인한 위험을 예방하고 만성질환 발생의 위험을 줄이기 위해 영양소별로 다양한 섭취기준이 제시되는, 소위 "영양섭취기준 Dietary reference intake: DRI" 이 제정되는 추세로, 우리나라에서도 2005년 새로운 영양섭취기준이 제정되어 발표되었다.

영양섭취기준은 각 영양소별로 평균필요량, 권장섭취량, 충분섭취량, 상한섭취량으로 구성되어 있어, 식생활을 보다 정밀하게 평가하고 식사를 계획하는 데 활용할 수 있다. 각 영양섭취기준의 의미와 그 적용에 대해 살펴보자.

그림 1-1 영양섭취기준

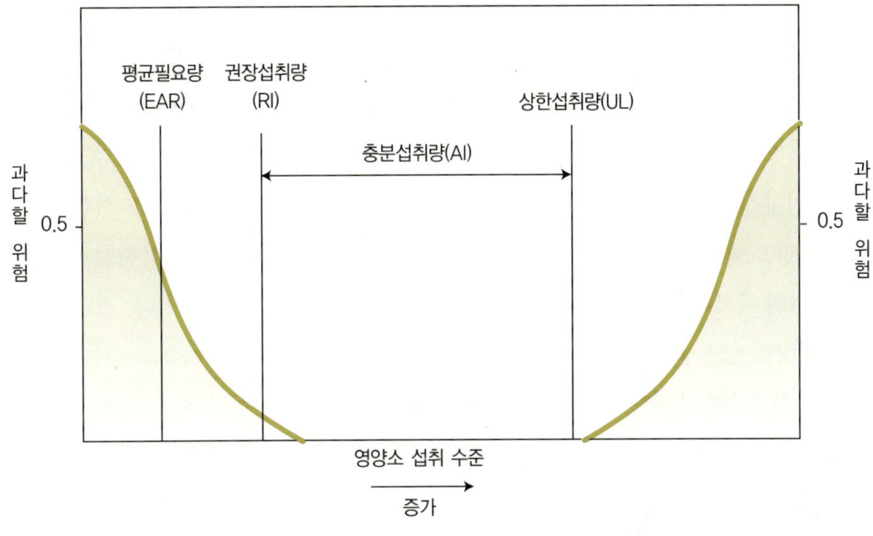

(1) 평균필요량(estimated average requirement: EAR)

건강한 인구집단의 50%에 해당하는 사람들의 영양필요량을 충족시키는 수준을 가리키며 나머지 50%의 필요량은 충족되지 않는다. 평균필요량은 인구집단의 평소섭취량이 필요량 미만인 사람의 비율을 최소화하는 식사계획이나 영양평가에 이용할 수 있다.

(2) 권장섭취량(recommended dietary allowance: RDA)

건강한 인구집단의 97~98%의 영양필요량을 충족시키며 상당수 사람이 필요로 하는 양보다 높은 수치를 말한다. 대상 인구집단의 영양소 섭취량이 정규분포를 이룬다는 원칙하에 일반적으로 평균필요량(EAR)의 1.2배에 해당하는 값으로, 개인의 평소섭취량은 권장섭취량을 목표로 식사계획을 하는 것이 바람직하다. 그러나 이 권장섭취량은 단순히 영양결핍을 예방하기 위한 기준치가 아니라 만성질환을 예방할 수 있는 영양소의 기능을 고려하여 결정하는 것이 좋다.(예 : 비타민C)

(3) 충분섭취량(adequate intake: AI)

평균필요량(EAR)과 권장섭취량(RDA)을 설정하기 위한 과학적 근거가 충분하지 않을 때 건강한 인구집단의 영양소 섭취량을 실험적으로 추정하여 충분섭취량을 설정한다. 충분섭취량은 영양상태를 정상적으로 유지하기 위해 필요한 개인의 섭취목표가 되며, 집단의 경우 섭취량의 중앙값에 해당하도록 목표로 삼는다.

(4) 상한섭취량(tolerable upper intake level: UL)

특정 인구집단에 속한 거의 대부분의 사람에 위해가 되지 않는 영양소 섭취의 하루 최대섭취량으로, 그 이상 섭취할 경우 과잉의 위험이 있다. 영양소의 상한섭취량은 영양소 섭취의 목표값이 아니며 이 값 미만으로 섭취해야 하는 기준치이다. 집단의 경우 평소섭취량이 상한섭취량보다 높은 사람의 비율이 최소가 되도록 목표로 삼는다.

영양섭취기준을 식사계획에 이용할 때 권장섭취량이 정해지지 않은 영양소의 경우 충분섭취량을 사용할 수는 있으나 상한섭취량을 초과하지는 말아야 한다. 또한 영양섭취기준은 건강한 일반인을 대상으로 하는 것이므로 영양불량이나 영양소 소모가 많은 질병을 앓고 있는 경우에는 적용할 수 없다.

2) 식사구성안

우리의 건강을 유지하고 만성질환을 예방하기 위해 바람직한 식사란 어떤 것일까?

식단작성을 위한 몇 가지 도구와 지침을 이용하다 보면 보다 쉽고 편리하게 식사를 계획할 수 있다. 한국영양학회에서 제시하고 있는 식품구성탑, 식품군별 1인 1회 분량 및 식사구성안에 대해 알아보면 다음과 같다.

(1) 식품구성탑

식품구성탑이란 일반인들이 식사구성안에 포함되어야 할 식품군의 종류와 균형 잡힌 식생활에서 각 식품군의 중요성을 쉽게 이해하고 실제 활용할 수 있도록 나라마다 고유한 건축물의 모습으로 구성된 모형이다. 우리나라의 식품구성탑은 다보탑 모양으로 고안되어 있는데, 구성탑의 다섯 층은 각기 표시된 식품군을 의미하며 각 층의 크기와 위치는 우리 국민의 식생활에서 차지하는 중요성과 섭취량의 차이를 의미한다. 가장 크고 바탕이 되는 맨 아래층에는 우리나라 사람의 주식인 곡류 및 전분류가 위치하고 있으며 두 번째 층은 상대적으로 섭취량이 많은 채소 및 과일류가, 세 번째 층은 부

그림 1-2 식품구성탑

자료 : 한국영양학회, 한국인영양섭취기준, 2005

식으로 섭취되는 동물성 식품들이 차지하고 있으며, 네 번째 층에는 비교적 섭취량이 적은 칼슘 공급을 위한 우유 및 유제품이, 그리고 맨 위인 다섯 번째 층에는 유지, 견과류 및 당류 등 그 섭취량이 아주 적은 식품들이 자리하고 있다.

(2) 식품군별 대표식품과 1인 1회 분량

식사구성안을 작성하고자 할 때 각 식품군별로 살펴보면 곡류와 전분류는 대략 300kcal를 제공하며 육류, 어류, 난류 및 두류는 약 80kcal를, 우유와 유제품은 125kcal를, 유지와 견과류 및 당류는 45kcal를 제공해준다. 다만 채소류와 과일류는 소분류에 따라 열량 함량이 다양하다. 한편 동일한 식품군 내에서도 일부 식품의 경우 그 열량 함량이 다소 다르다. 예컨대 우유 및 유제품 중 아이스크림은 1인 1회 분량이 1/2컵에서 210kcal를 제공하므로 식단 작성시 이러한 점을 고려해야 한다.

식품군별 대표식품의 1회 분량은 사람들의 일상섭취량으로부터 산출된 것이며, 식사조절이 필요하지 않은 건강한 사람들이 실제 식생활에 적용하도록 제정된 것으로 특수한 질병(예: 당뇨병)에서 식사요법을 위한 식품교환 단위와는 다르다.(그림 1-3)

(3) 식사구성

생애주기에 따라 영양소 권장섭취량이 변화하므로 이를 충족하기 위해 식사구성이 달라야 한다. 즉, 청소년기, 성인기, 노인기, 임신부는 에너지를 비롯하여 주요 영양소의 권장섭취량에 차이가 나기 때문에 이들을 위한 식사구성을 (표 1-3)에 제시하였다.

표 1-3 생애주기에 따른 식품군별 1일 권장섭취 횟수 (단위: 회)

식품군	청소년(16~19세)		성인		노인(65~74세)		임신부
	남 (2,700kcal)	여 (2,100kcal)	남 (2,500kcal)	여 (2,000kcal)	남 (2,000kcal)	여 (1,700kcal)	(후반기) (2,350kcal)
곡류 및 전분류	5	3.5	5	4	4	3.5	4
육류, 어류, 난류, 두류	6	5	5	4	4	3	6
채소류 및 과일류	8	6	7	6	7	6	7
우유 및 유제품	2	2	1	1	1	1	2
유지류, 견과류 및 당류	5	4	5	4	4	3	4

그림 1-3 식품군별 대표 식품의 1인 1회 분량

식품군	1인 1회 분량					
곡류 및 전분류	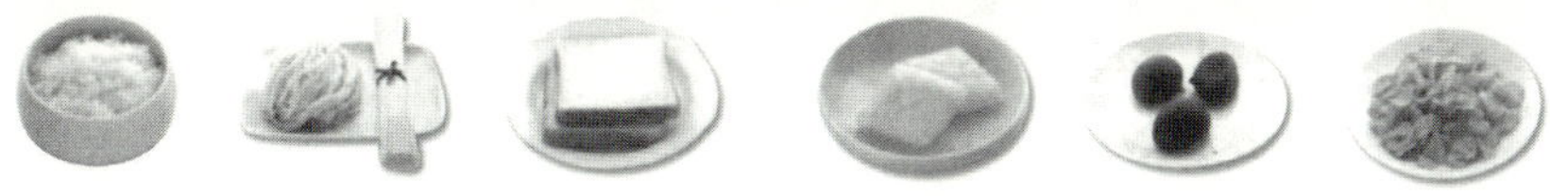					
	밥 1공기 (210g)	국수 1대접 (건면 90g)	식빵 2쪽 (100g)	떡 2편 (절편 50g)	밤(대) 3개 (60g)	시리얼 1접시 (30g)
고기, 생선 계란, 콩류	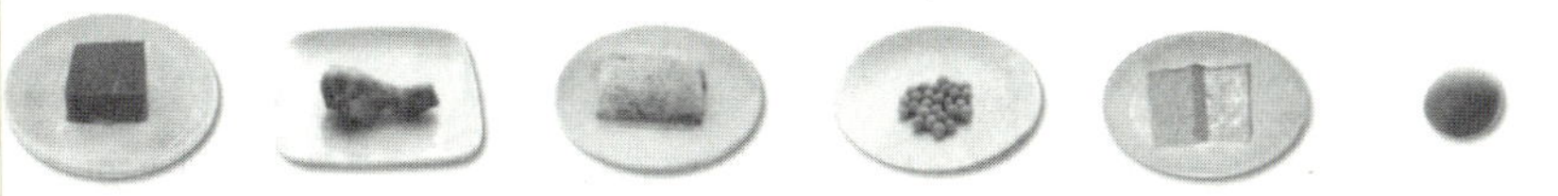					
	육류 1접시 (생 60g)	닭고기 1조각 (생 60g)	생선 1토막 (생 50g)	콩 (20g)	두부 2조각 (80g)	달걀 1개 (50g)
채소류	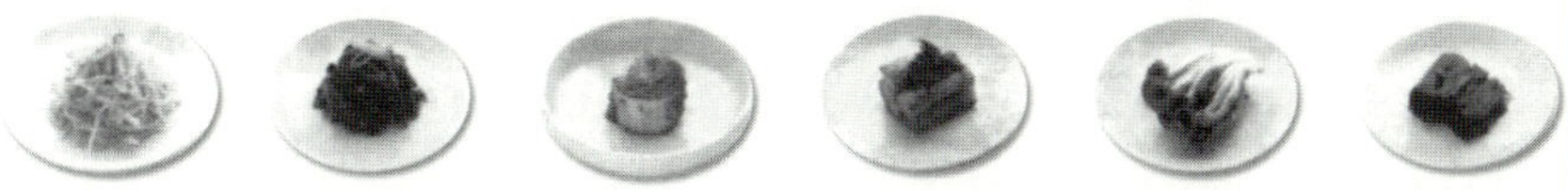					
	콩나물 1접시 (생 70g)	시금치나물 1접시 (생 70g)	배추김치 1접시 (생 40g)	오이소박이 1접시 (생 60g)	버섯 1접시 (생 30g)	물미역 1접시 (생 30g)
과일류						
	사과(중) 1/2개 (100g)	귤(중) 1개 (100g)	참외(중) 1/2개 (200g)	포도 1/3송이 (100g)	오렌지주스 1컵 (100g)	
우유 및 유제품류						
	우유 1컵 (200g)	치즈 1장 (20g)	호상요구르트 1/2컵 (110g)	액상요구르트 3/4컵 (150g)	아이스크림 1컵 (100g)	
유지, 견과 및 당류						
	식용유 1작은술 (5g)	버터 1작은술 (5g)	마요네즈 1작은술 (5g)	땅콩 (10g)	설탕 1큰술 (10g)	

04

한국인의 식생활 지침

한국인을 위한 식사지침은 1986년 한국영양학회에서 처음 마련하였으며 2002년에는 보건복지부에서 생애주기별 성인, 노인, 영유아, 임신부 및 수유부, 어린이, 청소년을 위한 새로운 식생활 지침을 발표하였다.

이러한 식생활 목표와 지침은 "2010 국민건강증진종합계획"에 따라 국민건강목표를 수명과 주요 질병관리로 하여, 특히 영양부문에서 달성하고자 하는 목적을 지니고 있다. 그중 성인을 위한 식생활 목표는 20세 이상 65세 미만의 광범위한 연령 계층에 공통적으로 적용되는 것으로 특정 영양소의 섭취에 대한 권유사항과 전통 식생활을 강조하는 내용들로 구성되어 있다.

1) 성인을 위한 식생활 목표

- 열량과 단백질은 권장량에 알맞게 섭취한다.
- 칼슘, 철분, 비타민A, 리보플라빈의 섭취를 늘린다.
- 지질섭취는 총 열량의 20%를 넘지 않도록 한다.
- 소금은 하루에 10g 이하를 섭취하도록 한다.
- 알코올 섭취를 줄인다.
- 건강체중(BMI 18.5~25)을 유지한다.
- 바른 식습관을 유지한다.
- 전통 식생활을 발전시킨다.
- 식품을 위생적으로 관리한다.
- 음식의 낭비를 줄인다.

2) 성인을 위한 식생활 실천 지침

- 채소, 과일, 우유 제품을 매일 먹자
  - 여러 가지 채소를 매일 먹습니다.

- 다양한 제철 과일을 먹습니다.
- 우유, 요구르트, 치즈 등 우유 제품을 간식으로 먹습니다.

• 지방이 많은 고기와 튀긴 음식을 적게 먹자
- 고기는 기름을 떼어 내고 먹습니다.
- 튀기거나 볶은 음식을 적게 먹습니다.
- 등 푸른 생선을 자주 먹습니다.

• 짠 음식을 피하고, 싱겁게 먹자
- 장아찌, 젓갈 같은 짠 음식을 적게 먹습니다.
- 음식을 만들거나 먹을 때 소금이나 간장을 적게 사용합니다.
- 국과 찌개의 국물을 적게 먹습니다.

• 활동량을 늘리고 알맞게 섭취하자
- 운동은 1회 30분 이상, 1주 3, 4회 이상 실천합니다.
- 생활 속에서의 신체 활동을 늘립니다.
- 단 음식과 단 음료를 제한합니다.
- 건강 체중을 유지합니다.

• 술을 마실 때는 그 양을 제한하자
- 되도록 음주를 피합니다.
- 남자는 하루 2잔, 여자는 1잔 이내로 제한합니다.
  (2잔은 소주로는 3잔, 맥주로는 2캔, 양주로는 2잔에 해당됩니다.)
- 임신부나 청소년은 절대 술을 마시지 않습니다.

• 세 끼 식사를 규칙적으로 즐겁게 하자
- 아침을 거르지 않습니다.
- 저녁 식사는 가족과 함께 즐겁게 합니다.

• 음식은 먹을 만큼 준비하고, 위생적으로 관리하자
- 음식은 먹을 만큼 만들거나 주문합니다.
- 남은 음식은 바로 냉장 보관하고, 오래 두지 않습니다.

• 밥을 주식으로 하는 우리 생활을 즐기자
- 밥과 다양한 반찬을 갖춘 식단으로 영양 균형을 유지합니다.

자료 : 보건복지부, 2002

3) 청소년을 위한 식생활 실천 지침

- 채소, 과일, 우유 제품을 매일 먹자
  - 다양한 채소와 과일을 먹습니다.
  - 우유를 매일 2컵 이상 마십니다.
- 튀긴 음식과 패스트푸드를 적게 먹자
  - 스낵류와 튀긴 음식을 적게 먹습니다.
  - 햄버거, 피자 등 패스트푸드를 적게 먹습니다.
  - 가공식품과 인스턴트식품을 적게 먹습니다.
- 건강 체중을 바로 알고, 알맞게 먹자
  - 내 키에 맞는 체중을 압니다.
  - 활동량을 늘리고 매일 운동합니다.
  - 무리한 다이어트를 하지 않습니다.
- 음료로는 물을 마시자
  - 술은 절대 마시지 않습니다.
  - 탄산음료를 적게 먹습니다.
  - 물을 자주 마십니다.
- 아침을 꼭 먹자
  - 아침을 거르지 않습니다.
  - 저녁을 제 시간에 먹습니다.
  - 한꺼번에 많이 먹지 않습니다.
- 위생적인 음식을 선택하자
  - 불량식품을 먹지 않습니다.
  - 가공식품의 영양표시와 유통기한을 확인합니다.
- 밥을 주식으로 하는 우리 식생활을 즐기자
  - 하루에 두 끼 이상을 밥으로 먹습니다.
  - 밥과 다양한 반찬을 갖추어 먹습니다.

자료 : 보건복지부

05

영양표시제

영양표시제도는 가공식품의 영양적 특성을 일정한 기준과 방법에 따라 표현하도록 국가가 관리하는 제도로, 허위 · 과대 표시나 광고로부터 소비자를 보호하고 올바른 영양정보를 제공하여 식품 선택에 도움을 주고자 하는 의도에서 마련되었다.

현재 영양 표시제도는 모든 식품에 대한 의무규정이 아니므로 공급자의 선택에 따라 표시의 유무를 결정할 수 있으나 표시하고자 한다면 기준을 준수하여야 한다.

특수영양식품, 건강보조식품, 그 외 영양소 함량을 강조표시한 제품에 대해서는 의무적으로 영양표시를 하도록 되어 있다.

필수적으로 표시해야 하는 영양소는

- 총 열량, 지방으로부터 얻는 열량
- 총 지방, 포화지방, 콜레스테롤
- 소금
- 총 탄수화물, 식이성 섬유, 설탕류
- 강화된 영양소
- 단백질, 비타민A, 비타민C, 칼슘, 철분 등.

이 밖의 영양소는 선택적으로 기재하도록 하고 있으며, 영양소 함량에 따른 강조표시에 관한 기준도 마련되어 있는데, '저', '고', '덜', '더', '강화', '첨가' 등의 용어를 사용할 때는 규정에 있는 함량에 일치해야 한다.

- 예를 들어, '저지방'이라고 표기하기 위해서는 제품 100g당 지방이 3g 미만이어야 한다.
- 영양소 이외의 다른 첨가물들도 반드시 명기해야 하는데 첨가량이 많은 것부터 차례로 나열한다.
- 영양표시 중 건강 강조표시는 제품에 함유된 특정성분과 질병 간에 연관성이 있음을 주장하는 표현인데, 이 역시 엄격한 기준에 의해서 표현하도록 하고 있다.

예를 들어, "칼슘이 많이 함유된 식품을 섭취할 경우 골다공증의 발생위험을 줄일 수 있습니다."라고 표기하기 위해서는 제품 내 칼슘함량이 일정량 이상이어야 하며, 칼슘과 인의 비가 1:1 이하여야 한다.

- 또한 제품 내 총 지방, 포화지방, 콜레스테롤, 나트륨이 일정량 이하여야 한다.

우리나라에서는 아직까지 질병의 치료에 관한 표현은 식품에 허용되지 않고 건강보조식품, 특수영양식품, 인삼가공제품에 유용성 표시를 허용하는 수준이었으나, 앞으로는 식품에 특정 질병에 대한 효능을 첨가할 수 있도록 허용할 계획이다.

표 1-4 영양소 함량 강조표시의 기준표

영양성분	강조표시	표시조건
열량	저	100g당 40kcal 미만 또는 100ml당 20kcal 미만일 때
지질	저	100g당 3g 미만 또는 100ml당 1.5g 미만일 때
	무	100g/ml당 0.15g 미만일 때
포화지방	저	100g당 1.5g 미만 또는 100ml당 0.75g 미만이고 열량의 10% 미만일 때
콜레스테롤	저	100g당 200mg 미만 또는 100ml당 100mg 미만이고 포화지방이 100g당 1.5g 미만 또는 100ml당 0.75g 미만일 때
당류	무	100g/ml당 0.5mg 미만일 때
나트륨	저	100g당 120mg 미만일 때
	무	100g당 5mg 미만일 때
식이섬유질	함유	100g당 3g 이상 또는 100kcal당 1.5g 이상일 때
	고 또는 풍부	100g당 6g 이상 또는 100kcal당 3g 이상일 때
단백질	함유	100g당 1일 권장량의 10% 이상 또는 100ml/kcal당 5% 이상일 때
	고 또는 풍부	100g당 1일 권장량의 20% 이상 또는 100ml/kcal당 10% 이상일 때
비타민 또는 무기질	함유	100g당 1일 권장량의 15% 이상, 100ml당 7.5% 이상 또는 100ml당 5% 이상일 때
	고 또는 풍부	100g당 1일 권장량의 30% 이상, 100ml당 15% 이상 또는 100kcal당 10% 이상일 때

자료 : FDA(1996), 식품위생정보, 식품영양표시제

제 2 장 우리 몸에 필요한 영양소

1. 탄수화물
2. 지질
3. 단백질
4. 비타민
5. 무기질
6. 물

PART 02 우리 몸에 필요한 영양소

영양nutrition 이란 신체가 식품을 섭취하고 소화 · 흡수한 후, 생명유지나 근육활동에 필요한 열량을 공급하고 각 조직이나 기관의 성장, 유지 및 보수 작용의 여러 과정을 비롯하여 신체에 불필요한 대사물질을 체외로 배설하기까지의 일련의 과정을 말한다. 영양소 nutrient 는 식품으로부터 얻어지는 유기 · 무기질들로 인체의 성장발달과 유지 및 조직의 보수에 이용된다.

우리 몸에 필요한 영양소는 탄수화물, 지질, 단백질, 비타민, 무기질, 물의 6대 영양소로 구분된다. 이들 영양소는 기능에 따라 세 종류로 나눌 수 있다. 즉, 주로 에너지를 제공하는 영양소, 신체의 성장발달 및 유지에 중요한 영양소, 신체 대사과정을 조절하는 영양소로 구분된다.

일부 영양소의 기능은 서로 중복되기도 하는데, 건강한 신체활동을 유지하기 위해서는 이 영양소들을 다양하게 이용해야 하기 때문이다. 일반적으로 식품에는 에너지를 제공하는 영양소가 가장 높은 비율로 존재한다.

01

탄수화물

탄수화물은 신경계나 적혈구와 같은 세포의 주 연료원이며, 격렬한 신체운동을 수행하는 근육도 탄수화물을 주 에너지원으로 이용한다. 신체에서 탄수화물은 1g당 약 4kcal의 에너지를 발생한다. 탄수화물은 혈액에서 포도당 형태로 존재하기 때문에 모든 세포가 쉽게 사용할 수 있다. 여분의 탄수화물은 간과 근육에서 글리코겐으로 저장되는데, 특히 간에 저장된 글리코겐은 혈액 포도당 농도가 저하될 때 혈당을 일정하게 유지시킨다. 탄수화물을 섭취하지 않을 경우, 간에 저장된 글리코겐은 대략 18시간이면 거의 고갈되기 때문에 항상 식사를 통해 탄수화물을 적당량 섭취하는 것이 중요하다. 신체 내 글리코겐 저장량이 모두 고갈되면 체내 단백질을 소모하게 되고 적정한 혈당유지를 하지 못하게 됨으로써 결국 건강에 문제를 일으키게 된다.

1) 탄수화물의 종류

대부분의 탄수화물은 탄소, 수소, 산소가 각각 1:2:1의 비율로 구성되어 있다. 탄수화물은 당류라고도 하며 단당류, 이당류, 올리고당 및 다당류로 분류된다.

주요 단당류에는 포도당, 과당, 갈락토오스가 있다. 신체 내에서 제일 중요한 단당류인 포도당은 자연계에 널리 존재하고 사람의 혈액 중에 약 0.1% 정도 함유되어 있어 혈당이라고도 한다. 과당은 과일과 꿀에 들어 있으며, 신체 소장에서 흡수된 후 간으로 운반되어 대부분 포도당이나 해당 과정의 중간산물로 전환된다. 갈락토오스는 포도당과 결합하여 이당류인 유당 형태로 우유나 유제품에 들어 있으며 유리된 상태로는 거의 존재하지 않는다.

이당류는 두 개의 단당류가 결합된 형태의 탄수화물이다. 자연상태에서 흔히 볼 수 있는 이당류는 맥아당, 서당 그리고 유당이며 이들 모두 포도당을 함유하고 있다. 맥아당은 포도당 두 분자가 결합된 것으로, 주로 전분의 소화과정에서 형성된다. 보통 식탁용 설탕인 서당은 포도당과 과당으로 이루어져 있으며, 사탕수수, 사탕무, 단풍시럽과 같은 식물에 다량 함유되어 있다. 유당은 우유와 유제품에 들어있는 동물성 이당류로 포도당과 갈락토오스로 이루어져 있다.

올리고당은 3~10개의 단당류로 이루어져 있으며, 콩류에서 발견된 라피노즈와 스타키오스 등이 여기에 속한다. 올리고당은 우리 신체 내에서 쉽게 소화가 되지 않는 특성을 가지고 있으며, 대장에서 박테리아에 의해 가스와 다른 부산물을 생성한다.

다당류는 1,000개 이상의 단당류로 구성된 탄수화물의 복합체이다. 다당류 또는 복합 탄수화물에는 전분, 글리코겐 및 식이섬유질이 해당된다. 곡류와 감자류에 많은 전분은 식물의 에너지 저장형태이다. 전분은 구조상 아밀로오스와 아밀로펙틴의 두 형태가 있으며, 아밀로오스가 포도당이 직쇄형으로 연결된 긴 사슬 형태의 중합체인 반면, 아밀로펙틴은 많은 가지 구조를 가진 포도당 중합체이다. 아밀로오스와 아밀로펙틴은 감자, 콩, 식빵, 파스타, 쌀 등의 전분식품에 많이 함유되어 있으며, 일반적으로 1:4 비율로 들어 있다. 아밀로펙틴은 구조상 가지를 많이 가지고 있어 소화효소가 작용할 면적이 넓으므로 아밀로오스보다 훨씬 더 쉽게 분해되어 혈당을 빨리 높인다. 사람과 동물 체내에 저장되는 탄수화물인 글리코겐은 아밀로펙틴과 유사한 가지 구조의 포도당 중합체이며 주로 신체의 간과 근육에 저장된다.

식이섬유질에는 불용성인 셀룰로오스, 헤미셀룰로오스를 비롯하여 수용성인 펙틴, 검, 뮤실리지 등이 있고, 비당류의 알코올 유도체인 리그닌도 이에 해당된다. 불용성 섬유질은 인체의 소장에서 소화되지 않고 대장으로 내려간다. 수용성 섬유질은 대장에서 박테리아에 의해 발효되어 초산, 프로피온산, 부티르산과 같은 단쇄 지방산과 수소, 메탄 등의 가스를 만든다. 특히 부티르산은 대장 세포의 에너지원으로 사용되며, 대장의 건강을 증진시킨다.

2) 탄수화물의 체내기능

포도당의 중요한 기능은 신체에 에너지를 공급하는 것이다. 뇌와 적혈구는 에너지원으로 주로 포도당을 사용하며, 근육과 다른 신체 세포에서는 포도당과 지방산을 사용하여 에너지를 충족시킨다.

포도당은 조직 단백질이 에너지원으로 사용되는 것을 방지하여 절약작용을 한다. 탄수화물을 충분히 섭취하면 식이 단백질은 신체 조직을 구성하고 생명유지에 중요한 대사과정에 쓰이게 된다. 그러나 탄수화물을 충분히 섭취하지 못하여 포도당이 부족하면 신체는 근육조직 단백질을 분해하여 포도당을 합성한다. 그러므로 이런 상태가 몇 주일 동안 계속되면 근육조직이 손실된다. 또한 탄수화물의 충분한 섭취는 지방산 산화에도 필요하다. 탄수화물이 부족하면 인슐린 분비가 감소하여 지방조직으로부터 지방산이 필요 이상 분해되는데, 그 결과 아세트산과 그 유도체인 케톤체가 다량 만들어져 혈액과 조직에 축적되는 케톤증을 유발한다.

식이섬유질은 포만감을 주므로 상대적으로 열량 섭취를 줄여 비만을 예방할 수 있다. 특히 불용성 섬유질은 수분을 흡수하여 피부가 증가하기 때문에 변의 양이 많아져 장 근육을 자극할 뿐 아니라 변이 부드러워져서 변 배설을 용이하게 만든다. 수용성 섬유질은 소장의 당 흡수를 느리게 하여 혈당을 조절하므로, 당뇨병 치료에 도움을 줄 수 있으며 혈청 콜레스테롤을 감소시켜서 심혈관계 질환과 담석증을 예방할 수 있다.

탄수화물 권장수준은 총 섭취열량의 60~70%이다. 이는 하루 2,000kcal 섭취 기준으로 볼 때 300~350g 정도이며, 전문가들은 대부분 복합 탄수화물로 섭취할 것을 권장하고 있다. 국민건강 · 영양조사 결과, 우리나라 사람들의 탄수화물 섭취량은 1998년 325g에서, 2001년 295g으로 다소 감소하였다. 총량의 대부분인 80.4%를 곡류에서 섭취하고 있으나 과실류(6.1%)와 채소류(5.3%)에서도 섭취하고 있는 것으로 나타났다.

한국인의 식이섬유질 권장량은 총 섬유질 기준으로 하루 20~25g이며 이것은 열량 1,000kcal 섭취당 14g에 해당하는 양이다. 식이섬유질의 충분한 섭취는 심혈관질환이나 당뇨병의 위험을 감소시키는 데 많은 도움이 된다. WHO(1990)는 총 섬유질 기준으로 하루 27~40g을, 비전분성 다당류 기준으로는 16~24g을 권장하고 있다.

단순당이 많이 들어 있는 사탕이나 초콜릿에는 열량은 많이 함유되어 있으나 비타민이나 무기질이 매우 적어 이들은 빈 열량empty calorie 식품이라 한다. 특히 아이들과 청소년처럼 성장에 필수적인 영양소의 필요량이 높은 시기에는 열량만 있고 필수영양소가 부족한 당질 음식의 섭취를 가급적 절제해야 한다. 설탕을 비롯한 탄수화물은 입 안에 있는 박테리아에 의해 변질되어, 치아의 에나멜층을 녹이고 하부구조를 파괴하는 산을 생성하여 충치를 발생시킨다.

유당 불내증은 유당 분해효소인 락타아제 부족으로 인해 유당을 먹었을 때 나타나는 복통, 가스, 설사 등의 증상을 말한다. 소화되지 않은 유당은 소화관 내 삼투압을 높여 장 내로 물을 끌어들이며 장벽을 자극하고 설사를 유발한다. 유당을 다른 식품과 같이 섭취할 경우 소화율이 높아지므로, 우유는 식사와 함께 섭취하는 것이 좋다. 또한 생산과정에서 대부분의 유당이 분해된 치즈나 요구르트를 비롯하여 저유당 우유나 유당 분해효소가 함유된 우유를 섭취하는 것이 유당 불내증 환자에게 도움이 될 수 있다.

02

지질

지질은 탄소, 수소, 산소로 구성되며 1g당 9kcal의 열량을 생산한다. 지질은 탄수화물에 비해 동일한 g당 탄소와 수소 수가 더 많고 산소가 적기 때문에 더 많은 열량을 생산한다. 지질은 다양한 화합물질로 구성되어 있으나 이들의 공통적 특성은 물에 용해되지 않고 클로로포름, 벤젠, 에테르 등의 유기용매에 용해된다는 점이다. 사람이 건강을 유지하기 위해 식사로 섭취해야 하는 지질의 양은 매우 적다. 실제로 식물성 기름을 매일 2~4순갈 정도의 음식에 섞어 먹거나 연어, 참치 등의 기름진 생선을 최소한 1주일에 2회 정도 섭취하는 것만으로 필수지방산의 필요량을 충족시킬 수 있다.

1) 지질의 기능

지질은 주로 신체에 에너지를 제공한다. 특히 중성지방은 가벼운 활동과 휴식기에 근육이 주로 사용하는 연료이다. 인체가 사용하고 남은 여분의 열량은 주로 중성지방의 형태로 지방조직에 저장된다. 신체는 지방세포에 중성지방을 무한정 저장할 수 있으며 그 양은 체중의 50배까지도 가능하다. 저장된 지방은 신체 장기를 보호하고 열 손실을 막는 절연체 역할을 한다. 피부 바로 밑의 지방층은 대부분 중성지방으로 구성되어 있다. 한편 식품에 존재하는 지질은 소장에서 지용성 비타민의 소화, 흡수를 용이하게 해준다.

2) 지질 섭취와 건강문제

성인을 위한 지질의 권장섭취량은 없다. 그러나 유아의 경우 충분섭취량이 설정되어 있으며 필수지방산인 리놀레산(n-6)과 α-리놀렌산(n-3)의 충분섭취량 역시 설정되어 있다. 성인을 위한 리놀레산의 충분섭취량은 남자 17g/일, 여자 12g/일이며, α-리놀렌산의 충분섭취량은 남자 1.6g/일, 여자 1.1g/일이다. 리놀레산과 α-리놀렌산을 합하면 열량 섭취의 약 5% 정도에 해당되는 양으로 급원식품인 어류를 최소한 1주일에 2회 정도 섭취함으로써 얻을 수 있다.

관상심장질환의 위험이 높은 사람들의 총 지질 섭취는 열량의 20~30%를 초과하지 말아야 하며, 포화지방산의 섭취는 열량 섭취의 7~10%를 넘기지 말아야 한다. 또한 전문가들은 불포화지방산의 섭취량은 열량 섭취의 13% 정도, 콜레스테롤 섭취는 하루 200~300mg을 초과하지 말 것을 권유하고 있다.

지질의 과잉섭취는 체지방의 과잉축적을 유발하고 이는 심혈관계질환이나 암 발생과 무관하지 않다는 보고가 많다. 최근 우리나라를 비롯한 세계 선진국들에서 심혈관계질환은 주요 사망원인의 하나이며, 그중 95% 이상이 심장이나 뇌의 혈류를 막는 혈전에 의해 발생되는 것으로 밝혀졌다. 뇌혈관에 동맥경화 증상이 생겨 뇌의 혈류를 차단하면 뇌졸중을 일으키고, 심장근육의 혈류를 방해하면 심장발작, 심근경색 혹은 관상동맥폐색을 일으키는 것이다. 정상적인 혈청 중성지방의 농도는 100~200mg/dL, 콜레스테롤 농도는 140~260mg/dL인데, 연령이 증가함에 따라 그 농도가 증가하는 경향이 있다. 전립선암, 결장암, 유방암 발생률도 식사의 지질 섭취와 관련성이 높은 것으로 알려져 있다.

3) 피부미용과 지질영양

피부는 표피, 진피, 피하 지방의 세층으로 구성되어 있고, 이 중 가장 외층인 표피는 다시 기저층, 과립층, 각질층의 여러 층으로 나뉘어져 있다. 표피의 가장 하층인 기저층에서 생성된 세포들은 각화과정과 함께 상부로 이동하여 각질층을 형성한다. 표피의 주요 지질로는 인지질과, 콜레스테롤, 중성지방, 지방산 등의 중성지질을 비롯하여 세라마이드 등의 스핑고 지질이 있는데 역동적인 표피의 각화 과정은 이들 주요 지질들의 대사를 수반한다. 즉 기저층의 주요 지질인 인지질은 세포가 각질층으로 이동함에 따라 분해되고 중간 산물인 세린과 팔미트산은 세라마이드 합성에 다시 이용된다. 표피 각질층의 주요 지질인 세라마이드는 지방산, 콜레스테롤 등과 함께 세포 간 공간에서 층상 구조를 형성하여 피부 투과 장벽과 수분 보유 기능을 한다. 각질층의 지질 층상 구조가 손상되어 있는 아토피 피부염은 표피를 통한 수분 증발과 감염으로 인해 표피의 건조화와 과증식 및 염증의 증상이 나타나는 것으로 해석되고 있고 아토피 피부염 환자의 표피에서 세라마이드 수치가 감소되어 있음이 알려져 있다.

표피 내 대표적인 불포화 지방산으로는 리놀레산, 아라키돈산, 감마 리놀렌산이 있고 이들은 표피 기저층에서는 주로 인지질에 결합되어 있으나 각질 형성 세포가 분화함에 따라 세라마이드로 이동되어 아실세라마이드를 형성한다.

최근 등 푸른 생선, 즉 지방함량이 높은 고등어, 연어, 청어에 다량 함유되어 있는 오메가-3-지방산의 섭취가 면역증강이나 염증질환의 치료에 유익하다는 연구 결과가 보고되고 있다. 10명의 연구대상자에게 생선기름(EPA와 DHA)을 일반식사에 강화시켜 식사를 하도록 했을 때 대조군에 비해서 실험 4주 후에 광 보호 효과가 뚜렷하게 나타났다는 임상연구결과가 제시된 바 있다.

03 단백질

단백질 protein은 그리스어로 "가장 중요한 것"이라는 'proteos'에서 유래하였다. 신체를 구성하는 수많은 물질은 기본적으로 단백질로 구성되어 있다. 탄수화물이나 지질처럼 단백질도 탄소, 산소, 수소로 구성되어 있으나 이들과는 달리 질소도 함유하고 있다. 단백질은 무지방 조직의 대부분을 구성하며 뼈와 근육, 혈액, 세포막, 효소 및 면역인자의 성분으로 총 체중의 17% 정도를 차지하는 중요한 물질이다.

1) 단백질의 종류와 급원

체내 단백질을 구성하고 있는 기본 단위 물질은 아미노산이다. 유전정보에 따라 약 20여 종의 아미노산들이 독특한 구조적 조성인 펩티드 결합을 형성함으로써 수많은 단백질을 만든다. 이들 아미노산 중 9종은 체내에서 전혀 합성되지 않거나 합성량이 매우 적어서 반드시 식사로 섭취해야 하는 것으로, 필수아미노산이라 한다(표 2-1). 체내에 필요한 단백질의 정상적인 합성을 위해서는 식사를 통해 필수아미노산을 충분히 섭취해야 하며, 이때 불필수아미노산들도 식사로 많이 공급해주는 것이 바람직하다. 단백질은 육·어류, 달걀 등 난류, 우유 및 치즈 같은 낙농제품, 두류에 많이 함유되어 있다. 동물성 단백질과 두류는 다른 식물성 단백질보다 필수아미노산 함량이 높은, 질 좋은 단백질이다.

표 2-1 아미노산의 종류

필수아미노산	불필수아미노산
이소류신 Isoleucine	알라닌 Alanine
류신 Leucine	아스파라긴 Asparagine
리신 Lysine	아스파르트산 Aspartic acid
메티오닌 Methionine	시스테인 Cysteine
페닐알라닌 Phenylalanine	글루타민산 Glutamic aicd
트레오닌 Threonine	글루타민 Glutamine
트립토판 Tryptophan	글리신 Glycine
발린 Valine	프롤린 Proline
히스티딘 Histidine	세린 Serine
아르기닌 Arginine	티로신 Tyrosine

2) 단백질의 기능

단백질은 체 구성 성분을 형성한다. 근육조직, 결체조직, 점액, 혈액응고 인자를 비롯하여 혈액 내 운반단백질, 지단백질, 효소, 항체, 호르몬, 시홍소, 뼈의 지지구조들이 모두 단백질로 이루어져 있다. 체단백질의 절반 정도는 산소를 운반하는 단백질인 헤모글로빈 hemoglobin과 구조단백질인 콜라겐, 액틴, 미오신으로 구성되어 있으며 이러한 구조적인 역할이 단백질의 일차적인 기능이다.

단백질은 체액의 균형을 유지시킨다. 특히 혈액 내 알부민과 글로불린은 체액의 균형유지에 관여한다. 또한 단백질들은 혈액의 산 · 염기 균형을 조절하는 완충제이기도 하다.

단백질은 1g당 4kcal의 에너지를 생성한다. 만일 충분한 양의 포도당이 식사로부터 섭취되지 않으면, 체 조직 단백질을 분해하여 포도당을 제공한다. 즉, 체내 단백질로부터 생성된 아미노산이 포도당으로 전환되므로 장기간 포도당을 섭취하지 않을 경우, 많은 양의 근육조직이 소모되어 체력이 저하되고 심하면 부종을 유발하게 된다.

3) 단백질 섭취와 건강문제

사람은 하루에 얼마나 많은 양의 단백질을 섭취해야 할까? 성장이 끝난 성인의 경우 소변, 대변, 피부, 머리카락, 손톱 등으로 소모되는 양에 해당하는 단백질을 섭취하면 된다. 2005년 제정된 한국인 영양섭취기준에서는 성인남자는 하루에 55g, 성인여자는 45g을 섭취하도록 권장하고 있다.

단백질은 여러 식품 속에 다양하게 함유되어 있으며, 육류나 어류에 약 20%, 난류에 12~13%, 두류에 20% 이상 함유되어 있다.

단백질의 부족은 성장기 어린이에게 심각한 병적상태를 초래한다. 특히 개발도상국가에서 단백질 부족 증세인 콰시오커 kwashiorkor 가 많이 나타난다. 단백질 섭취가 부족하면 피부에 탄력이 없어지고, 근육은 연약해지며, 빈혈현상이 자주 나타나고 면역력이 약해져 설사를 동반하고 전염성 질병에도 쉽게 감염된다. 이러한 현상이 지속되면 혈액 단백질의 농도가 저하되어 영양실조성 부종을 초래한다. 마라스무스 marasmus 는 에너지와 단백질이 모두 부족한 기아상태에서 나타나며 이때 신체에 저장된 체지방은 거의 없다.

반면, 단백질의 섭취가 많은 경우에는 에너지원으로 쓰이고 남은 단백질이 지질로 전환되어 체내에 저장되기도 한다. 지나치게 단백질 흡수가 증가되었을 경우 오히려 알칼리성 장액의 분비를 증가시키고 칼슘 손실을 촉진하여 갱년기 이후의 여성들에게 골연화증이나 골다공증을 유발시키기도 한다.

04 비타민

정상적인 체내 기능, 성장, 신체 유지를 위하여 반드시 필요한 미량의 유기물질이다. 특히 에너지 발생이나 단백질 생합성 등 생화학 반응을 원활하게 하기 위한 촉매로 필수적인 요소지만 체내에서 합성되지 않으므로 식사를 통해 반드시 섭취되어야 한다. 비타민을 충분히 섭취하지 않으면 심각한 결핍증이 발생될 수 있으나, 특별한 경우를 제외한 대부분의 결핍증은 해당 비타민을 재공급함으로써 신속하게 회복된다. 과거에 치료가 불가능한 질병으로 여겨졌던 각기병, 괴혈병, 펠라그라, 구루병, 야맹증, 악성 빈혈 등이 20세기 이후 비타민 결핍증으로 알려지면서 비타민의 필수성을 인식하게 되었다.

에테르와 벤젠과 같은 유기용매에 용해되는 비타민 A, D, E, K는 지용성 비타민으로 분류하며, 물에 용해되는 비타민 B군과 C는 수용성 비타민으로 분류한다. (표 2-2)

수용성 비타민과 지용성 비타민의 일반적인 특징 ◀표 2-2

수용성 비타민	지용성 비타민
물에 용해된다.	기름과 유기용매에 용해된다.
체내 저장되지 않는다.	체내 저장된다.
소변으로 쉽게 배설된다.	체외로 배출되기 어렵다.
결핍증세가 빨리 나타난다.	결핍증세가 서서히 나타난다.
필요량을 매일 공급해야 한다.	필요량을 매일 공급할 필요는 없다.
일반적으로 전구체가 없다.	전구체가 있다.

1) 수용성 비타민

수용성 비타민은 체내의 탄수화물, 지질, 단백질 대사에 관여하는 여러 보조효소의 구성 성분으로서 신진대사를 조절하는 윤활유의 역할을 한다. 특히 비타민B 복합체에 속하는 대부분의 비타민은 열량대사에서 보조효소로 작용한다. 비타민C는 항산화제로 알려져 있으며 체내에서 중요한 기능을 담당하는 여러 화합물을 합성하는 데도 관여한다. 수용성 비타민은 체액에 용해되어 요로 쉽게 배설되므로 매일 식사를 통해 충분히 섭취해야 한다.

(1) 티아민(비타민B_1)

탄수화물 대사에서 이산화탄소를 제거하는 효소의 보조효소로 작용하여 밥 등의 곡류를 많이 먹을 때 그 필요량이 증가한다. 또한 갑상선 기능항진증의 경우 티아민 사용이 증가하여 결핍증이 나타날 수 있다. 티아민이 결핍되면 각기 증세, 경련성 운동실조, 신경증상, 식욕부진, 피로 등의 현상이 나타난다.

티아민이 함유된 식품은 매우 많으나 일반적으로 함유량은 낮은 편이다. 티아민이 풍부한 식품은 돼지고기류, 해바라기씨, 두류, 밀 배아, 수박 등이며, 전곡과 강화된 곡류, 완두콩, 아스파라거스, 내장육, 땅콩 및 기타 종실류, 버섯도 좋은 급원이다. 따라서 다양한 식품을 섭취하는 것이 티아민을 충분히 섭취할 수 있는 바람직한 방법이다. 제7차 영양권장량에 따르면 티아민의 권장섭취량은 성인의 경우 남자 1.3mg/일, 여자 1.0mg/일이다. 식품의 영양표시에 사용되는 티아민의 영양소 기준치는 1.0mg이다.

(2) 리보플라빈(비타민B_2)

체내 산화환원 작용에서 보조효소의 구성성분으로 중요한 역할을 하며, 성장과 발육을 촉진한다. 결핍증세로 입 주위가 허는 구순구각염, 설염, 지루성 피부염 등이 있다.

리보플라빈이 풍부한 식품은 간, 버섯, 시금치와 녹색잎채소, 브로콜리, 아스파라거스, 그리고 저지방 우유와 무지방 우유 등이다. 리보플라빈은 빛에 노출되었을 때 빠르게 분해되므로 우유나 유제품, 시리얼 등은 종이나 플라스틱 용기로 포장해야만 한다. 우리나라 사람들이 주로 섭취하는 리보플라빈의 주요 급원식품은 우유, 달걀, 백미, 라면, 배추김치 등이다. 성인의 권장섭취량은 남성 1.5mg/일이고 여성 1.2mg/일이다.

(3) 니아신

수소 제거효소의 활성을 촉진하는 보조효소로서 세포 내 산화환원 반응에 관여한다. 니아신이 결핍되면 피부, 소화기관, 중추신경계에 영향을 미친다. 대표적인 니아신 결핍증세인 펠라그라는 마치 화상을 입은 것 같은 피부염 dermatitis 이 대표적인 증상으로 나타나며, 심해지면 설사 diarrhea, 기억력 감소 dementia 를 거쳐 사망 death 하기에 이른다. 때문에 펠라그라를 4D 질병이라고도 한다.

니아신은 다른 수용성 비타민들과는 달리 열에 매우 안정하여 조리시 거의 손실되지 않는다. 니아신은 버섯, 생선류, 닭고기, 아스파라거스와 땅콩 등에서 섭취할 수 있으며 커피와 차 종류도 좋은 급원이 된다. 또한 체내에서 60mg의 트립토판이 1mg의 니아신으로 전환되므로, 트립토판이 풍부한 식사도 니아신을 제공해줄 수 있다. 성인의 권장섭취량은 남성 17mg/일이고 여성은 13mg/일이다.

(4) 비타민B_6

피리독신이라고 부르는 단백질과 아미노산 대사에 관여하는 조효소의 구성성분으로, 부족시 피부염, 구각염, 말초신경 장애 등이 나타난다.

비타민B_6는 동물의 근육조직에 주로 저장되므로, 육류와 생선, 가금류가 가장 좋은 급원식품이다. 동물성 식품에 포함된 비타민B_6가 식물성 식품에 함유된 것보다 더 쉽게 흡수된다. 전곡류도 좋은 급원이지만 곡류를 도정할 때 대부분의 비타민B_6가 손실되며 일반적으로 과일과 채소 역시 좋은 급원이 아니다. 비타민B_6는 열이나 알칼리 상태에서 불안정하므로 열처리와 같은 가공기술은 식품의 비타민B_6 함량을 10~50% 정도 감소시킨다.

(5) 판토텐산

판토텐산은 "어디에서나"라는 뜻을 지닌 그리스어, 'panthos'에서 유래되었다. 신체에너지 대사의 주요 보조인자이자 아실기 운반단백질인 CoA의 구성성분으로, 탄수화물, 지질, 단백질 대사에 관여한다. 판토텐산은 자연계에 널리 분포되어 있으므로 정상적인 식생활을 하는 인체에서는 부족증세가 거의 나타나지 않는다. 그러나 불균형한 식사를 하는 알코올 중독자에게서는 부족증세가 나타나는데 말초조직의 따끔거림과 열감을 느낀다. 임상적으로 결핍이 유도되었을 때 주요 증상으로 두통, 피로, 근육 협동작용의 손상과 소화기관 장애를 호소한다. 판토텐산은 육류와 우유, 다양한 채소에 함유되어 있고, 버섯, 간, 땅콩, 달걀, 효모, 브로콜리와 우유에도 풍부하게 들어 있다. 판토텐산의 독성은 아직 알려지지 않았다.

(6) 비오틴

기질에 이산화탄소를 붙여주는 카르복실화 반응에 조효소로 작용하여 포도당 합성, 지방산 합성 등에 관여한다. 비오틴은 대장에서 서식하는 미생물에 의해 생산, 공급되므로 결핍증이 거의 보이지 않지만 항생제를 장기간 사용할 경우에 나타날 수 있다. 비오틴은 자연계에 광범위하게 분포되어 있으나 그 함유량은 식품에 따라 다르며, 전곡류와 달걀, 견과류, 두류가 주요 급원이다. 날달걀 흰자에 함유된 아비딘 avidin 이라는 단백질은 비오틴과 결합하여 비오틴의 체내 흡수를 방해한다. 비오틴 부족시 탈모현상과 피부염, 식욕감퇴 등의 증세를 보인다.

(7) 엽산

정상적인 적혈구 생성에 필요한 핵산합성에 관여한다. 엽산 부족시 거대적아구성 빈혈이 발생하며, 특히 임신부가 경구피임약을 복용하거나 흡연을 할 때 잘 나타난다. 엽산은 모든 식품에 골고루 함유되어 있어 결핍증이 흔치않다. 엽산의 급원식품은 동물의 간, 강화된 시리얼과 곡류제품, 콩류, 짙은 녹색잎의 채소류, 달걀, 오렌지 등이 있다. 엽산은 열, 산화, 자외선 등에 매우 약하므로 식품 중에 함유된 엽산의 50~90%는 조리, 가공 및 제조과정에서 파괴된다. 따라서 채소를 최소량의 수분에서 재빨리 처리하면 엽산의 손실을 막을 수 있으며, 특히 식품 중의 비타민C가 도움이 된다.

(8) 비타민B_{12}

코발트 이온을 함유하고 있는 코발라민 조효소로서 혈구세포의 성장과 분열에 관여하며 신경세포의 유지를 돕는다. 비타민B_{12} 결핍증세인 악성빈혈은 주로 유전적인 내성인자의 부족으로 그 흡수가 부적절할 때 초래된다.

비타민B_{12}는 장내에서 미생물에 의해서도 제공되지만, 육류, 가금류, 해산물, 달걀, 유제품 등과 같은 동물성 식품들이 주요 급원식품이며 특히 간, 신장, 심장 등 동물의 기관에는 비타민B_{12}가 매우 풍부하다. 성인의 비타민B_{12} 권장량은 2.4㎍/일이다.

(9) 비타민C

18세기 중엽, 오랜 기간 항해를 하는 선원들에게 발생했던 괴혈증세에 오렌지와 레몬의 효과가 관찰된 이후, 비타민C는 항괴혈성 인자로 인식되었다. 비타민C는 세포 간의 결합에 중요한 역할을 하는 콜라겐 형성 과정에 필수적 요소이며, 페닐알라닌, 티로신, 트립토판 등 아미노산의 대사에도 관여한다. 또한 비타민C는 소장에서 비헴철의 흡수를 촉진시킨다. 따라서 비타민C가 결핍되면 상처 회복이 느려져서 세균감염에 대한 저항성도 감소된다.

제7차 권장량에 나타난 성인의 권장섭취량은 하루 70mg이지만 국민건강 영양조사 결과에 의하면 실제 우리나라 성인의 비타민C 섭취량은 평균 150mg으로 권장량보다 훨씬 높은 수준이다. 비타민C가 풍부한 식품을 몇 가지만 섭취하여도 하루에 200mg 이상 섭취할 수 있기 때문에 비타민C의 권장량을 더 높여야 한다는 약리적 효과를 주장하는 사람들이 많아지고 있다. 그러나 비타민C 섭취량이 하루 100mg을 초과하면 요를 통한 배설량이 증가되므로 생리적으로 권장량 이상 섭취할 필요는 없다.

2) 지용성 비타민

지용성 비타민은 물에 녹지 않고 기름에 용해되기 때문에 소화를 위해서 담즙이 분비되어야 하며 소장에서 지질과 함께 흡수되므로 카이로미크론 합성이 용이한 여건에서 쉽게 흡수된다. 따라서 소장의 흡수능력은 지질 소화뿐 아니라 지용성 비타민의 흡수에도 영향을 미친다. 일반적으로 지용성 비타민의 흡수율은 40~90%, 필요량 이상으로 섭취되면 흡수율은 저하된다. 지용성 비타민은 체내에 상당량 저장될 수 있으므로 섭취량이 부족하면 결핍증이 서서히 나타나지만, 장기간 과량섭취하면 과잉증이 나타난다.

(1) 비타민A

비타민A는 폐, 피부, 소화기관 등의 상피세포의 합성, 구조유지, 정상적 기능을 위해서 필요하다. 그러므로 비타민A가 부족하면 야맹증, 상피세포 퇴화, 성장 정지 등의 증상이 나타난다. 야맹증이나 각막 연화 등의 질환은 비타민A가 풍부한 생선의 간유를 섭취하면 예방할 수 있다. 비타민A가 함유된 식품이 비교적 많음에도 불구하고 개발도상국에서는 비타민A 결핍이 중요한 영양문제 중 하나이다. 일반적으로 비타민A는 동물성 급원인 레티노이드와 식물성 급원인 카로티노이드로 분류된다.

레티노이드는 간, 생선, 생선기름, 강화우유, 달걀 등에 풍부히 들어 있으며, 마가린에 강화되기도 한다. 비타민A 전구체인 카로티노이드는 주로 짙은 녹황색 그리고 등황색 채소와 과일, 예컨대 당근, 시금치, 기타 녹색채소, 호박, 감자, 브로콜리, 망고, 복숭아, 살구에 많이 들어 있다. 카로티노이드는 체내에서 비타민A로 전환되므로 프로비타민A라 하며 β-카로틴이 그 대표적인 예이다. 우리나라 사람들의 주요 비타민A 급원 식품은 당근, 고춧가루, 시금치이다. 비타민A의 권장량은 성인의 경우 하루 700μgRE이다.

(2) 비타민D

칼슘과 인의 대사에 영향을 미치는 호르몬 기능을 지니고 있다. 동시에 칼슘과 인의 장내 흡수를 촉진하고 칼슘을 뼈에 침착시키는 역할도 한다.

비타민D가 결핍되면 뼈가 단단해지지 못하고 변형을 초래하여 구루병이 발생하는데 특히 어린이의 경우 성장으로 인한 체중을 지탱하지 못하여 다리가 휘는 현상을 보인다.

햇볕을 쬐면 비타민D가 피부세포의 콜레스테롤 유도체로부터 충분한 양이 합성되기 때문에, 굳이 비타민D를 식품으로 섭취하지 않아도 문제가 발생하지 않는다. 이런 경우 비타민D를 '조건부' 비타민 또는 '프로호르몬'으로 분류하기도 한다. 그러나 햇볕을 충분히 쬘 수 없는 여건의 사람들은 반드시 식품을 통해 비타민D를 섭취하여야 한다. 비타민D의 함량이 높은 식품은 그리 많지 않지만, 지질 함량이 많은 어류(예: 정어리, 연어)나 비타민D가 강화된 우유나 아침식사용 시리얼 등은 비타민D의 좋은 급원 식품으로 적당하다. 달걀, 버터, 간 등에도 소량의 비타민D가 함유되어 있으나 콜레스테롤이 많아 좋은 급원은 아니다. 사람마다 햇빛에 노출되는 정도에 따라 합성되는 비타민D의 양이 다르기 때문에 정확한 권장량을 설정하는 것이 쉽지 않다. 비타민D의 권장량은 50세 이하 성인의 경우 5μg/일이며, 19세 이하와 50세 이상의 연령에서는 10 μg/일이다.

성인은 상한섭취량인 50μg/일 이상을 섭취해도 그리 위험하지 않은 것으로 알려져 있다. 그러나 영아는 비타민D에 대해 매우 민감하여 정신발달 저하, 혈관 수축, 그리고 얼굴 특징 변화와 같은 독성증세를 나타낼 수 있다.

(3) 비타민E

비타민E는 토코페롤이라고도 불린다. 토코페롤은 "출산과 관련된"이라는 뜻으로, 1992년 동물의 생식능력에 필요한 물질로 알려지면서 얻은 이름이다. 비타민E는 토코페롤과 토코트리에놀을 총칭하는 것으로 자연계에 존재하는 토코페롤 중에서 α-토코페롤이 생화학적 활성이 가장 크다.

비타민E의 대표적인 기능은 항산화작용이며, 그 외에도 혈소판 응집 등 많은 신체 작용기능이 알려졌다. 비타민E는 주로 지용성 환경에서 복합 불포화지방산의 산패를 방지하는 역할을 한다.

식품에서 비타민E는 주로 식물성 기름에 함유되어 있으며 동물성 지방에는 거의 없다. 식물성 유지(예: 옥수수, 대두, 해바라기, 면실, 밀 배아유 등), 배아, 아스파라거스, 땅콩 등은 비타민E의 중요한 급원식품이며, 식물성 유지로 만든 마가린, 쇼트닝, 샐러드 드레싱 또한 좋은 급원식품이다. 지느러미가 있는 생선과 갑각류, 오트밀과 같은 곡류, 아몬드와 같은 견과류, 해바라기씨와 같은 채종유도 좋은 급원이다.

비타민E의 권장량은 남녀성인 모두 α-토코페롤로서 10mg/일이다. 흡연자, 심한 저지방식사를 하거나 지방흡수가 불량한 사람들에게서 비타민E의 결핍이 우려되나 실제 결핍된 사례는 매우 드물다. 최근에는 오히려 건강증진을 위하여 사람들이 비타민E를 과잉으로 섭취하는 것이 더 문제가 된다.

(4) 비타민K

비타민K는 혈액응고를 위해 필요한 영양소다. 덴마크인 Henrik Dam에 의해 비타민K의 혈액응고 기능이 밝혀지면서 "Koagulation"의 첫 글자를 사용하여 비타민K라 명명하였다. 비타민K는 간에서 혈액응고 인자인 프로트롬빈을 합성할 때 필요하므로, 부족시 혈액응고 작용이 저하된다. 비타민K는 장내 미생물에 의해 합성되므로 결핍증은 쉽게 발생하지 않는다. 그러나 출생시 비타민K 축적량이 매우 낮고 소화관이 아직은 무균상태인 신생아가 출혈을 하는 경우, 혈액응고가 미흡할 가능성이 높다. 일반적으로 미국에서는 출생 후 6시간 내에 비타민K를 주사한다. 또한 장내 미생물에 의한 비타민K 합성이 적은 영 · 유아의 경우에도 결핍이 생길 수 있다.

갓, 케일, 무청, 양배추, 시금치 등과 같은 푸른잎채소, 브로콜리, 완두콩 등은 비타민K 함량이 높은 식품들이다. 대두, 카놀라 같은 식물성 유지도 비타민K를 함유하고 있다. 비타민K는 조리에 의해 거의 손실되지 않는다. 식품으로 섭취된 비타민K는 수일 내에 거의 배설되므로 상한수준을 설정하지 않는다.

3) 비타민의 체내 축적과 독성

비타민K를 제외한 다른 지용성 비타민들은 쉽게 배설되지 않는다. 반면에 수용성 비타민들은 쉽게 배설되는데, 예외적으로 비타민B_{12}와 비타민B_6는 지용성 비타민처럼 체내에 축적된다. 수용성 비타민들도 어느 정도는 저장되기 때문에, 티아민은 평균 10일, 비타민C는 20~40일 정도를 계속 섭취하지 않을 때만 결핍증이 나타난다. 따라서 전반적인 식생활에서 비타민 섭취량이 부족하여 체내 저장된 비타민이 고갈되었을 때 결핍증이 나타나는 것이며, 매일매일 비타민을 섭취하지 않았다고 당장 문제되는 것은 아니다.

어느 비타민이든지 과잉으로 섭취하면 독성을 나타낼 수 있는데, 특히 비타민A와 비타민B_6의 경우 다른 비타민에 비해 독성이 더 쉽게 나타난다. 비타민D는 유아와 영양보충제의 섭취가 많은 노인처럼 배설기능이 약한 경우, 과잉의 비타민을 쉽게 제거할 수 없으므로 독성이 쉽게 나타날 수 있다.

비타민A의 만성 독성증세는 영아와 성인의 경우 뼈와 근육의 통증, 식욕의 상실, 각종 피부질환, 두통, 피부의 건조, 탈모, 간 손상, 시력 저하, 출혈, 구토, 엉덩이뼈 골절, 의식불명 등과 같이 매우 다양하게 나타난다. 특히 임신 초기에는 더욱 위험하며 비타민A 과잉으로 인한 자연유산이나 기형이 유발될 수도 있다.

05

무기질

우리 신체는 약 96%의 유기물질과 4%의 무기질로 이루어져 있다. 지금까지 논의된 영양소는 모두 유기물질인 반면, 무기질은 구조가 매우 간단하여 동일원소가 하나 이상 포함된 집단으로 존재한다. 무기질은 수분균형이나 골격구성이 비슷하여 에너지 대사의 보조인자, 신경계 기능, 세포과정 등의 중요한 역할을 한다.

1) 무기질의 분류

사람이 정상적으로 성장하고 건강을 유지하기 위해서는 다양한 종류의 다량 무기질과 미량 무기질을 필요로 한다.

인체 내에 가장 많은 무기질은 뼈를 만드는 성분인 칼슘과 인이며, 총 무기질의 66%를 차지한다. 칼슘(Ca), 인(P), 나트륨(Na), 염소(Cl), 칼륨(K), 마그네슘(Mg), 황(S)은 체중의 0.01% 이상 존재하는 다량 무기질macrominerals들이다. 반면에 미량 무기질microminerals or trace elements은 체중의 0.01%보다 적은 양으로 존재하는 것들로 철(Fe), 요오드(I), 아연(Zn), 셀레늄(Se), 구리(Cu), 망간(Mn) 등이 있다.

2) 무기질의 기능

무기질의 체내 주요 기능은 조직을 구성하는 것이다. 칼슘과 인의 결합물질로 이루어진 뼈는 조직에 경직성을 주는 반면 연조직에는 인이나 유황이 많이 포함되어 있다. 또한 헤모글로빈에는 철분이, 갑상선 호르몬에는 요오드가 포함되어 있다.

무기질은 체내의 산 · 알칼리 평형이 유지되도록 돕는다. 알칼리성 원소로는 나트륨, 칼륨, 마그네슘이 있으며, 산을 형성하는 원소에는 염소, 인, 황 등이 있다. 혈액과 체액은 pH7.4 정도의 약알칼리성으로 유지된다.

또한 무기질은 체내 수분균형을 조절한다. 수분은 삼투질 농도에 의해 세포내액과 세포외액 사이를 이동하는데, 체액의 삼투질 농도는 무기질의 함량에 의해 조절된다.

무기질은 효소의 보조인자로서 그 기능을 활성화시킨다. 열량대사를 조절하는 갑상선 호르몬은 갑상선에 요오드 공급이 적당할 때 형성된다. 또한 탄수화물 대사를 조절하는 인슐린의 생산과 저장에는 아연이 필요하다. 신경이 외부로부터 자극을 받으면 흥분을 일으켜 정보가 뇌로 전달되는데, 이때 나트륨과 칼륨이 세포막의 내외로 이동하여 신경흥분이 전도되는 것을 돕는다.

3) 다량무기질

(1) 칼슘, 인 및 마그네슘

칼슘은 신체 내 존재하는 무기질 중 가장 많은 양을 차지하며, 체중의 1.5~2%를 구성한다. 체내 칼슘의 약 99%는 경조직인 뼈와 치아에 존재하고, 나머지는 연조직과 혈액에 있다. 혈중 칼슘농도를 유지하는 데 관여하는 생체물질로는 부갑상선 호르몬, 활성형 비타민D, 그리고 갑상선에서 분비되는 칼시토닌이 있다. 만일 칼슘이 결핍되면 아동의 경우 뼈의 성장장애로 인해 구루병이 유발되며, 성인의 경우 골다공증이 되어 골절이 되기 쉽다. 칼슘의 가장 좋은 급원은 우유, 치즈, 요구르트 등 우유 및 유제품이다. 멸치, 뱅어포 등 뼈째 먹는 생선은 칼슘 함량이 매우 높지만, 한번에 먹을 수 있는 분량이 적은 편이다. 또한 시금치와 같은 녹색채소도 칼슘을 많이 함유하고 있으나 칼슘 흡수를 방해하는 수산의 함량이 높기 때문에 그 흡수율이 떨어진다. 육류나 곡류, 과일 등은 대체로 칼슘 함량이 낮다.(표 2-3)

현재 제7차 한국인 성인 남녀의 칼슘 권장량은 하루 700mg/일로 책정되어 있다. 임신부는 하루 1,000mg, 수유부는 하루 1,100mg의 칼슘이 권장된다. 성장이 빠른 13~19세에는 남자 900mg/일, 여자 800mg/일의 칼슘이 필요하다. 중년 이후에도 골다공증의 예방을 위해서 칼슘 섭취는 충분해야 할 것이다.

인은 칼슘 다음으로 풍부한 무기질로 체내에 있는 양의 85%가 경조직에, 나머지 15% 정도가 연조직에 존재한다. 뼈에 존재하는 칼슘과 인의 비율은 약 2:1이다. 또한 인은 에너지 대사의 조효소나 핵산, 그리고 ATP 등의 주요한 성분이 되며 세포막을 이루는 인지질의 구성성분이 된다. 인산의 형태로 여러 대사물질과 결합하여 그 물질을 활성화시키고, 음이온의 형태로 체액의 산 · 염기 평형조절에도 기여한다. 인을 함유한 식품에는 우유나 유제품, 육류, 곡류 등 매우 다양하기 때문에 인 결핍증은 흔하지 않다. 더욱이 현대에는 인 함유량이 높은 여러 가공식품이나 탄산음료가 늘어나면서 그 섭취량은 증가하는 추세이다. 인은 체내에서 칼슘대사와 밀접하게 관련되어 있으므로 칼슘을 많이 섭취하여 칼슘과 인의 섭취 비율은 1~1.5:1이 유지되도록 하는 것이 바람직하다.

마그네슘은 체내 존재량의 50% 이상이 뼈에 존재하며, 나머지는 근육조직 등에 존재한다. 마그네슘은 칼슘과는 반대로 신경을 안정시켜 근육이완 작용을 하며, 체내 ATP에 의존된 다양한 대사과정에 관여하는 효소의 보조인자로 작용한다. 마그네슘 결

표 2-3 ▶ 식품 중 칼슘 및 인의 함량 (단위: mg/식품 100g당)

식품	칼슘	인	식품	칼슘	인
우유	105	89	뱅어포	982	890
조제분유	446	381	마른 멸치	1825	1478
치즈	740	500	미꾸라지	780	645
버터	22	22	고춧잎	211	55
생멸치	509	421	무청	249	35
아이스크림	123	110	쑥갓	94	43
달걀	47	168	시금치	43	48

펩증은 테타니 tetany 로, 근육경련으로 인한 발작증세가 대표적이다. 마그네슘을 많이 가지고 있는 식품으로는 코코아, 견과류, 두류, 녹색채소 등이 있다. 전곡류에도 많이 함유되어 있으나 곡류 외피에 있는 피틴산 phytic acid 이 마그네슘과 불용성의 염을 형성하므로 흡수율이 낮은 편이다.

(2) 나트륨, 칼륨 및 염소

나트륨, 칼륨, 염소는 체내에 각기 총 물질의 2%, 5%, 3%를 차지하는 전해질들로 체액에서 이온으로 존재한다. 나트륨은 주로 세포외액에, 칼륨은 세포내액에서 가장 풍부한 양이온들이며, 염소이온은 주로 세포외액에 들어 있는 음이온이다. 이들은 수부의 균형분포, 삼투압, 산 · 염기 평형 등의 생리적 기능을 수행한다.

나트륨은 결핍보다는 주로 과잉섭취가 영양문제를 야기한다. 나트륨과 과잉섭취는 부종을 야기하여 고혈압의 원인이 된다. 중년 이후 많이 발생하는 고혈압 환자에게 나트륨의 공급을 제한하면 혈압이 저하된다. 그러나 모든 고혈압 환자가 나트륨의 과잉섭취에 의해 발생되는 것은 아니며 유전이나 비만, 스트레스 등도 관련된다.

나트륨은 주로 소금(NaCl)의 형태로 섭취하게 되나 육류, 우유 등 단백질 식품에도 나트륨이 많이 함유되어 있다. 그리고 가공식품에는 나트륨을 포함한 물질들이 많이 첨가되어 나트륨 함량이 높으며 화학조미료로 사용되는 MSG monosodium glutamate 도 나트륨 성분을 갖는다. 반면 채소와 과일에는 나트륨이 적게 함유되어 있다. 한편 칼륨은 주로 채소나 과일에 많고 육류나 치즈 등에는 적은 편이다. 칼륨은 나트륨과는 반대로 고혈압을 방지하는 효과가 있으므로 고혈압 환자는 특히 많이 섭취하도록 한다.(표 2-4)

표 2-4 **식품 중 나트륨과 칼륨 함량** (단위: mg/식품 100g당)

식품	나트륨	칼륨	식품	나트륨	칼륨
쇠고기	60	60	우유	50	143
돼지고기	68	386	양배추	21	234
닭고기	76	386	샐러리	124	351
참치	38	283	양상추	9	175
조개	120	179	시금치	51	332
굴	68	82	당근	46	343
달걀	1243	140	토마토주스	207	226

4) 미량 무기질

(1) 철분, 구리

신체 내 철분 함량은 3~5g 정도이며, 이 중 70~80%가 신체 대사활동에 참여하는 활성형 철분이고 20~30%는 저장형 철분이다. 철분이 부족하면 헤모글로빈 형성이 잘 되지 않기 때문에 적혈구의 크기가 작고 헤모글로빈 함량이 적어 빈혈이 생기는데 이러한 빈혈을 저색소성 소혈구성 빈혈이라고 한다. 빈혈이 나타나면 적혈구의 산소운반 능력이 감소되므로 영양소의 산화율이 떨어져 피로하며 안색이 창백해지고 작업능률도 떨어진다. 철분 결핍이 일어나기 쉬운 연령층은 성장기 아동과 청소년, 영아 그리고 가임기 여성 및 임신한 여성이다. [표 2-5]에는 철분의 급원식품과 함량이 제시되어 있다.

구리는 철분의 체내 이용에 관여하는 효소인 셀룰로플라스민 ceruloplasmin 의 성분으로 철분대사에 관여한다. 즉, 구리는 철분의 체내 이용률을 높여 조혈작용을 돕는다. 따라서 구리가 부족하면 철분 결핍성 빈혈이 발생할 수 있다. 그 외에 멜라닌 색소 형성에 관여하는 효소, 콜라겐 형성에 관여하는 효소, 전자전달에 관여하는 효소들이 보조인자들로 작용한다. 구리를 많이 가진 식품으로는 굴을 포함한 어패류, 간 등이 있으며 밀의 배아, 코코아 등에도 상당량 포함되어 있다.

(2) 아연, 요오드

아연은 최근 성장발달, 생식 및 면역 등에서 생리적인 중요성이 많이 밝혀지고 있는

표 2-5 식품 중 철분 함량 (단위: mg/100g당)

식품	함량(mg)	식품	함량(mg)
쇠간	10.0	시금치	4.2
쇠고기	4.8	무청	5.8
돼지간	16.4	쑥	10.9
돼지고기	3.0	쑥갓	4.2
굴	6.1	복숭아	3.0
대두	6.0	사과	1.2
팥	5.2	김	29.0

미량 원소다. 부족시 식욕부진, 미각 이상, 성장지연 등의 증세가 나타난다. 아연 함량이 높은 식품으로는 굴과 같은 해산물, 살코기, 간, 난황 등이다. 곡류에도 있으나 흡수율이 낮고 채소나 과일, 난백에는 아연이 거의 없다. 아연 과잉증은 매우 드물지만 도금 용기의 사용 같은 산업공해로 나타나며 빈혈, 면역결핍, 통증, 발열 등의 증세를 보인다.

요오드 섭취가 부족하면 갑상선 호르몬 생산이 감소되어 갑상선세포의 수와 크기가 증가함으로써 갑상선이 비대해지는 단순갑상선종 simple goiter 이 발생한다. 갑상선종은 갑상선종유발물질 goitrogen 함유 식품의 섭취시에도 발생할 수 있다. 요오드의 만성적인 과다섭취시에도 발생할 수 있다. 요오드의 만성적인 과다섭취시 갑상선 기능이 항진되거나 그 반대로 저하될 수 있다.

(3) 불소, 셀레늄

불소의 체내기능은 뼈와 치아를 단단하게 하여 충치발생이나 골다공증에 대해 보호작용을 하는 것이다. 불소는 치아의 법랑질을 단단하게 유지하고 구강 내 박테리아에 의해 생성된 산이 법랑질을 부식시키는 것을 방지하여 충지발생을 감소시킨다. 음료수에 불소를 1ppm 정도 첨가시켜 주면 충치발생률은 50% 이상 감소된다.

셀레늄은 글루타티온 과산화효소의 성분으로 항산화제의 역할을 하며 갑상선 호르몬 T_4를 T_3로 활성화시킨다. 토양에 셀레늄이 결핍된 지역에서는 심장이나 뼈에 이상이 생긴 풍토성 질환이 나타나며 암 발생률이 높아진다고 보고되었다. 셀레늄은 육류, 내장고기, 해산물, 난황, 우유 등과 같은 동물성 식품과 버섯, 아스파라거스 등의 식물성 식품에 포함되어 있다.

(4) 크롬, 망간 및 코발트

크롬은 당 내성인자의 성분으로 인슐린의 생리적인 활성을 높이는 기능을 한다. 따라서 크롬이 부족하면 포도당 내성이 감소되어, 포도당을 섭취하였을 때 혈당을 감소시키는 조절능력이 저하되므로 당뇨 위험성이 증가한다.

망간은 탄수화물이나 지방대사에 관여하는 효소, 또는 요소합성에 관여하는 효소들의 보조인자로서 작용한다. 사람에게 망간의 결핍증은 거의 일어나지 않는다. 망간은 육류나 해산물, 우유 등에는 거의 함유되어 있지 않으나 전곡류, 녹차, 견과류, 채소, 과일 등에 함유되어 있어 지나치게 채식을 하는 사람의 경우 망간이 간과 중추신경계에 많이 축적되는 증상을 보인다.

코발트의 인체기능은 비타민B_{12}의 성분으로 수행된다. 비타민B_{12}는 인체 내에서 합성될 수 없으므로 음식물로 섭취해야 하며, 이때 코발트도 비타민B_{12}의 성분으로 같이 섭취된다. 코발트 자체로는 식품 중에 육류나 우유, 곡류, 채소류 등에 많으나 반드시 비타민B_{12}의 성분으로 섭취되어야 생리적으로 활성이 있다.

06

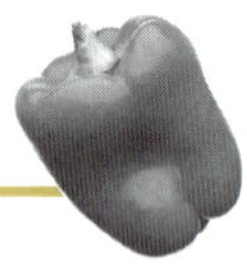

물

물은 여섯 번째 영양소로 분류된다. 물은 영양소로서의 역할이 종종 간과되기도 하지만, 사실은 체중의 55~60%를 차지하는 대량 영양소의 일종이다. 물은 신체에서 용매와 윤활유로, 영양소와 노폐물의 이동, 온도조절 및 화학과정을 위한 매개물로 작용한다.

인체는 체중의 약 60%의 수분을 보유하고 있기 때문에, 매일 2L의 물 또는 물을 함유한 액체를 섭취해야 한다. 사람은 체내의 지방과 단백질의 절반을 잃어도 생명에 지장이 없지만 체내 수분의 10%만 잃어도 생명을 유지할 수 없다. 성인의 체중을 60kg으로 볼 때 약 36L(60%)의 물이 우리 몸 안에 들어 있는 셈이다. 이 중에서 0.6L를 잃으면 갈증을 느끼게 되고, 3.0L를 잃으면 혼수상태에 이르며, 6.0L 정도를 잃게 되면 사망하게 된다. 따라서 인체는 항상 일정량의 수분을 보유하여 수분 배설량과 섭취량이 균형을 이루도록 해야 한다.

수분은 주로 음료수 등을 통해 섭취하지만 과일과 채소도 수분의 주요 공급원이다. 또한 신체 대사과정의 부산물로 물이 생성되며 이를 대사수metabolic water라 한다. 대사수는 우리 몸 안에서 탄수화물, 지질, 단백질 등 유기 영양소가 산화될 때 생성되는데, 탄수화물이 체내에서 대사될 때 60%에 해당되는 양의 수분을 생성한다. 지질의 경우에는 108%, 그리고 단백질은 42%의 수분이 생성되어 체내에서 지질이 대사수를 가장 많이 생성한다.

제3장

항산화영양과 피부건강

1. 파이토케미컬
2. 항산화 영양의 균형
3. 항산화 영양소의 기능

PART 03 항산화영양과 피부건강

피부는 신체내부와 외부환경 사이의 장벽으로서 기계적 손상, 유해물질, 미생물에 의한 침입, 방사선, 자외선 등으로부터 신체를 방어하는 기능을 갖는다. 따라서 피부는 수분손실을 최소화하고, 체온을 조절함으로써 신체의 항상성 homeostasis 을 유지하는 데 중요한 역할을 담당한다. 이와 같은 생물학적 기능 이외에도, 피부는 웰빙 well-bing 과 외모의 매력을 느끼게 한다.

피부외관은 주로 표면의 질감, 색, 탄력성, 땀, 향, 피지분비와 같은 요소에 의해 1차적으로 결정되며, 피부상태는 자외선, 방사선, 유리기, 알레르기 화합물, 기계적 손상과 같은 환경적 요인과, 면역, 호르몬, 스트레스와 같은 내인적 요인에 의해 영향을 받는다. 또한 피부는 신체에서 가장 외곽에 있는 보호층이므로 환경 오염물질이나 오존, 방사선, 자외선 등 외부 자극에 끊임없이 노출되고 있어 산화적 손상으로 인한 스트레스를 많이 받게 된다.

산소 없이 생명이 유지될 수 없지만 생명이 유지되는 동안 체내에서는 세포에 공격적인 활성산소들이 계속 생기게 되며, 이 활성산소들이 세포노화를 일으키는 주범이 된다.

따라서 건강하고 아름다운 피부를 유지하기 위해서는 피부세포의 산화를 방지할 수 있는 항산화영양소 섭취와 관리가 무엇보다 우선되어야 한다. 양호한 영양상태를 유지해 피부노화의 시기와 속도를 늦추고, 만성퇴행성 질병의 발생을 예방하는 데 초점을 맞춘 식생활 계획이 요구된다.

01 파이토케미컬(Phytochemical)

건강하고 아름다운 피부를 위해서는 무엇을 먹어야 할까? 그 대답은 색이 진하고 화려한 과일과 채소를 골고루 먹는 것이다. 노화를 유발시키는 활성산소를 잡아주는 파이토케미컬(Phytochemical: 생리활성물질)이 과일과 채소의 색소에 주로 포함되어 있기 때문이다.

파이토케미컬이란, Phytochemical의 'phyti-'는 식물plant 이라는 그리스 어원을 가지고 있다. 즉, 파이토케미컬은 식물성 식품 속에 미량으로 존재하는 성분들로, 특별히 건강에 유익한 생리활성을 가지고 있는 물질들을 가리킨다. 파이토케미컬을 'fight-o-chemical' 이라고 재미있게 표현하기도 하는데 식물의 색을 결정하는 파이토케미컬은 식물 자신이 벌레와 세균 등을 막아내기 위해 생성되었기 때문이다. 파이토케미컬은 신선한 과일과 채소, 콩류, 차류, 견과류에 많이 존재하므로 방어영양 패러다임에 따라

그림 3-1 파이토케미컬의 종류와 기능

식물성 식품위주로 식사를 한다면 항산화 및 항암작용을 하는 여러 종류의 파이토케미컬의 섭취가 확보될 것이다. 그러므로 신체기능을 최대로 유지하고, 노화를 늦추며, 암과 심혈관계 질병, 골다공증 및 기타 만성 질병의 예방 등에 긍정적인 효과를 얻을 수 있게 된다.

채소와 과일에는 항암효소를 자극하는 '황화물', 암세포 전이를 막아주는 항산화제인 '카로티노이드'와 '플라보노이드' 및 발암물질이 생기는 것을 막아주는 '페놀'과 '타닌' 성분 등이 풍부하므로 최근 '웰빙' 열풍을 타고 채소와 과일이 '건강먹을거리'로 급부상하고 있는 추세이다. 식품 속에 포함된 파이토케미컬을 종류별로 살펴보면 다음과 같다.

1) 카로티노이드(carotenoids)

카로티노이드는 오렌지색, 노란색, 녹황색, 붉은색을 나타내는 식물색소 pigment 로, 알파카로틴 α-carotene, 베타카로틴 β-carotene, 루테인 lutein, 리코펜 lycopene, 크립토잔틴 cryptoxanthin, 제아잔틴 zeaxanthin 등 여러 성분이 여기에 속한다. 현재까지 알려진 카로티노이드의 종류만도 600여 종에 달하며, 감귤류에도 최소 20여 가지 카로티노이드가 존재한다고 한다. 카로티노이드는 산화를 방지할 수 있을 뿐만 아니라 심장병이나 뇌졸중, 시력감퇴, 몇몇 암으로부터 신체를 보호하는 기능을 하며, 노화를 지연시키고, 당뇨병의 합병증을 감소시키며 폐의 기능을 향상시키는 역할을 하는 것으로 알려져 있다. 카로티노이드는 주로 채소나 과일의 노란색, 오렌지색, 혹은 붉은색을 나타내는 성분이 되기 때문에 과일이나 채소의 색을 보고 카로티노이드가 많은 식품인지 아닌지를 구별할 수도 있다.

2) 플라보노이드(flavonoid)

플라보노이드는 바이오플라보노이드 bioflavonoid라고도 불리며, 항산화제로서 역할을 한다. 항산화제는 생체 내에서 중요한 분자를 공격하여 산화시키는 유리 라디칼 free radical과 같은 물질을 안정화시킬 수 있다. 또한 혈관벽에 플라크가 형성되는 것을 방지하기도 하고, HDL-콜레스테롤의 수준을 증가시키기도 한다. DNA 손상을 감소시킬 수 있기 때문에 항암작용도 할 수 있다.

3) 페놀화합물(phenolic compounds)

페놀화합물은 혈중 콜레스테롤로 수치를 낮추고, 심장병과 몇몇 암의 위험도를 감소시키는 것으로 알려져 있다. 자두, 딸기, 적포도, 적포도주, 키위, 건포도, 토마토 등의 과일뿐만 아니라 현미와 같은 전곡류에도 많이 들어 있으며, 엘라직 산 ellagic acid과 갤릭 산 gallic acid이 대표적인 화합물이다.

4) 이소플라본(isoflavone)

대두에 다량 함유되어 있는 제니스테인 genistein, 다이드제인 daidzein 등이 이에 속한다. 이소플라본은 유방암의 예방에 효과가 있으며 혈중 콜레스테롤 수치를 감소시키거나 폐경기 때에 나타나는 불편한 증상을 줄이고 골다공증을 예방하는 효과가 있는 것으로 알려지고 있다. 이소플라본은 대두에 특히 많은 물질이기 때문에 두부, 된장, 간장, 청국장 등에 많으며 콩나물, 감자, 옥수수, 땅콩, 멜론, 망고, 건포도 등에도 많이 있다.

5) 설포라판(Sulforaphane)

설포라판은 이소티오시아네이트 isothiocyanates로 불리는 것으로 유기황 성분이다. 설포라판은 대장암의 위험도를 감소시키며, 배추, 브로콜리, 콜리플라워, 케일, 양배추, 순무 등의 십자과 채소에 많이 함유되어 있다.

6) 알릴 화합물(Allyl compounds)

알릴 화합물도 설포라판과 유사하게 유기황을 포함하고 있다. 알리신 등 여러 수용성, 지용성 유기황 화합물들이 이에 속하며, 간암, 유방암, 대장암, 위암 등을 예방하는 효과가 있다. 또한 혈중 콜레스테롤 수치와 혈압을 낮추는 성분으로 알려져 있다. 마늘, 양파, 부추, 파 등의 알리움 족 Allium family이 주요 공급원이다.

7) 리모넨(d-Limonene)

리모넨은 모노-터펜 mono-terpenes이라고 불리는 phytochemical의 일종으로, 오렌지, 자몽, 감귤, 레몬이나 라임 등의 감귤류 겉껍질과 먹을 수 있는 안 쪽의 흰 껍질에 주로 함유되어 있으며, 입맛을 돋게 하는 약간의 쓴맛을 내는 화합물이다. 리모넨은 폐를 보호하고 몇 가지 암을 예방하는 효과가 있는 것으로 알려져 있다.

8) 인돌(Indole)

인돌은 유방암 등 암의 위험도를 낮추고 건강한 세포 상태를 유지하는 데 도움이 되는 것으로 보고되고 있으며, 설포라판과 마찬가지로 브로콜리, 양배추, 콜리플라워 등 십자과 채소가 주 공급원이다.

9) 리그난(Lignan)

리그난은 식이섬유소처럼 생각되기도 하였으나 그와는 구별된다. 아마씨에 많이 들어 있는 성분으로 이소플라본과 유사하게 에스트로겐과 구조가 유사하며 에스트로겐의 작용을 조절하는 역할을 할 수 있다. 리그난은 소화과정 중에 생리활성을 가지는 형태로 전환이 되며, 흡수되어 유방암을 예방하는 효과가 있다. 아마씨가 가장 주요한 공급원이나 해초류 대두와 같은 건조된 콩류, 곡류의 껍질에 포함되어 있다.

10) 사포닌(Saponin)

대부분의 콩류에 들어 있으며, 인삼에 특히 많이 있는 성분이기도 하다. 콩이나 팥을 삶을 때 생기는 거품은 이 사포닌 때문이다. 과거에는 과량섭취시에 설사를 일으키는 식품의 자연 독의 일종으로 생각해 왔으나 최근에는 여러 항암작용이 알려지면서 오히려 건강에 도움이 되는 성분으로 알려지고 있다. 마른 콩류와 대부분의 전곡류에 다량 함유되어 있으며, 사과, 셀러리, 딸기, 포도, 양파, 녹차, 홍차, 적포도주 등에 소량씩 존재한다.

최근 웰빙 푸드에 대한 관심이 높아지고 있는 가운데 건강한 삶을 위한 필수음식 중의 하나인 채소와 과일이 스킨케어에 있어서도 훌륭한 역할을 수행한다는 점에 주목하고 있다. 미용과 건강에 대한 관심이 높아지면서 미용식품은 단순한 건강보조식품의 차원을 넘어 특별히 피부미용 효과를 배가시켜줄 수 있는 제품개발이 요구되고 있다.

미국과 유럽 등 서구에서도 경구 섭취로 자외선의 피해로부터 얼굴을 보호하는 제품에서부터 주름 개선, 피부보습, 피부영양개선 등 미용을 목적으로 한 식품개발이 활발히 연구되어 cosmeceuticals라는 개념의 상품군이 생기고 있고 로레알, P&G 등 거대 화장품 기업의 참여로 시장에서 제품의 신뢰도 증가와 함께 시장은 크게 성장하고 있다. 일본에서도 비타민C, 비타민E, 카로틴 등의 비타민류, 알로에베라, 로열젤리, 핵산, 콘드로이틴, 콜라겐 등 다수의 소재가 직 · 간접적으로 피부미용과 미용을 추구하는 영양보조식품과 화장품에 이용되어 시장을 형성하고 있는 추세이다.

이와 같이 우리가 흔히 접할 수 있는 평범한 식품 속에서 발견되는 천연화학성분들이 질병 예방뿐 아니라 아름답고 건강한 피부 및 체형을 만들 수 있다는 소박한 사실에 우리는 감사해야 할 것이다.

02 항산화 영양의 균형

인체에는 산화 촉진물 pro-oxidants 과 산화 억제물질 anti-oxidants 들이 균형을 이루고 있으며, 이 균형이 깨어져 산화촉진 쪽으로 기울게 되면 세포에 해로운 영향을 끼치게 되는 것으로 알려졌으며, 이러한 유해한 작용을 산화적 스트레스 oxidative stress 라고 부른다.

오늘날 우리 사회는 환경오염의 증가와 인구 연령의 고령화 현상으로 인하여 인체의 세포는 그 어느 때보다 산화적 손상으로 인한 스트레스를 많이 받게 되었으며 이러한 손상으로부터 보호받기 위한 노력이 많은 연구 활동을 통하여 이루어지고 있다.

그런데 유의하여야 할 것은 항산화 작용을 하는 영양소가 한 가지만이 아니라 여러 가지 비타민, 무기질, 효소 그리고 여러 요소와 복합적으로 이루어진다는 점이다. 이처럼 항산화 작용이 여러 요소의 총합으로 이루어지기에 체내의 영양환경이 좋을 때 특정 항산화영양소가 원만하게 그 주어진 역할을 할 수 있는 것이다.

산소 없이는 생명이 유지될 수 없지만, 생명이 유지되는 동안 체내에서는 반응력이 큰 산소화합물들 reactive oxygen soecies: ROS 이 계속 생성되고 있다. 공기(산소)를 호흡하며 살아가는 생명체 aerobic organisms 세포의 일반 대사과정에서도 생겨나는 과산화물질이나 자유기같이 반응력이 큰 산소화합물들(ROS)이 정상시에는 항산화 작용을 하는 물질들과 균형을 이루게 되며, 이러한 균형이 깨어질 때 반응력이 큰 산소화합물들의 작용은 유해하게 나타날 수 있고 나아가서는 질병상태로 기울어지게 된다.

산화적 스트레스 쪽으로 기울어지게 되는 이유로는 첫째, 식사를 통한 항산화영양소들의 섭취가 부족한 경우와 둘째, 체내에서 과산화물이나 자유기(예, H_2O_2, $O_2^{-\bullet}$)들이 과잉 생산되는 경우이다. 첫째 이유로 식사를 통해 영양소 섭취가 부족한 경우 특히 항산화영양소에 속하는 비타민C, 함유황 아미노산류(GSH 합성을 위한 Glutathione, taurine 등) 및 비타민B_2 등을 들 수 있다. 둘째 이유로는 과산화물과 산소자유기(O_2, Singlet oxygen)가 과잉 생성되는 경우로 체내의 산소농도가 높아질 때, 독성물질의 자유기 생성과정이 과잉 활성화될 때, 즉 만성감염성 질환에서 식세포가 필요 이상으로 활성화될 때(류머티즘성 관절염, 궤양성 대장염 등)를 들 수 있다. 특이할 것은 의약품들 중 이들이 체내에서 대사되어 자유기를 형성하고 이들이 산화적 스트레스를 증가시킬 수 있다는 점이다.

1) 반응력이 큰 산소화합물

산소를 호흡하며 살아가는 생명체에서 생성가능한 반응력이 큰 산소화합물의 종류는 다음과 같다. 자유기로는 수산기($OH^\bullet$), 과산소기($O_2^{\bullet-}$), 산화질소($NO^{\bullet-}$), 과산화 지질($LOO^\bullet$) 등이 있다. 또한 비자유기에는 과산화수소(H_2O_2), 단일산소($^1O_2$) 및 오존(O_3)이 있다.

이와 같은 반응력이 큰 산소화합물은 산화작용을 촉진하며 다른 물질에 산소를 주려는 성질을 갖고 있다. 자유기들은 하나 또는 그 이상의 쌍을 이루지 않은 전자를 갖고 있으며 불안정하여 반응력이 크다.

반응력이 큰 산소화합물은 공기를 호흡하며 살아가는 동물들의 정상대사과정에서 생성될 수 있으며, 한편 외부 인자로부터 만들어질 수도 있다. 정상세포에서 에너지를 만드는 과정에서 산소가 사용되며 이때 산소화합물 자유기가 생겨날 수 있다. 노화과정이 진행되면서 세포의 에너지 생산공장이 헐고 약화되므로 에너지 생산능력이 감퇴되고 오히려 산소 유리기 형성이 증가하여 노화과정 촉진에 영향을 미친다는 것이 하나의 환경적 노화설로 받아들여지고 있다.

2) 항산화성이 있는 식사요인

생체막에는 인지질 구성분으로 다불포화지방산이 다량 함유되어 있다. 따라서 생체막의 중요한 기능이 정상적으로 유지되기 위해서는 산패화되기 쉬운 이들 불포화지방산 성분을 잘 보호해야 하며 이를 위해 여러 가지 항산화 작용의 체계가 효율적으로 구성되어 있다.

현재 가장 알려진 항산화 영양소 중 많은 연구가 이루어지는 것으로 비타민E, 비타민C, 베타-카로틴, 셀레늄(Se) 등이 있고, 현재 연구를 통해 알려지고 있는 항산화성이 있는 식사적 요인들을 도시화하면 아래와 같다. 이들 지질 및 수용성 환경에서 특히 산소가 사용되는 생체막계에서 항산화 작용을 하는 것으로 알려져 있다. 이들 항산화 물질 중 독성이 적은 것에 대하여 여러 질병의 예방적 차원에서 많은 연구가 활발히 진행되고 있다.

채소와 과일의 충분한 섭취가 질병의 예방에 효과가 있다는 결과에 대하여, 이들 식품에 함유된 여러 가지 항산화 영양소들의 상호 보완작용의 효과 interaction & synergism 라고 설명될 수 있다.

그림 3-2 항산화성이 있는 식사성분

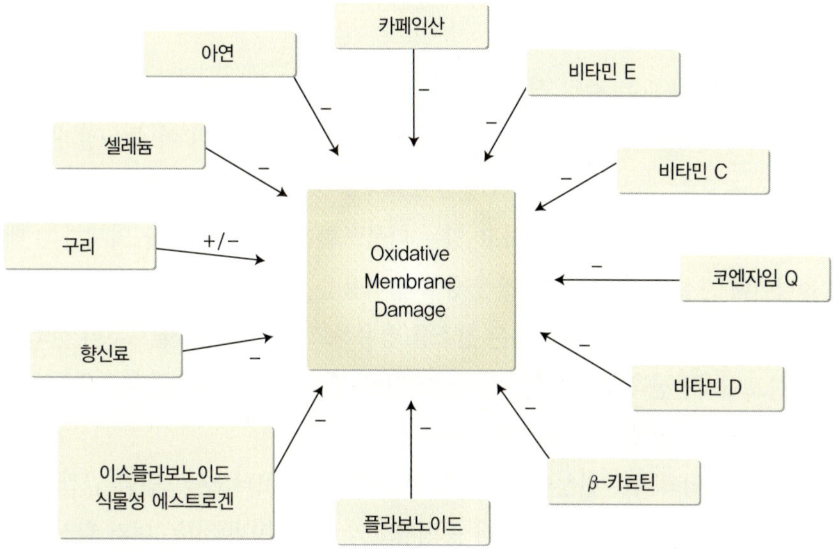

자료 : Wiseman H, J Nutr Biochem 7:4, 1996.

03 항산화 영양소의 기능

1) 비타민

활성산소에 대한 항산화물질의 작용기전을 보면 크게 3가지로 나뉠 수 있다. 즉 예방적인 측면, 활성산소를 제거하는 측면 그리고 조직회복 및 신생에 관여하는 기능으로 분류할 수 있다. 이 중 비타민류의 작용기전은 주로 활성산소를 제거하는 항산화 영양소로서의 기능을 담당한다. 즉 비타민류는 반응성이 크고 유해한 활성산소와 같은 유리기와 먼저 반응하여 자기 자신은 안정성이 있는 유리기로 되어 다른 중요한 화합물이 유리기가 되는 연쇄반응을 막아준다. 생체 내에서는 예방적 항산화물질의 예를 들면 SOD와 같은 효소작용에 의해 활성산소와의 반응은 어느 정도 억제되지만, 여전히 생체 내에서는 소량의 활성산소가 생성되며 외부에서도 활성산소(대기오염, 담배연기 등)가 체내로 들어오기도 한다. 항산화 기능을 갖는 비타민류에는 비타민E, 카로티노이드, 비타민C가 있다.

(1) 비타민E

비타민E(토코페롤)는 주로 식물성 유지, 배아 등에 들어 있는 성분으로 물에 녹지 않고 기름에 녹는 물질로서 4종류(α, β, γ, δ)의 토코페롤이 있으며 이 중 α(알파)-토코페롤이 생물학적으로 가장 활성이 강하다. α-토코페롤은 우리 신체의 기본단위인 세포를 이루고 있는 모든 생체막을 구성하고 있는 다불포화지방산의 산화를 억제하는 데 매우 효율적이며 지질과 산화방지에 가장 중요한 작용을 하게 된다. 다시 말하면 α-토코페롤은 세포막에 존재하면서 산소 또는 산소를 함유하고 있는 활성물질로부터 산화되기 쉬운 다불포화지방산을 대신하여 먼저 산화되어 생체막을 온전하게 보호해주는 지용성의 항산화물질의 역할을 한다고 볼 수 있다.

비타민E와 암과의 관련성에 대해서는 비타민C나 카로티노이드만큼 일관성 있는 결과를 보여주고 있지는 않다. 그러나 동맥경화의 예방 측면에서는 여러 항산화물질 중 비타민E의 영양상태가 가장 중요한 요인으로 작용하는 것으로 연구 보고 되고 있다.

비타민E의 독성에 대해서는 다른 지용성 비타민에 비해 아직 많이 알려지지 않아 비교적 안전하며 비타민E 보충도 고려해볼 만하지만, 장기간 과량 복용함으로 인한 체내 자유기의 생성 및 산화 반응의 극심한 억제도 문제가 있을 것으로 지적되고 있다.

(2) 비타민C

비타민C 또는 아스코르브산은 대표적인 수용성 항산화제로 그 작용기전은 두 가지로 요약될 수 있다. 첫째 세포질, 혈장, 세포외액과 같은 신체의 수용성 부분에서 활성산소와 반응하여 이를 불활성화시키며, 수용액상에서 독자적인 기능, 주로 +3가 철분(Fe^{3+})을 +2가 철분(Fe^{2+})으로 환원시켜 지방질을 과산화시키는 효소인 리폭시지나아제의 활성을 저하시켜준다. 둘째는 지질과산화를 매우 효과적으로 막아주는 비타민E의 산화된 형태를 재생시켜 주는 기능을 가지고 있다. 또한 다른 항산화제와 마찬가지로 항암효과를 가지고 있는데 이것 역시 비타민C가 활성산소에 의해 손상된 DNA를 회복 repair 시켜 주는 작용을 하기 때문이다. 그러나 비타민C와 같은 친수성 항산화영양소는 수용성 자유기 radicals 는 효과적으로 제거하지만 세포막 내에서는 활성산소를 제거하지 못하므로 연쇄반응 억제 항산화영양소로서의 구실을 할 수 없다.

(3) 카로티노이드

① 카로티노이드와 비타민A의 차이점

베타-카로틴은 모든 식물에서 발견되는 일종의 색소로서 비타민A의 주된 전구체이다. 자연계에는 600여 종의 카로티노이드가 존재하는데 이 중에서 일부만이 비타민A로서 작용을 할 수 있다. 예를 들면 알파(α)-카로틴, 베타(β)-크립토잔틴은 비타민A로 전환될 수 있는 반면 리코펜, 루테인, 제아잔틴, 칸타잔틴, 아스타잔틴과 같은 카로티노이드들은 비타민A로 분해 · 전환될 수 없다. 일반적으로 활성 비타민A인 retinol보다는 비타민A의 전구체인 베타-카로틴이 암의 발생과 진전을 방어하는 데 더 효과적인 것으로 밝혀졌으며, 그 외에도 비타민A의 활성을 가지지 못하는 카로티노이드(예: 리코펜, 루테인 등) 역시 암의 억제효과가 있는 것으로 보고되었다. 따라서 카로티노이드가 항암효과를 갖는 비타민A의 기능과는 무관하다고 볼 수 있다. 더욱이 비타민A의 항산화 능력은 비교적 약하여 활성산소를 소멸시킬 수 없으므로 베타-카로틴은 단순히 비타민A의 전구체로서의 역할보다 훨씬 중요한 다른 역할도 함께한다고 볼 수 있다.

한편 비타민A를 과량 복용할 경우에는 독성의 문제가 염려되나 베타-카로틴의 경우 식사를 통한 섭취량이 증가하면 장에서의 흡수가 감소되고, 비타민 A로의 전환도 억제되기 때문에 베타-카로틴의 독성문제는 중요하게 거론되지 않는다.

② 카로티노이드의 항산화 영양소로서의 기능

베타-카로틴은 활성산소류 중에서 일중산소 singlet oxygen 에 대해 가장 효율적인 항산화 능력이 있는 것으로 알려져 있으며 비타민E와 상호 협력하여 작용해 비타민E의 항산화 효과를 상승시켜 주는 것으로 알려져 있다. 또한 베타-카로틴의 항산화 작용은 낮은 산소분압하에서 더욱 효과적이며 이 점이 또 다른 지용성 항산화영양소인 비타민E와 다른 점이라 할 수 있겠다. 즉 베타-카로틴은 정상적인 공기의 산소압보다 월등히 낮은 분압에서만(대부분의 신체조직은 생리적인 조건하에서 산소분압이 낮다) 자유기를 제거해주며 높은 산소 분압하에서는 항산화 기능이 상실된다. 즉 베타-카로틴은 낮은 산소농도에서, 비타민E는 높은 산소농도에서 유효하므로 이들은 생체 내에서 항산화 업무를 분할하여 담당한다고 볼 수 있다. 한편 베타-카로틴 역시 지용성 물질이므로 세포막의 다불포화지방산으로부터 생성된 과산화 유리기를 제거해주는 역할을 하기도 한다.

베타-카로틴과 암의 관련성을 밝히기 위한 다각적인 연구가 진행되고 있으나 그 작용기전은 아직 자세히 밝혀지지 않았으며 이는 부분적으로 베타-카로틴의 대사경로가 확실히 밝혀지지 않았기 때문이기도 하다. 지금까지 밝혀진 바를 종합해 보면 카로티노이드가 항암효과를 지닌 것은 항산화영양소로서의 기능 이외에도 면역기능을 증진시키기 때문으로 간주되기도 한다. 베타-카로틴은 자기산화 장애로부터 식균세포를 보호하고, T임파구 및 B임파구의 증식반응을 높이고 T세포 기능을 촉진하여 대식세포 등 (macrophage, cytototic T 세포 및 natural killer 세포)의 종양소멸 능력을 증진시키며 인터루킨 생산을 증가시킬 수 있다. 둘째, 카로티노이드는 세포 간 정상적 상호작용을 원활하게 촉진하여 암세포의 이상증식 현상을 억제시켜줄 수 있기 때문이기도 하다.

③ 항산화 물질 간의 상호작용

항산화 비타민들은 독자적으로도 항산화 능력이 인정되지만 상호작용에 의해 각각의 항산화 기능을 상승시켜 산화적 스트레스에 의해 파괴되는 항산화 물질을 아껴주기도 한다. 위에서 언급한 바와 같이 비타민C는 비타민E를 재생시켜 주며 비타민E는 베타-카로틴 분자가 산화되는 것을 막아준다. 동물실험 결과 이들 영양소 중 하나를 보충해주면 다른 항산화 영양소의 결핍에 의한 증상을 완화시켜줄 수 있다고 한다. 그러나

항산화 비타민의 작용기전 ◀표 3-1

항산화 영양소	작용기전
비타민E	• 세포막에서 활성산소 생성 억제
	• 산화적 손상으로부터의 보호작용
	• 광보호 작용photoprotection
코엔자임 Q10	• 세포막에서의 항산화작용
	• 비타민E 작용 보조
	• 광노화 방지
베타카로틴	• 세포막 보호
	• 자외선에 의한 광손상 보호
	• 조건에 따라 산화촉진 작용
비타민C	• 항산화 작용
	• 콜라겐 합성 조절
	• 비타민E와 협동작용
	• 광보호 작용

이들 영양소들은 각각의 영양소만이 지니는 고유의 항산화 기능을 대신하여 수행할 수 없으며, 어떤 한 가지 항산화 영양소만을 많이 섭취하는 것보다는 상호작용을 통한 항산화 기능이 보다 더 효과적이므로 다양한 영양소를 골고루 섭취하는 것이 더 효과적 · 바람직한 식생활이라고 할 수 있겠다.

2) 무기질

항산화활성을 나타내는 무기질로는 셀레늄(Se) 이외에도 구리(Cu), 철분(Fe), 아연(Zn) 및 망간(Mn) 등이 현재까지 알려져 있으며, 무기질의 종류에 따라 그 작용기전에 차이가 있다. 또한 일부 무기질은 신체의 상황에 따라 항산화기능을 나타내기도 하는 반면, 경우에 따라서는 오히려 산화를 촉진시키는 정반대의 효과를 내므로 과잉섭취 시 문제가 될 수도 있다.

다음 그림에 제시된 바와 같이 음주, 방사성 물질, 오존, 농약, 중금속 오염 및 항암제 투여 등과 같은 다양한 외부환경으로 인해 신체는 끊임없이 자유산소라디칼을 생성

그림 3-3 생체 내에서 항산화 효과를 나타내는 무기질들의 작용기전

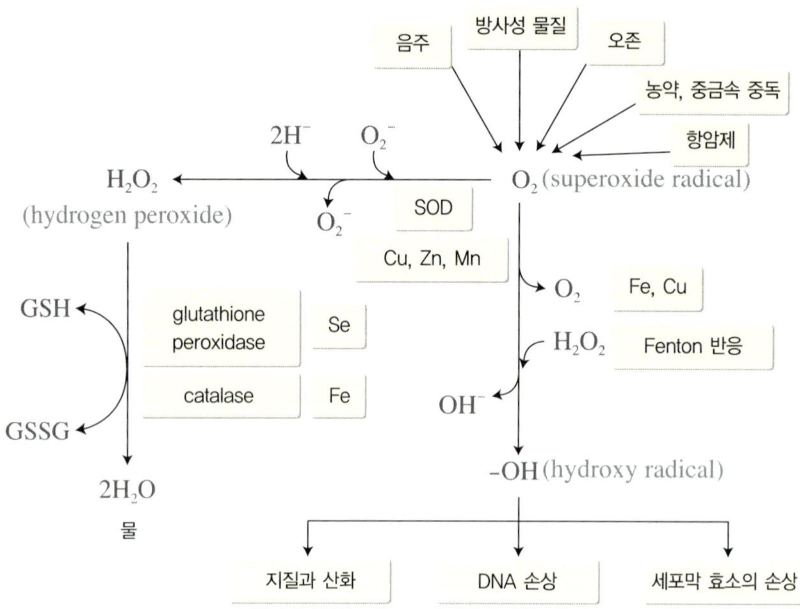

하게 되고, 이들을 적절히 처리하지 못했을 때 여러 조직이 산화적 손상을 입게 된다. 다행히도 우리의 몸에는 이와 같이 활성이 강한 자유산소라디칼을 제거시켜 어느 정도까지 신체를 산화적 소상으로부터 방어해 주는 능력을 지니고 있다. 그 첫 단계에서 작용하는 효소가 superoxide dismutase이다. SOD에는 세포 밖에 존재하는 SOD와 주로 세포질에 존재하는 Cu/Zn SOD, 그리고 망간을 포함하는 Mn SOD의 3가지 형태가 존재한다. SOD는 독성이 강한 자유산소라디칼을 H_2O_2로 전환시키는 과정을 촉매하고, 후자는 다시 glutathione peroxidase 또는 catalase 효소의 촉매작용에 의해 독성이 없는 물과 산소로 분해된다. 한편 자유산소라디칼은 Fenton 반응을 통해 DNA 손상 및 지질과산화의 주범이 되는 매우 강력한 산화성을 가진 hydroxy radical(•OH)을 형성하기도 한다. 이와 같은 일련의 방어기전에 여러 가지의 무기질들이 복합적으로 관여하고 있다.

(1) 아연

아연은 세포질에서 Cu/Zn SOD의 구성성분으로 작용하므로 자유산소라디칼을 제

거하는 데 관여한다. 그 외에도 아연은 생체막의 구성성분으로서 생체막 구조를 안정화시키는 기능을 담당하므로 아연이 결핍되면 세포막이 산화적 손상을 쉽게 받아 세포막에 위치하고 있는 효소나 수용체들의 활성에 장애가 나타나게 된다.

(2) 구리

항산화체계에 관여하는 효소로 구리를 함유하는 효소는 현재까지 3가지 정도 알려져 있다.(SOD, cerulloplasmin 과 copper thioneins).

구리 역시 아연과 함께 Cu/Zn SOD의 구성성분으로 작용하므로 결핍시 이 효소의 활성이 저하되고, 생성된 자유산소라디칼의 제거가 어려워진다. Cerulloplasmin은 세포막의 표면에 붙어 있으면서 세포외액에서 다양한 자유라디칼을 제거하는 기능을 담당한다. Copper thioneins는 예전에는 구리의 저장단백질로만 알려져 왔으나 최근에 자유라디칼을 제거하는 능력이 있음이 밝혀졌다.

반면 구리는 과잉섭취될 경우 유리상태에서 +2가(Cu^{2+})와 +1가(Cu^{+})를 오가면서 자유산소라디칼을 hydroxy radical(•OH)로 전환시켜 주는 Fenton 반응을 촉매하는 역할을 담당하게 되므로, 오히려 산화를 촉진시키게 되는 이중성을 지니고 있다.

(3) 망간

망간은 Mn SOD의 구성성분으로 작용하여 아연 및 구리와 함께 자유산소라디칼을 제거하는 데 관여하는 항산화 무기질이다. 알코올, 오존 및 종양괴사인자-α(TNF-α) 등과 같은 다양한 스트레스에 노출될 경우 세포 내 자유라디칼의 농도가 증가하는 것과 아울러 조직의 Mn SOD 활성도 유의적으로 증가하는데, 망간이 결핍된 쥐에서는 이와 같은 Mn SOD의 활성증가가 나타나지 않게 된다. 또한 망간이 결핍된 쥐의 조직에서는 정상 쥐에 비해 Mn SOD의 활성이 낮아지고, 이와 관련하여 간의 미토콘드리아에서 지질과 산화가 크게 증가함이 나타났다.

(4) 철분

Catalase는 glutathione peroxidase와 함께 H_2O_2를 기질로 사용하여 독성이 없는 물과 산소로 분해시키는 과정을 촉매하는데, 이 두 효소는 모두 철분을 함유하므로 철분이 결핍되면 효소활성이 저해되고 H_2O_2의 제거가 어려워진다. 인체와 쥐에서 철분이 결핍되면 적혈구 막에 지질과산화가 촉진되어 적혈구가 쉽게 파괴되는 것이 보고된 바 있다.

철분은 이와 같이 체내에서 항산화기능을 담당하기도 하지만, 구리와 마찬가지로 자유라디칼 생성을 촉진시키는 기능을 지니므로 각별한 주의가 필요하다. 즉, 철분이 과잉섭취되어 혈액에서 철분과 결합하는 운반단백질이 포화되거나 또는 단백질섭취 부족으로 혈액에 이 단백질의 농도가 낮은 경우 유리 상태의 철분이 +3가(Fe^{3+})와 +2가(Fe^{2+}) 상태를 오가면서 Fenton 반응을 촉매하여 자유산소라디칼로부터 독성이 강한 hydroxy 라디칼(•OH)을 형성하므로 오히려 지질과산화를 촉진시키게 된다. 하지만 운반단백질과 일단 결합된 상태에서는 철분이 이와 같은 자유라디칼 형성을 촉매, 증가시키는 작용을 나타내지 못하므로 걱정할 필요가 없다.

표 3-2 항산화 무기질의 급원식품

항산화 무기질	급원식품
구 리	조개류, 동물의 간, 견과류, 피넛버터, 코코아, 곡식배아
아 연	계란, 우유, 치즈, 굴, 새우, 동물의 내장육(간)
망 간	곡류, 두류, 녹색채소, 견과류
셀레늄	통밀빵, 내장고기, 새우, 조개류, 해조류, 계란, 유제품, 버섯 마늘

(5) 셀레늄

셀레늄은 간과 적혈구에서 활성이 높은 효소 glutathione peroxidase: GPx 의 구성성분으로서 환원형 그루타티온(GSH)의 존재하에 자유산소라디칼에서 생성된 과산화물질(H_2O_2)을 물과 산소로 분해시키는 과정을 촉매하는 중요한 항산화 영양소이다. 이와 비슷한 효소로 인지질의 과산화물질 phospholipid hydroperoxide 에 작용하는 효소(PLGPx)가 있는데, 이 효소는 다가불포화지방산의 과산화과정에서 생성된 과산화지방산(ROOH)을 환원형 글루타티온(GSH)의 존재하에 독성이 없는 ROH와 물로 분해시켜서 과산화지질의 생성을 막아주는 역할을 한다. 셀레늄은 위에서 언급된 GPx 효소뿐 아니라 PLGPx의 구성성분으로 작용하므로 과산화물질을 제거시키는 이외에도 세포막 내 인지질의 지방산과산화를 막아주고 세포막을 보호해주는 역할을 하게 되는 것이다. 따라서 비타민 E와 함께 셀레늄이 결핍되면 적혈구막이 쉽게 파괴되고, 조류에서는 다량의 피하 용혈 현상과 부종이 수반되는 '삼출성 소인 exudative diathesis 현상' 이 나타남이 보고되었다.

제4장

식품과 미용건강

PART 04 식품과 미용건강

01 기능성 식품과 미용건강

1) 정의

기능성 식품이란 식품의 품질변환 조작에 의해 얻어진 기능적 성분으로 만들어진 것을 섭취하여 생체기능을 높여주어 특정 기능에 영향을 미치는 효능 효과가 있는 식품을 말한다. 이런 식품은 특히 신장병, 심장병, 고지혈증, 당뇨병, 성인병, 노인성 질환과 비만 및 항노화 기능을 갖는다. 즉 기능성 식품을 섭취하면 생체기능을 높여주어 세포와 인체 조직 및 신경계, 순환계, 분비계 및 근 · 골격계 등의 분화, 조절, 순환 등에 영향을 미쳐 질병을 예방하고 개선하며 면역력 향상을 갖는다. 이런 점에서 일반식품과 비교하면 기능성 식품은 의약품은 아니지만 약리적 효능 효과가 있으며 독성과 부작용은 적다는 것이 특징이라고 할 수 있다. 하지만 일반식품과 기능성 식품 그리고 의약품 등의 경계를 뚜렷이 정의하기란 매우 어렵다.

2) 기능성 식품의 기능별 분류와 효능 효과

기능성 식품의 기능별 분류로는 생체조절 및 원기를 회복하는 종류의 식품과 질병예방과 개선에 효과적인 식품, 그리고 항노화 효과가 있는 식품 등으로 분류할 수 있다. 또한 식품에 따른 기능성 물질의 효능 효과도 조금씩 다르다.

(1) 기능성 식품의 기능별 분류

기능	종류
생체조절 및 원기회복	알레르기 치료와 개선 식품 및 면역력증진 식품, 신경계조절 식품, 섭취기능조절 식품, 혈액순환증진 식품
질병예방 및 개선	고혈압 방지 식품, 당뇨병예방 식품, 고지혈증예방 식품, 림프계자극 식품
면역력 증진	선천성 대사이상 장해방지 식품, 항암식품, 콜레스테롤조절 식품, 혈소판 응고방지 식품
노화억제	과산화지질 생성억제 식품

(2) 식품에 따른 기능성 물질의 효능 효과

식품	기능성 물질	효능 효과
콩(검정콩)	사포닌, 콘드로이틴	과산화지질 생성방지, 노화방지, 고지혈증 예방
인삼, 홍삼	사포닌	항암효과, 강장 및 강심작용, 생체면역력 증진
녹황색 과일류 (당근, 감귤류)	베타카로틴	항산화 효과, 항노화, 암예방
녹차, 영지버섯	polyphenol 류	혈중 콜레스테롤 억제, 당 상승억제, 항종양, 항알레르기

3) 기능성 식품의 조건

(1) 기능성 식품은 섭취 후 기대되는 기능이 제대로 체내에서 발현되어 뚜렷한 기능을 가져야 한다.

(2) 기능성 식품은 어떤 종류의 생체조절을 대상으로 하고, 그것에 의하여 어떠한 건강상태의 획득을 목적으로 하는가가 명확해야 한다.

(3) 기능성 인자가 식품 중에 유리형태로 혹은 결합형으로 존재하는가를 물리적, 화학적 분석에 의하여 특정지어야 한다.

(4) 기능성 식품에 함유되는 기능성 인자는 각종의 방법에 의하여 양적으로 얻을 수 있어야 바람직하다.

(5) 기능성 식품에 있어 기능성 인자는 외래성 정보물질로서 표적세포와의 상호작용, 기능발현의 기구에 대하여 생화학적, 생리적, 분자생물학적 이해가 가능해야 한다.

4) 기능성 식품의 종류

(1) 식이섬유(Dietary Fiber)

식이섬유란 소화관 내 효소로 가수분해되기 어려운 식물성 다당류와 동물성 난소화성 다당류 등의 고분자 물질을 일컫는다. 즉 식사 중 식물섬유량은 식물시료를 내열성 amylase, protease, 다시 amyloglucosidase 등으로 가수분해해서 약 80%의 ethanol로 침전시키고 그 침전물에서 회분과 단백질을 제거한 것을 식물섬유로 정의하고 있다.

식이섬유라는 용어는 1953년 Hipsley가 사용한 dietary fiber란 말에 생리적 의미를 포함해서 1972년에 Hugh. Trowell이 "인체 소화효소의 작용을 받지 않는 식물세포의 구조잔사"라는 표현을 사용하여 정의하였다.

식이섬유는 식물의 세포벽이나 배유부분에 함유되어 있는 성분으로 비전분질 다당류이며 인체 내 소화효소로 가수분해되지 않은 채 대장으로 이동하고, 대장에서 일부 미생물에 의해 분해되는 특성을 갖기 때문에 변비에 효과적이다. 또한 식이섬유는 에너지가 거의 없어서 체내에 축적되지 않으며, 위장에 포만감을 갖게 해줌으로 식욕을 줄일 수 있도록 도와주며 수분을 끌어당기는 보수성과 흡착성이 있어 식욕이 왕성한 식이불균형 비만인의 식욕조절 효과와 콜레스테롤 함량을 낮추기도 한다. 최근 식이섬유가 동맥경화, 심장병, 당뇨병과 같은 생활습관 질환과 성인병에 효과가 있다고 알려져 건강한 아름다움을 갖기 위해 노력하는 사람들에게 많은 관심의 대상이 되고 있다.

(2) 식이섬유의 종류

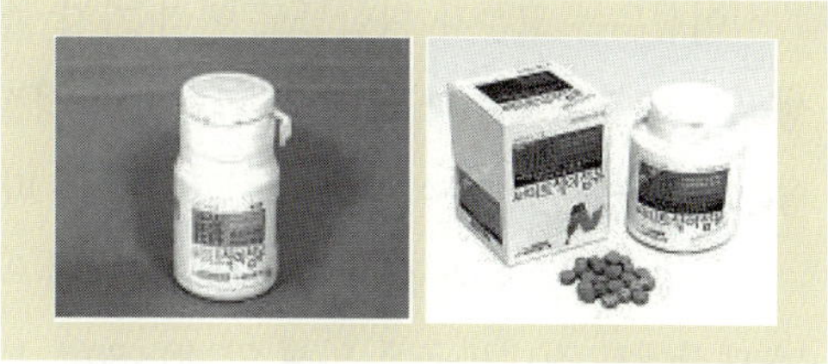

식이섬유의 종류는 대단히 많으며 식품의 물리적 성질에 따라 그 성분도 다르기 때문에 생체에 대한 생리기능 작용도 다르다.

식이성 식이섬유는 크게 나누어 물에 대한 용해성에 따라 수용성 식이섬유와 불수용성 식이섬유로 나눌 수 있다. 수용성 식이섬유로는 사과, 딸기, 감귤류 등 과일에 많이 함유되어 있는 펙틴 pectin 과 곤약에 함유되어 있는 점성의 글루코만난 glucomannan, 구아 검 guar gum 등의 검 gum 류, 해조류에서 추출한 한천 agar, 알긴산 alginic acid, 카라기난 carrageenan 등이 있다. 불용성 식이섬유는 곡물과 잎의 줄기가 많은 야채, 콩류, 종자(씨) 등에 함유되어 있으며, 헤미셀룰로오스, 새우와 게 껍질에 들어있는 키틴 chitin 질 등이다.

식이섬유의 종류와 주요성분 ◀표 4-1

물성	기원	종류	성분
불수용성 식이섬유	식물성 식품 (세포벽의 구조물)	Cellulose	B-Glucan
		Hemicellulose (비cellulose다당류)	Xylan Mannan Galactan
		Protopectin	Galacturonan
		Lignin	Phenylpropan의 중합체
	동물성 식품	Chitin	Polyglucosamine
		Condroitin황산	황산화 뮤코다당
식물성 식품 (세포벽의 구조물)	식물성 식품 (비구조물질)	Pectin	Galacturonan
		Gum질	Polyuronide
		점질물	Glucomannan
			Galactomannan
		해조다당류	Alginic acid Natrium Galagenin
	식품첨가물	다당류 유도체	Methylcellulose Carboxylmethylcellulose
		합성다당류	Polydextrosea

(3) 식이섬유의 기능적 효능효과

식이섬유는 고분자 화합물로 여러 가지 물리적 성질에 따라 성인병 예방에 유효한 생리적 특성을 갖는다. 고분자 화합물의 성질에는 보수성, 이온교환능력, 흡착성, gel 형성능력 등이 있다. 식이섬유는 그 종류에 따라 특성도 매우 다르게 나타난다.

식이섬유는 소장과 결장에서 장내세균에 의해 대부분 분해된다. 예를 들면 Cellulose는 대장에서 장내세균에 의해 약 40~80% 분해되고, Hemicellulose는 소장에서 거의 완전하게 분해되지만 lignin은 분해되지 않는다. 그러므로 인체는 결장에서 이러한 분해산물을 흡수하지 못하므로 이들을 에너지로 이용할 수 없다.

체내에서의 식이섬유의 주요역할은 첫째, 식이섬유가 장내 유해물질을 흡수하므로 장내 통과기간을 단축시키며 둘째, 장 내용물이 소화관에 머무는 시간을 감소시키고 셋째, 세포가 유해물질과 반응할 기회를 감소시키고 소화관을 통과시키므로 변이를 긍정적으로 도와주어 변비발생 빈도를 극히 감소시키는 효과가 있다. 그러나 임산부, 수유부, 성장기 어린이, 소화흡수율이 낮은 노령자가 지나치게 많이 섭취하는 것은 바람직하지 않다. 왜냐하면 식이섬유 과잉섭취시 칼슘, 단백질, 비타민, 무기질 등과 같은 미량원소의 부족을 초래할 수 있기 때문이다.

정상인의 식이섬유소 1일 권장섭취량은 20~25g 정도이다.

① 식이섬유의 소화관 작용

• 소화관 운동을 활발하게 한다.

표 4-2 ▶ **식이섬유의 물리적 성질 및 생리적 성질과 질병**

물리적 성질	생리적 성질	질병
보수성(팽윤성)	변량 증가, 장내압 및 장압 저하	변비 예방, 충수염 예방, 장게실염 예방
확산, 저지작용(sol) 형성	식사 영양분 흡수 억제, 당질 콜레스테롤, 담즙산 감소	비만, 당뇨병, 동맥경화, 지혈증 및 담석증 예방
양이온과 결합, 또는 교환 작용	Ca, Fe, Zn과 결합 Na과 K의 교환작용	지나친 섭취는 무기질 결핍증 초래
난소화성	장내세균총 변화, 장의 연동 촉진, 장내 유해균 억제(유해 물질 생성 억제)	변비 예방, 대장암 예방

• 내용물의 소화관 통과시간을 단축시킨다.
• 장압을 저하시킨다.
• 식사성분의 소화흡수를 저해한다.
• 장, 간에 순환하는 담즙산을 감소시킨다.
• 장내 환경을 개선시킨다.

② 식이섬유의 구체적인 기능적 효능 효과로는 아래와 같다.

A. **배변활동을 촉진시킨다.**

수용성 식이섬유는 결장 및 직장에서 변 용적을 증대시켜 배변을 촉진시킨다. 그 결과 발암물질의 장내 농도를 낮추고, 발암물질이 장관과 접촉하는 시간을 짧게 하여 발암위험을 낮춘다. 또 불수용성 식이섬유는 장내에서 발효되어서 단쇄 지방산과 젖산을 생성해서 장내의 pH를 낮게 유지하므로 장내환경을 개선한다. 그 결과 장내세균에 의한 2차 담즙산, 아민류 등의 발암 촉진물의 생성을 억제한다.

B. **식이섬유를 섭취하면 유해물질의 독성을 경감시켜 발암성이 감소된다.**

식물섬유가 이온교환 기능이나 물질흡착 능력으로 유해물질을 포획하면 유해물질의 체내흡수가 저지되고 분변으로 배설되므로 유해작용을 예방할 수 있다.

C. **식이섬유는 혈액 중 혈중 콜레스테롤의 억제효과로 LDL콜레스테롤의 상승을 억제한다.**

D. **비만방지 효과**

불수용성 식이섬유는 식이의 저작 횟수를 증가시켜서 타액 및 위액의 분비를 촉진하므로 결과적으로 식괴의 용량을 크게 한다. 수용성 식이섬유는 위장에서 팽윤되므로 식괴의 체적과 점성을 상승시키고, 식이가 위내에 체류하는 시간을 길게 한다. 그러므로 식이섬유를 많이 함유한 식이는 만복감을 쉽게 느끼게 해 과잉섭취를 방지하므로 비만을 예방할 수 있다.

(4) 올리고당(Oligosaccharides)

올리고당은 2~10개의 단당으로 구성된 성분으로 탄수화물 중 전분에서 유래되어 대부분은 식물에서 얻어진다. 대부분의 올리고당은 대두, 양파, 아스파라거스 등에 함유되어 있고 동물에는 소량의 모유에 함유되어 있다. 올리고당은 식이섬유와 같이 소화되지 않고 맹장 이하의 대장에 도달하여 대장에서 서식하는 박테리아에 분해되어 장내 환경을 개선하는 식품으로 설탕과 포도당 대신 단맛을 낼 때 사용된다. 올리고당은 설탕에 비해 칼로리가 매우 낮은 특성이 있다. 설탕이나 포도당은 1g당 1.6kcal를 내는데 비해 올리고당은 감미가 낮고 1g당 1kcal의 낮은 열량을 내며 물에 잘 녹는다. 따라서 인체의 유용 장내세균인 비피더스균을 증식시키고, 열량섭취를 낮출 뿐 아니라 인슐린 분비에 영향을 미치지 않고 충치를 예방하는 기능을 갖는다. 이러한 올리고당의 생리효과로 인해 기능성 식품으로 각광받고 있어 음료, 과자류, 빙과류, 빵과 잼, 디저트류 등에 사용되고 있다.

① 올리고당의 생리효과와 기능

A. 감미식품

비피더스균 bifidobacterium 증식효과로 장내세균 균총 개선 및 배변횟수 증가와 비만방지 효과를 갖는다. 올리고당은 대장 등에서 발효되어 초산, propionic acid, 낙산 등의 단쇄 지방산과 젖산 등의 유기산을 생성하여 장내의 pH를 낮추므로 비피더스균과 유산균 증식기능을 갖는다. 그러므로 장내 비피더스균과 유산균이 우세하면 이것들이 부패에 관여하는 균류의 증식을 억제하고, 유해물질의 생성을 억제하여 배변횟수 증가와 비만방지 효과 및 대장암의 위험을 최소화한다. 또한 단쇄 지방산은 장의 연동 운동을 자극하고, 대장 상피세포의 에너지원이 되기 때문에 소화관의 활동을 촉진한다. 그러나 비피더스균과 유산균은 열, 위산, 산소 등에 약하기 때문에 입으로 먹으면 장내까지 도달이 어려워 증식될 수 없기 때문에 식품회사에서 장내까지 도달할 수 있는 방법을 연구하고 있다.

장내세균의 종류에는 니트로사민 nitrosamine 등의 발암물질과 인돌 indole, 페놀 phenol, 크레졸 cresol 2차 담즙산 등의 발암촉진 물질, 그리고 간장독의 암모니아 등을 생산하는 것이 있다.

B. 충치예방

충치는 Streptococcus mutans란 균이 불용성 글루칸 glucan 을 생성하고, 이것을 원료로 해서 산에 의해 충치가 만들어지는데, 올리고당이 갖는 커플링 슈거 coupling sugar 는 글루칸 생성에 이용되지 않을 뿐만 아니라 설탕이 글루칸으로 전환되는 것을 억제하므로 충치 예방에 도움이 된다. 커플링 슈거 coupling sugar 는 설탕, 녹말, 효소를 섞어 만든 당이다.

② 올리고당의 종류와 특성

A. 비피더스균(bifidobacterium)

사람의 장내에 가장 많은 유산균은 비피더스균이며 그 외에 연쇄상구균과 유기산균이 약간 존재한다. 장내 비피더스균은 유아의 경우 장내세균의 25.1%로 그 함량이 높으나 점점 성장하여 어린이는 20.0%, 성인은 10.0%, 고령자는 7.9%로 연령이 증가하면서 점차 감소한다. 이 균은 장내에 많이 증식하여도 독성을 만들지 않고 오히려 여러 가지 유익한 물질을 생산해 낸다. 그러므로 장내 안정에 기여한다.

육류섭취가 많은 서양인들은 채소를 많이 먹는 동양인보다 대장암의 발생이 높은데 이것은 지방과 단백질 섭취가 많기 때문이다. 그러나 필란드인은 육류 섭취는 많이 하지만 비피더스균이 함유된 요구르트 섭취량이 많아 장내 부패균 증식을 억제하는 효과가 있어 대장암 발생이 낮다고 한다.

❖ 비피더스균의 기능

- 장내 부패균의 증식을 억제하여 대장암 발생빈도를 낮춘다.
- 장내 안정에 기여함으로 감염방어, 설사예방, 배변용이 효과를 갖는다.
- 면역계 증진효과를 갖는다.

B. 유지류

유지류를 지나치게 섭취하면 여러 종류의 성인병 질환 발병률이 높은 것이 사실이나 유지가 갖고 있는 맛과 풍미를 포기하기란 어렵다. 그러므로 유지의 맛과 풍미를 갖고 있으면서 건강에 해를 주지 않는 유지를 섭취하는 것이 좋다. 예로 등푸른 생선이나 식물의 유지에서 얻어진 고도불포화지방산 poly unsaturated fatty acid 은 인체 내에서 혈액순환, 호르몬 분비계 및 면역계 등을 조절하고 생체막의 구성성분으로서 막의 유동을 조절하는 생리작용이 밝혀져 있다. 이러한 생리활성 물질인 필수지방산은 소화관 내에서

더 이상 가수분해되지 않고 직접 흡수되어 그 자체가 생리활성을 갖는 경우가 많기 때문에 효과적인 기능성 식품이다.

담수나 해수에 주로 서식하는 어패류와 정어리나 고등어 같은 등푸른 생선에 n-6계 지방산 EPA 15~20%, n-3계 지방산인 DHA 7~10% 정도 함유되어 있다.

❖ 유지류의 종류에 따른 생리기능과 효과

- 에이코사펜타에노산(eicosapentaenoic acid: EPA, C 20:5)

  프로스타글란딘 prostaglandin: PG 의 전구물질 중 하나로 체내 PG 생합성과 생리활성에 영향 혈소판 응집억제 작용, 혈압강하, 동맥경화증 방지 효과가 있으며 n-6계 지방산으로 홍화씨, 해바라기씨에서 얻어진 유지로 linoleic acid(LA)는 콜레스테롤 강화작용을 하며 달맞이꽃의 유지는 비만개선과 항알레르기 및 생리 전 증후군과 항노화 작용이 있다고 보고되어 있다.

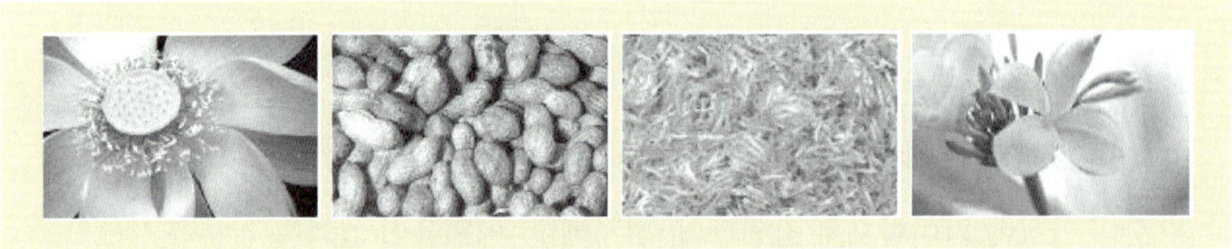

- 도코사헥사에노산(docosahexaenoic acid: DHA, C 22:6)

  뇌와 신경조직에 많은 n-3계 지방산으로 신경기능 유지에 필요한 혈소판 응집억제 작용(혈전증 저하)과 혈중콜레스테롤 저하작용을 한다.

③ 생리활성 펩티드

전통적인 단백질 기능 이외에 최근 식품단백질에서 유래한 펩티드 등에서 일부는 체내에서 특이한 생리활성이 있음이 밝혀져 단백질의 가수분해물질인 펩티드에 대한 연구가 진행 중이다. 이들 생리활성을 나타내는 펩티드들은 다른 단백질보다 우유 단백질에 더 많은 종류가 포함되어 있다.

④ 키틴(chitin)과 키토산(chitosan)

키틴 chitin 과 키토산 chitosan 은 새우나 바닷가재, 게 등 갑각류의 껍질, 곤충류의 표피, 버섯이나 균류의 세포벽의 구성성분에 함유되어 있는 고분자 물질이다. 이들은 독성이 없고 흡착성, 보습성, 유화성, 생분해성을 갖고 있어 성인병 예방과 치료 및 면역력 증진효과를 갖는다.

키틴과 키토산의 생리기능과 효과로는 아래와 같다.

- 콜레스테롤 및 중성지방 저하작용
- 장내 유용성분 성장촉진
- 항종양작용
- 식물세포의 활성화작용
- 면역부활작용
- 고혈압 조정작용
- 당뇨치료 및 개선효과
- 항균작용과 제산작용 및 궤양 억제작용

⑤ 타우린

타우린은 유리상태로 존재하며 오징어, 문어, 조개류, 해조류 등에서 추출되어 왔으나, 최근에는 담즙에서 추출되고 있다. 특히 모유에 그 함량이 많아 신생아는 모유섭취가 긍정적으로 평가받고 있으며 타우린을 만들지 못하는 신생아 분유에 첨가하고 있다.

타우린은 콜레스테롤이 혈관벽에 침착하는 것을 막아주는 작용을 하므로 혈중 콜레스테롤 저하 및 혈압안정 효과가 있다.

❖ 타우린의 생리기능과 효과

- 혈중 콜레스테롤, 중성지방의 저하효과
- 동맥경화성 질환억제
- 담석 억제작용
- 간 효소 대사, 간 기능 개선, 간질환자 증상 개선
- 혈압강화, 뇌졸중 예방

02 기호식품

기호식품이란 영양성분은 거의 함유되어 있지 않지만 맛과 향, 즐거움과 갈등해소, 습관성 등에 따라 특정한 식품을 각 개인의 취향에 맞게 선택하여 섭취하는 식품을 말한다. 종류로는 술과 담배, 커피와 각종 차 및 청량음료 등이 포함된다.

기호식품의 소비증가는 현대인의 변화된 식습관과 생활패턴 등과 밀접한 연관성이 있다. 현대인의 생활양상은 갈등의 연속이며 심리적, 사회적으로 매우 불안정한 상태에 놓여 있으며 많은 과업과 해결해야 할 일들 속에 놓여 있게 되는데, 이런 일상에서 잠시나마 탈피하고자 하는 욕구에 의해서 즐기게 되는 경우가 종종 있어 무조건 부정적 시각으로만 바라볼 수는 없다 하겠으나 기호식품의 지나친 섭취는 중독성, 습관성으로 이어져 건강을 해칠 우려가 있어 기호식품의 올바른 기능을 이해하여 조절하는 것이 중요하다고 할 수 있겠다.

1) 알코올(Alcohol)

알코올의 종류는 다양하다. 탄화수소의 수소(H)를 수산기(OH)로 치환한 것 중에서 지방족에 속하는 것을 알코올이라 말하고, 방향족에 속하는 것은 페놀 phenol 이라 한다. 알코올 중 지방족에 속하는 탄소가 2개인 1가 에탄올(ethanol: CH_3CH_2OH)은 각종 주류의 성분으로서 조미료, 첨가물, 또는 의약용 소독약이나 약의 용제로 사용된다. 같은 지방족의 1가 알코올이지만 탄소수가 1개인 메탄올(methanol: CH_3OH)은 먹을 수가 없고 공업용 등으로 사용된다.

우리가 마시는 에탄올 술은 인류의 역사와 함께 오랜 시간을 함께해 왔다고 해도 과언이 아니다. 술의 알코올 함량은 순수한 증류 알코올 95% 에탄올과 5%의 물을 함유한다.

술의 주성분인 알코올은 체내에서 대사될 때 에너지를 발산한다. 보통 알코올 1g이 체내에서 연소될 때 약 7.1kcal의 열량이 생성된다. 그러나 알코올에 의해 생긴 열량은 체내에 축적되지 않기 때문에 이를 영양소라고는 하지 않는다.

적당량의 술을 마시면 말초혈관이 팽창되어 홍에 겨워지고 혈액순환의 흐름이 좋아져 몸이 따뜻해진다. 그러나 장기간에 걸쳐 많은 양을 섭취하면 정신신경기능마비, 간장, 췌장 및 위장 장애를 초래하는 등의 질병을 일으키며 중독성이 강해 많은 부작용을 초래하는 것으로 알려져 있다.

(1) 알코올의 흡수와 대사

알코올을 마시게 되면 소량이 먼저 구강 점막과 식도를 경유하여 위장에서 약 10~20%, 소장에서는 약 80% 정도가 흡수된다. 이렇게 체내로 들어간 알코올은 혈액을 통해 간으로 이동되어 대사가 시작되며 간으로 유입된 알코올은 간 내에 함유되어 있는 탈수효소 alchol dehydrogenase: ADH 와 알코올 카탈레이스 alcohol catalase 에 의해 아세트알데히드 acetaldehyde 로 전환된다. 이 아세트알데히드는 또 다른 간 내 효소인 알데히드 탈수효소의 작용에 의해 아세트산으로 산화된다. 그리고 최종적으로 혈액에서 이산화탄소(CO_2)와 물(H_2O)로 분해되거나 또는 혈액을 통해 다른 조직으로 운반된다. 알코올의 간 대사과정의 중간산물인 아세트알데히드는 음주 후 두통이나 울렁증 등의 불쾌감을 유발한다. 흡수된 알코올의 대사는 2~10%는 신장, 폐 등을 통해서 소변이나 땀 또는 공기 중으로 방출되어 배설되며 나머지 90% 정도는 대사되어서 에너지를 생성하

표 4-3 술의 열량과 알코올 함량

종류	포장단위 용량 (cc/병)	알코올농도 (%)	1잔당 열량	
			1잔의 크기(cc)	열량/잔
소주	360/병	25	50	90
고량주	250/병	40	50	140
문배주	700/병	40	450	140
청주	300/병	16	50	65
막걸리	750/병	6	200	110
맥주	500/병	4	200	95
생맥주	500/잔	4	500	185
샴페인	640/병	6	150(가득)	65
위스키(패스포트)	360/병	40	40(스트레이트)	110
백포도주(마주앙)	700/병	12	150	140
적포도주(마주앙)	700/병	12	150	125

게 되나 지나친 알코올 섭취로 위장과 장 점막이 자극되어 유입되는 영양소의 소화흡수 과정을 방해하는 경우도 있어 이로 인해 영양결핍 현상이 초래될 수도 있어 알코올 섭취량을 조절하지 않으면 건강을 해치게 된다.

(2) 알코올이 인체에 미치는 영향

혈중 알코올 농도는 음주 직후부터 상승하기 시작해 30~60분 사이에 최고에 달하며, 그 이후 서서히 감소하여 7~8시간 지나야 음주 전의 수치로 돌아온다. 혈중 농도에 개인차가 있는 것처럼 증상에도 개인차가 있어 0.05%에서도 거의 취기 증상이 나타나지 않는 사람이 있는 반면, 취기를 빨리 나타내는 사람도 있다. 또한 알코올과 함께 탄산을 함께 마시면 흡수를 촉진시키는 반면 위에 지방이나 당질이 있으면 흡수를 지연시켜 식후 알코올을 섭취하면 취기가 더디 오기도 한다.

알코올 섭취는 알코올 자체가 갖는 직접적인 독성과 알코올 과다섭취에 따른 부정적인 측면과 긍정적인 측면 모두를 갖고 있어 섭취시 양과 마시는 간격 등이 매우 중요하다고 할 수 있다.

① 알코올 섭취시 긍정적인 효과로는 아래와 같다.

- 스트레스를 해소시킨다.

- 알코올은 적당량 섭취하면 뇌의 구성성분의 대부분을 차지하는 인지질, 당지질, 콜레스테롤 등과 같은 지질과 친화력이 있어 뇌에 부담을 주지 않고 안정감을 주어 일시적으로 불안을 해소시켜준다.
- 혈관팽창에 의해 혈액순환을 돕고 피로를 해소시킨다.
- 알코올이 체내에 들어가면 혈관을 팽창시켜 순환을 촉진함으로 몸이 따뜻해지고 나른해지며 혈액순환이 왕성해진다. 또한 저혈압이 있는 사람에게 포도주와 같은 알코올 1잔은 오히려 혈압상승 효과의 약리 효과가 있다.
- 미각을 자극해 식욕을 촉진시킨다.

0.5% 이하의 알코올 내 당분은 미각을 자극하며 침샘분비를 촉진하고 위 점막을 자극하여 음식물의 소화 촉진 및 흡수와 대사에 도움을 주기 때문에 옛 선조들이 식사시 반주 삼아 1~2잔 즐겨 마시곤 한 모습을 볼 수 있다.

② 알코올 섭취시 부정적인 효과로는 아래와 같다.

- 간 기능 손상

알코올 섭취시 인체에서 가장 큰 손상을 받는 장기가 간이다. 알코올을 장기간 섭취하면 알코올 성분이 간에 쌓여 지방간 Fatty liver 혹은 알코올성 간염 Alcohol hapatitis 과 간경변 Liver cirrhosis 더 나아가 간암을 유발할 가능성이 있어 장기간 알코올 섭취를 금하고 있다.

- 알코올 중독성

장기간 알코올을 섭취하는 사람은 알코올에 내성이 생기며 정신 및 신체적인 중독성향을 나타내 알코올 섭취가 습관화된다. 그러므로 알코올 의존도가 높아져 알코올 섭취를 못할 시 공격적이고 초조해 하는 불안증세를 나타내 손떨림, 환청, 환각과 같은 증상이 나타나기도 한다.

- 신경장애

알코올은 말초신경염과 중추신경장애, 알코올성 치매, 알코올성 기억력 저하 등을 일으킨다. 특히 말초신경염은 하퇴의 감각 이상증을 일으켜 보행 균형 장애를 초래하고 중추신경 장애는 발음장애와 간질과 같은 발작을 유발한다. 또한 운동신경에 장애가 발생할 경우 정신착란과 기억상실 증상이 나타나기도 한다. 또 알코올은 대뇌피질을 마비시켜 과욕, 객기 등을 일으키는 돌발행위를 행하게 한다.

- 위장질환과 암 발생

과다 알코올 섭취로 위장의 점막을 자극하여 속쓰림 증상과 신트림 증상이 발생한다. 또한 위와 소장은 유입되는 알코올의 양을 줄이기 위해 위장의 분문이 열리는 경우가 간혹 있어 오심이나 구토 등을 유발하여 위산의 역류로 식도 점막이 손상을 입어 식도염에 쉽게 걸리고 여러 가지 위장질환과 함께 췌장염, 위궤양, 위염이 쉽게 올 수 있고, 심지어 위장 내 출혈이 발생하여 위암 발생이 높아진다. 또한 구강암과 식도암, 위암, 췌장암, 간암 등을 발생시킨다.

• 알코올성 이뇨현상 장애와 체중 감소

신장에서의 이뇨작용에 의한 수용성 비타민 중 특히 비타민B_1 배설이 증진되어 알코올성 각기병과 당뇨병이 올 수 있다. 또한 알코올성 이뇨현상을 증가시켜 마그네슘 배설이 증가되므로 마그네슘 결핍과 이에 따른 부갑상선 호르몬 분비 저하에 의한 칼슘의 흡수 저하로 골다공증과 관절염 질환이 생긴다. 특히 알코올성 이뇨현상 증가시 체내에서 아연이 쉽게 빠져나가 입맛을 상실하게 되는데, 이에 따른 식욕감퇴로 저체중과 철분결핍성 빈혈 또는 엽산결핍에 의한 빈혈이 올 수 있어 건강을 위협한다.

• 내분비 이상증과 호르몬 불균형

알코올 중독자는 내분비 이상에서 오는 고환위축, 여성 유방 경화, 액모 및 치모의 감소, 손바닥의 붉은 점, 전립선 위축, 성욕감퇴, 임포텐스 등의 남성호르몬 분비 저하로 인한 호르몬 불균형 증상이 올 수 있다.

• 식욕감퇴에 의한 영양결핍과 면역력 저하

알코올의 종류에 따라 영양성분이 약간씩은 다르나 대부분이 물 이외의 다른 영양소를 거의 갖고 있지 않기에 단백질과 비타민 결핍증을 일으켜 면역계의 이상증을 가져온다. 그러므로 장기간의 알코올 섭취시 소화관에서 각종 비타민과 전해질 흡수장애를 가져와 영양결핍 증상이 생기고 식욕을 감퇴시키는 결과를 가져온다.

(3) 알코올의 영양상태

알코올은 1g당 7kcal의 에너지를 공급하는데 이는 탄수화물과 단백질이 1g당 4kcal, 지방이 9kcal를 생산하는 것과 비교하면 상당히 높은 열량을 갖고 있다. 그러나 열량이 높은 반면 인체에 필요한 필수 영양소와 비타민류, 니아신, 콜린 등의 결핍을 일으키며 소변 양을 증가시켜 체내의 비타민류와 무기질 및 아연 등의 배출을 촉진시켜 체액의 불균형을 가져온다. 또한 알코올은 산화과정에서 에너지 대사 조효소인 니아신과 비타민B_1을 이용하므로 포도당의 산화가 억제되고 피루브산 pyruvic acid 과 젖산 lactic acid 이

알코올의 혈중농도와 취기 표 ◀표 4-4

혈중농도	취기	음주량	증상
0.05 이하	취하기 직전	소주 2~3잔(병맥주 1병 이내 혹은 위스키 1~2잔)	외견상으로는 정상이나 머리가 약간 흐릿하고 기분이 좋아짐. 몸이 따뜻해짐.
0.05~0.1	취함	소주 반병~1병(병맥주 2병 이내 혹은 위스키 3~5잔)	몸에서 열이 나고 기분이 상승된다. 말이 많아짐.
0.1~0.2	거나하게 취함	소주 1병 이상(병맥주 2~3병 혹은 위스키 반병 이내)	상당히 많이 취한 상태로 말 수가 많아지고 했던 말을 반복함.
0.2~0.3	만취 상태	소주 1~2병 이내(병맥주 5병 이상 위스키 1병 이내)	의지대로 몸이 움직이지 않으며 통감이 둔화됨.
0.3~0.4	의식이 없음	소주 2병 이상(병맥주 7병 내외, 위스키 1병)	보행이 곤란하며 의식이 없음.
0.4~0.5	혼수상태	소주 3병 이상(병맥주 10병, 위스키 1병 이상)	의식 불명으로 호흡 곤란함.
0.8~1.0 이상	치사량	소주 5병 이상(병맥주 15병, 위스키 2병 이상)	사망으로 이어짐.

축척되어 체내의 산도가 높아져 산독증 acidosis 을 유발하는 한편 젖산이 쌓여 요를 통한 요산 uric acid 배설을 억제해서 통풍이 될 수 있으며 조효소의 부족으로 뇌의 에너지원인 포도당이 이용되지 못해 혼수상태나 심지어 사망에 이르기도 한다.

2) 담배

흡연은 암을 비롯한 고혈압, 동맥경화, 심근경색, 심장병, 당뇨병 등 각종 성인병을 유발시키는 원인으로 잘 알려져 있다. 그러나 담배의 이러한 위해성에도 불구하고 기호식품의 1위를 차지할 정도로 지속적으로 애용되고 있으며 10~20대의 청소년 흡연인구가 해를 거듭할수록 늘어가고 있는 실정이다. 특히 과거에 비해 여성 흡연인구가 2000년 이후 거의 2~3배에 가까울 정도로 높아져 가고 있어 가임기 여성의 건강에 적신호를 보여 미숙아 출산과 선천적 기형아 출산 등 심각한 사회문제로 대두되고 있다.

(1) 담배의 유해성분

담배 속에는 니코틴과 타르 성분 및 4,000가지의 화학물질이 들어 있어 흡연시 체내로 흡수되어 돌연변이를 일으키고, 프리라티컬, 일산화탄소, 질소화합물 등이 유입되면서 식도암, 후두암, 위암, 방광암, 요도암, 자궁암, 신장암, 췌장암 등 다양한 암을 유발시킨다. 한 통계자료에 의하면 우리나라 성인사망 1위 원인이 흡연과 관련이 있으며 조기 사망에 이르게 하여 경제적 손실과 사회적 문제로 대두되고 있다고 한다.

① 니코틴(Nicotine)

니코틴은 알칼로이드 물질로 아편과도 같이 중독성이 강한 독성의 유해성분이다. 니코틴은 흡연시 연기와 함께 폐로 들어와 혈액 내로 유입되어 아드레날린의 분비를 촉진시켜 심장기능 항진, 혈관 수축, 혈당수치 증가의 원인으로 중추신경 및 말초신경을 흥분시키거나 마비시키며 콜레스테롤을 증가시키며 혈압을 상승시킨다. 이로 인해 장기간 흡연시 니코틴의 만성중독 증상이 나타나 금연시 금단현상을 보이며 초조해 하고 공격적인 성향을 보일 수 있다.

니코틴 함량으로 인한 치사량은 약 40mg으로 담배 한 개비에 약 1mg 이하의 니코틴이 함유되어 있어 담배 한 개비가 인체에 얼마나 해로운가를 짐작게 한다.

② 타르(Tar)

담배 안에 들어 있는 타르는 석탄에 들어 있는 타르와 매우 유사한 발암물질의 화합물로 되어있다. 흡연시 폐로 들어온 대부분의 타르는 혈액 속으로 들어가나 더러는 폐에 달라붙어 폐를 검게 만들고 호흡하기 어렵게 만들어 산소를 부족하게 만든다. 이런 증상이 계속되면 폐암을 유발하게 되는 것이다.

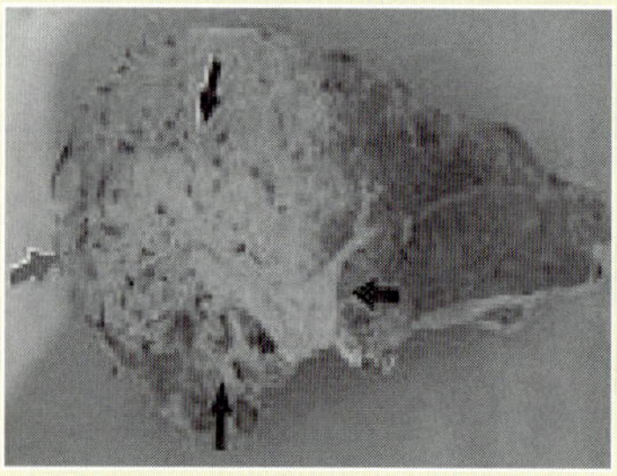

③ 일산화탄소(CO)

흡연시 폐와 혈액으로 유입된 일산화탄소는 혈액 내 헤모글로빈과 결합하여 카르복시헤모글로빈을 만들어 세포의 산소함량이 낮아진다. 그러므로 체내대사 장애가 일어나며 세포분화에 악영향을 미쳐 활성산소 Free radical 량이 늘어나 인체는 조기노화가 되며 콜라겐의 변형을 가져와 피부 늘어짐의 원인이 되기도 한다.

(2) 담배가 인체에 미치는 영향

① 암

담배로 인한 질병으로는 폐암, 후두암, 식도암과 같은 암 질환이다. 특히 폐암을 담배 흡연시 매우 치명적인 것으로 담배연기와 관계가 있어 담배를 직접 피우는 사람은 물론 간접 흡연자도 폐암에 걸릴 확률이 높다. 그러므로 암 예방을 위해 간혹 담배 흡연시 항산화제 효과가 있는 비타민C를 비롯한 비타민A, 베타카로틴 등의 섭취를 늘리고 흡연을 줄이는 것을 권하고 있으나 근본적으로는 금연이 건강을 위한 최선의 방법이다.

② 심혈관질환

흡연시 담배 속에 함유된 무수히 많은 유해물질이 체내로 유입되면서 기관지, 폐포, 폐에 타르나, 니코틴 등이 달라붙고 혈액순환을 방해하므로 혈관수축과 혈압상승, 동맥경화, 관상동맥질환, 말초혈관질환, 뇌혈관질환, 심혈관 질병과 같은 콜레스테롤 증가 등의 질병을 유발하여 인체에 악영향을 미친다.

③ 피부의 탄력저하 및 수분 보유 능력 저하에 따른 노화촉진

담배 속에 들어 있는 니코틴이 말초신경을 수축하여 혈액순환을 방해하며 진피 내 수분함량을 방해하므로 콜라겐과 엘라스틴의 기능상실로 노화가 촉진된다. 또한 타르와 같은 유해물질로 세포의 신선한 산소공급이 저하됨으로 세포 분열과 세포의 기능이 저하되어 피부 조기노화를 가져온다.

④ 모공을 막아 염증성 피부 유발

담배에 함유된 타르라는 유해물질은 나무나 석탄을 땔 때 나오는 시커먼 재와도 같은데, 인체의 모공을 막아 피지나 땀의 배출을 방해하여 면포나 여드름과 같은 염증성

피부를 만들 수 있다.

⑤ 복부비만과 셀룰라이트 형성

흡연이 체중감소에 효과가 있다는 잘못된 인식으로 체중조절을 하는 젊은 여성층의 흡연인구가 많은데, 이는 크게 잘못 알고 있는 것이다. 물론 흡연시 담배 속에 함유된 니코틴이나 타르, 일산화탄소와 같은 유해물질이 체내에 유입되면서 체내수분 함량을 적게 하고 식욕이 없어짐으로 체중이 줄어드는 일시적인 작용은 있으나 오히려 흡연 후 몇 개월이 지나면 체중은 증가한다. 왜냐하면 신진대사 장애를 가져와 체내의 노폐물이 제대로 배출되지 못하고 체내에 남아있기 때문에 복부비만과 같은 부분비만이나 과체중이 올 수 있으며 특히 순환장애에 의한 셀룰라이트로 몸매가 예쁘지 않게 되는 현상을 초래할 수 있다.

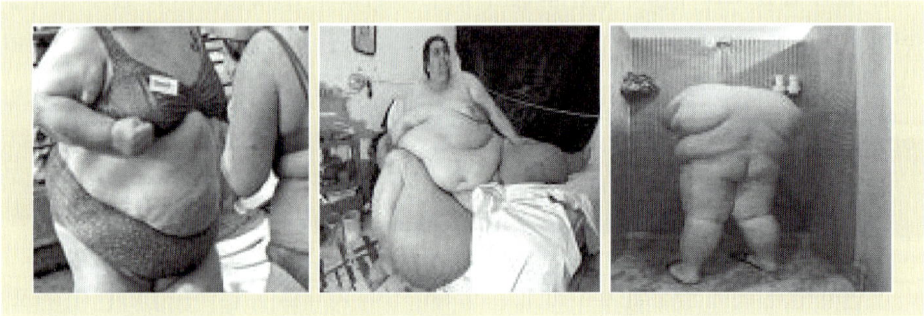

⑥ 치아 변색과 목소리 변성

담배 성분에 함유된 니코틴과 타르에 의해서 치아가 누렇게 변색되고 입술색도 시퍼렇게 죽게 되는 현상을 보인다. 또한 니코틴이 체내에 남아 담배에 쩌든 인내가 나서 주위 사람을 불쾌하게 만들 수 있으며 목소리의 변성을 가져와 쉰 목소리가 나며 굵은 목소리로 바뀐다.

3) 차에 함유된 카페인

차는 아주 오래전 인간이 섭취한 음식 중 하나로 인류역사와 함께 발전되어 차 마시는 문화가 나라마다 차이가 있고 차 산업이 오늘날 커다란 경제적 이익을 낳고 있어 차와 관련된 산업이 크게 확대되고 있다. 우리나라의 경우도 경제적 소득수준이 높아져

200원하던 커피를 2000원 이상 지불하며 사먹고 있고, 집에서 간단하게 끓여 먹던 보리차까지도 시판하고 있는 실정으로 많은 음료회사가 앞을 다투어 다양한 차를 선보이고 있다. 특히 커피는 한때 인체에 무익할 뿐 아니라 오히려 해를 끼치는 부정적인 기호식품으로 치부하던 것이 현대에 와서는 인체에 긍정적 효과가 있다고 알려지면서 커피 소비량도 엄청나게 늘어난 것이 사실이다.

차에는 카페인을 비롯한 다양한 성분이 함유되어 있고 차의 종류에 따라 성분도 약간 다르며 이들 성분이 인체에 미치는 영향도 각기 다르다. 카페인은 영양소는 아니지만 인체에 긍정적 혹은 부정적 영향을 미친다. 카페인은 메틸산틴 methylxanthins 에 속하는 물질로 커피 콩, 녹차 잎, 코코아 콩 등의 자연성분으로 존재하며 인공 합성이 가능하다. 카페인 하면 쉽게 떠오르는 것이 커피, 녹차, 홍차, 코코아 등이나 사실 어린아이가 즐겨먹는 청량음료에도 카페인 함량이 매우 높아 어린아이의 건강을 위협하고 있다고 한다. 카페인은 무색, 무취의 약간 쓴맛이 나는 물질로 과다복용하면 중독증상이 나타나지만 적당량 복용하면 체내의 신진대사를 촉진시켜 혈액순환을 증진시키고 이뇨를 촉진하여 해열진통제 및 거담제 등에도 이용되고 있다. 그러나 역시 카페인의 과다복용은 긍정적인 측면보다는 인체에 해를 끼치는 부정적 측면이 많아 그 사용을 규제하고 있어 지나친 카페인 함유의 차는 절제하여야 한다.

(1) 차의 종류

① 커피(coffee)

커피의 주성분은 카페인으로 중추신경을 자극하여 일시적으로 정신을 맑게 하고 집중력을 향상시키며 긴장을 가져오는 데 효과적이다.

카페인이 인체에 미치는 효과로는 아래와 같다.

A. 중추신경계를 자극하여 졸음을 방지한다.

레귤러 커피 50ml, 즉 종이컵 1/3 정도에는 카페인 함량이 20mg 정도 함유되어 있는데, 신경이 예민해지고 졸음, 피로감이나 나른함이 올 때 마시게 되면 일시적으로 이를 해소할 수 있는데 그것은 바로 커피 속 카페인이 중추신경을 자극하여 코티졸 분비를 촉진하기 때문이다.

B. 혈액순환 촉진

커피의 카페인은 심장기능을 촉진, 혈액분비를 촉진시키며 평활근 smooth muscle

의 이완효과를 갖는다. 그러나 커피 콩이 신선할 때는 긍정적이지만 유통기간에서 신선도가 유지되지 못하고 카페인이 산화되었을 때는 카페인의 성분이 혈관벽에 끼어 혈액의 흐름을 방해할 수도 있어 커피는 갓 볶아 신선하게 즐기는 것이 신선한 향과 함께 인체에 효과적이라고 말한다.

C. 소화기관 촉진 및 위산분비 촉진

식전에 커피를 몇 모금 마시면 소화기관의 운동을 촉진하고 위산분비를 늘리기 때문에 식용이 왕성해지고 소화가 잘되는 효과가 있으나 지나친 섭취는 위산과다로 속쓰림의 원인이 되어 위궤양을 일으킬 수 있으므로 지나친 섭취는 제한하여야 한다.

D. 다이어트 효과

카페인은 신체의 에너지 소비량을 10% 정도 올리기 때문에 체중감량에 일시적으로 효과가 있으나 커피를 마실 때 함께 넣은 설탕과 프림의 칼로리를 생각한다면 그다지 긍정적이지 못하다는 지적도 있다.

E. 암과 동맥경화 억제효과

일본의 와카야마현 현립의과대학의 이와사기 히데오 교수의 논문에 의하면 커피의 성분 중 클로로겐산chlorogenic acid이 발암물질인 'OH기'의 발암성을 억제하는 경향이 있으며 혈중 콜레스테롤 중 좋은 콜레스테롤인 HDL을 증가시켜 동맥경화를 예방하는 데 도움을 준다고 하여, 종례의 중성지방을 증가시켜 동맥경화를 촉진시키며 골다공증 유발 가능성에 대한 반론을 제기하고 있다. 그러나 분명한 것은 지나친 장기간의 섭취는 인체에 해를 주는 경향이 뚜렷함으로 절제된 양의 올바른 섭취가 권고되고 있다.

위에서 정리한 것과 같은 긍정적인 효과만 있는 것은 아니고 부정적 측면도 있다.

A. 신경과민과 심장기능항진

카페인의 함량이 200mg 이상을 섭취하면 불면증으로 숙면을 취하기 어려우며 손이 떨리고, 심장이 두근거리며 신경이 예민해진다. 이는 갑상선기능 항진에 의한 것으로 심계항진에 의해 맥박이 빨라지기 때문이다.

B. 철 결핍성 빈혈증 유발과 골다공증 유발

커피의 카페인을 과다섭취하면 인체의 무기질과 칼슘의 흡수를 방해하여 뼈의 기능을 약화시키고 체내 철의 흡수 또한 방해함으로 빈혈을 일으킨다.

❖ 카페인의 흡수와 대사

카페인은 섭취 후 곧 소화관에서 완전히 흡수되며 약 30분 정도면 조직의 수분 함량에 따라 체내에 분포되어 대사되고 2% 미만의 카페인만이 소변으로 배설되기 때문에 몸에 축적되지 않는다.

② 녹차

녹차의 성분은 쓴맛을 내는 카페인, 떫은 맛의 탄닌, 단맛을 내는 당성분과 구수한 맛을 내는 아미노산, 그리고 녹차의 대표성분인 카테킨과 엽록소 및 섬유소 등으로 구성되어 있다. 이들의 성분은 인체 내의 활성산소와 결합하여 항암효과가 있다는 실험 보고에 의해 음료시장에서도 주목을 받고 있어 많은 종류의 녹차가 상품화되어 시판되고 있다. 특히 녹차에 들어 있는 아스코르브산은 레몬의 5~6배의 함량으로 봄에 채취한 어린 녹차 잎에 그 함량이 높아 색소침착 피부의 미용에 효과적이다.

A. 우리나라 녹차의 성분

녹차의 성분과 맛은 녹차 잎의 수확에 달려있고 제조방법에 따라 제품의 형상, 색깔, 향기와 맛이 결정된다.

a. 카테킨 catechin 류(차의 탄닌)

카테킨은 녹차에 들어 있는 대표적인 성분으로 녹차의 떫은 맛을 내는 성분이다. 녹차 잎을 따는 시기에 따라 차잎의 카테킨 함량이 달라지는데 맛좋은 녹차에는 탄닌 함량이 15~30mg/g 정도이다.

b. 엽록소

녹차의 색상을 결정하는 주성분은 엽록소(클로로필) 함량의 차이로 결정된다. 엽록소는 차광재배에 의한 녹차 잎이 노천재배의 차싹보다 진한 녹색을 띠어 색상이 고은 녹색이다.

c. 아스코르브 산 ascorbic acid

녹차에는 인체의 면역력 증진에 효과적인 아스코르브 산이 레몬의 3~5배 정도 함유되어 있으며 특히 봄에 채취하고 볶은 녹차에 그 함량이 높다.

d. 유리 아미노산

녹차에 포함되어 있는 아미노산은 구수한 맛과 향, 감칠맛을 내는 성분으로 테아닌, 글루타민산 glutamin acid, 아스파르트산 aspartic acid 과 아르기닌 arginine 등이 아미노산류에 속한다. 고급 녹차일수록 테아닌과 글루타민산이 많이 함유되어 있다고 한다.

❖ 녹차가 인체에 미치는 효과

– 집중력 향상과 스트레스 해소 효과 및 혈액순환 촉진

녹차 성분의 카페인과 카테킨류는 중추신경을 자극하여 집중력을 향상시키고 스트레스를 감소하는 효과가 있다. 또한 혈액순환을 촉진하여 신진대사를 돕는다.

– 항산화제 역할로 기미, 잡티피부에 안색을 정화한다.

녹차성분 중 아스코르브 산 및 엽록소 성분은 항산화제로 피부의 항노화 효과를 갖고 있으며 기미 잡티피부의 안색을 정화한다.

표 4-5▶ 품종별 우리나라 녹차의 일반적 화학 성분 (%)

시료		수분	회분	총 질소	탄닌	아스코르브 산(mg %)
봄 녹차	조생	5.45	5.00	6.37	14.14	567
	중생	5.91	4.96	5.59	13.91	503
	만생	5.83	5.09	4.45	14.80	483
여름 녹차	조생	5.96	5.21	4.64	15.31	375
	중생	5.71	5.15	3.94	16.12	383
	만생	5.58	5.19	3.77	17.90	245
평균		5.74	5.10	4.79	15.31	426

품종별 우리나라 녹차의 유리 아미노산 함량 (mg%) ◀표 4-6

시료		테아닌	글루타민산	아스파르트산	아르기닌	기타 아미노산
봄 녹차	조생	1400.2	229.5	278.5	237.6	161.4
	중생	1286.4	172.0	216.3	198.6	183.1
	만생	111.9	133.6	182.3	174.4	244.1
여름녹차	조생	526.3	107.6	121.6	106.0	421.5
	중생	531.2	97.0	116.2	101.5	404.0
	만생	430.3	87.5	86.6	59.3	538.2
평균		881.1	137.9	167.0	146.2	325.4

- 항암효과 및 항노화 효과

탄닌, 섬유소, 엽록소는 인체에 암을 예방하는 발암성 물질과 쉽게 결합함으로써 항암효과를 나타내며 항 노화작용을 갖는 특징이 있어 노화방지 효과가 있다.

- 유해물질 해독작용

녹차 잎이 갖고 있는 탄닌 성분은 유해물질 해독 효과가 있어 몸 안에 있는 중금속과 먼지 등을 해독하는 것으로 알려져 있어 봄철 황사가 심할 때 녹차를 자주 마시면 몸이 깨끗해진다는 보고가 있다.

- 이뇨촉진으로 독소배출 작용

녹차가 갖고 있는 아미노산 성분은 이뇨작용을 촉진시켜 노폐물 배출과 함께 독소 배출을 용이하게 함으로 비만관리시 미지근한 녹차 한 잔은 매우 긍정적인 효과를 갖는다.

- 고혈압 및 동맥경화 예방효과

녹차 성분의 카테킨류와 아스코르브 산 및 엽록소 성분은 혈중 콜레스테롤을 조절하며 좋은 콜레스테롤(HDL)과 혈압조절에 영향을 미쳐 고혈압과 동맥경화를 예방한다.

- 충치예방 및 구취제거와 탈취효과

녹차의 탄닌 성분과 클로로필 성분은 구취나 입냄새를 제거하며 충치를 예방한다는 보고가 있으며 신발장이나 지저분한 냄새가 나는 곳에 녹차를 뿌려놓으면 잡냄새를 없애는 탈취 효과가 있다.

– 항염성 및 항균성

녹차의 탄닌성분은 항염효과와 함께 곰팡이균의 번식을 예방하는 효과가 있어 여드름피부와 유분이 많은 피부에 팩제로 이용하면 효과적이다.

– 장운동 효과로 변비개선

녹차의 탄닌 성분은 위장의 긴장성을 높여 장을 활발하게 움직이는 연동운동 촉진 효과가 있어 변비를 해소한다.

제 5 장

피부건강

PART 05

피부건강

인간의 가장 큰 욕망 중 하나가 아름다움을 오랫동안 유지하고자 하는 마음일 것이다. 그러나 아름다움을 말할 때 단순한 아름다움만을 말하는 것이 아니라 건강한 아름다움을 말하는 것으로 육체와 정신의 건강 모두가 건강하고 아름다울 때 비로소 아름답다고 할 수 있다.

건강한 아름다움을 영위하기 위해서는 먼저, 피부표면의 수분과 유분 균형을 맞춰야 하고, 규칙적인 생활과 규칙적인 운동 그리고 규칙적인 영양식사가 뒤따라야 할 것이다. 이러한 것들은 건강한 몸매와 아름다운 피부를 가꾸기 위해서 필수적이다. 생명 유지를 위한 단순한 섭취 이외에 얼마나 균형 있고 질 높은 영양식사를 하였느냐가 건강하고 아름다운 몸매와 피부를 가꾸며 유지하는데 매우 중요하다고 볼 수 있다. 즉 우리가 먹고 마시는 것들이 우리 몸으로 흡수되어 영양분으로 쓰일 때 우리 몸을 지탱하는 뼈나 근육 및 세포와 피부조직, 그리고 호르몬 등의 여러 기관이 상호작용을 하여 건강한 몸매와 피부에 긴장감과 젊음을 부여해준다. 그러므로 일상생활에서 섭취하는 음식물이 체내로 흡수되면 체내에서 에너지를 발생시키는 원동력이 되므로 근육수축에 필요한 운동에너지로서의 역할을 하고 성장과 유지에 필요한 에너지원으로도 활용된다.

피부는 신체 부속기관으로 우리 몸을 외부 환경으로부터 보호하는 역할을 하며 신체의 16%에 달한다.

건강한 피부는 건강한 육체로 체내의 영양상태가 균형적이며 인체내부의 기관이 건강하다고도 볼 수 있다. 이 말은 반대로 푸석푸석하고 거친 피부는 체내의 영양상태 불균형 및 인체내부의 질환이나 질병을 의심해 볼 수도 있다는 것이기도 하다. 그러므로 한방에서는 오장육부의 내면질환이 반사되어 피부에 나타나는 증상으로도 질병을 판별하기도 하였으며 체내 영양상태를 평가하는 기준으로 삼기도 하였다고 한다.

균형 있는 질 좋은 영양분을 섭취하면 우리 인체의 혈액순환이 좋아져 영양분의 체내 흡수가 좋아지며 노폐물 배출이 용이해져 건강한 몸매와 윤택한 피부를 유지할 수 있다.

결론적으로 말하면 건강하고 아름다운 피부를 유지하기 위해서는 피부표면의 수분과 유분 균형을 위한 외부적인 관리와 질 높은 영양식사를 하여야 한다.

01 피부학 기초

우리 몸은 수많은 미세한 세포로 이루어져 있으며 이 세포들은 조직 및 기관을 이루고, 이 기관들이 모여 계통을 이루고 있다. 이런 유지적 조직체들은 각각의 고유 역할을 담당하고 서로 협동하여 생명체를 유지해 나간다.

인체의 조성은 수분이 약 70%, 단백질과 아미노산이 27%, 지질이 2%, 탄수화물 1%와 염류 0.5%로 되어 있다.

외피계 Integumentary system의 구성요소로는 피부와 피부부속기관인 털, 손톱, 발톱 그리고 피부샘에 속해 있는 피지선과 한선 및 젖샘으로 구성되어 있다. 세포의 작용은 물질의 이동 즉 확산, 여과, 삼투, 능동수송과 분비와 배설, 세포 내 유입과 세포 외 유출, 흥분과 전도, 수용기 등 특수한 작용이 있다. 그리고 피부의 기능으로는 체온조절, 보호기능, 배설기능 및 감각기능과 지방 및 비타민D의 저장기능이 있다.

세포는 원형질 세포핵, 세포질, 세포막으로 나누어진다.

용어정리

- **세포(cell)** : 생물의 구조적, 기능적 최소 단위이다.
- **피부(skin)** : 신체를 둘러싸고 있는 조직으로 대사의 생화학적 기능을 영위하는 기관이다.
- **핵(nucleus)** : 세포의 중심부에 위치하고 유전물질(DNA)을 포함한다.
- **세포질(cytoplasm)** : 여러 구조의 유형구조와 그 사이를 채우고 있는 무형기질로 구성되어 있고 형질내세망, 리보솜, 골지복합체, 사립체, 섬모, 편모, 미세융모로 구성되어 있다.
- **세포막** : 가장 밖의 구성요소로 세포 내외의 경계를 구분, 인지질과 단백질로 구성되어 있다.
- **조직** : 여러 세포가 일정한 목적을 위해 배열하고 특징적인 기능을 나타내는 세포집단이다.
- **기관** : 2개 이상의 조직이 모여 실질적인 기능을 수행한다.
- **기관계** : 연관된 기관들이 서로 협동하여 동일한 목적을 수행하기 위한 통일된 체계이다.

1) 피부의 구조와 기능

(1) 피부의 구조

피부는 신체의 16%로 성인체중의 6kg 정도이며, 신체 표면을 덮고 있고 발바닥, 손바닥과 같이 두꺼운 부분이 있는가 하면 고막이나 눈꺼풀처럼 얇은 부분도 있다.

사람의 피부색은 인종, 성별, 연령에 따라 다르고, 같은 사람에 있어서도 신체 부위에 따라 다르며 건강 상태나 스트레스 혹은 햇볕을 많이 쬐는 부위와 계절에 따라서도 다르게 나타난다. 피부색을 결정하는 것은 표피에 존재하는 멜라닌 세포에서 생성되는 멜라닌 melanin 의 양과 분포 크기에 의해 결정되며, 진피의 혈관 속에 함유되어 있는 헤모글로빈과 피하조직의 카로틴 carotene 의 양과 분포에 기인한다.

피부는 피부의 바깥층인 표피층 epidermis, 중간층인 진짜피부 진피층 dermis, 가장 아랫부분인 피하지방층 subcutaneoustissue 으로 구성되어 있으며, 서로 다른 성격의 세 가지 세포층이 결합하여 만들어진 구조물로서 온몸을 덮고 있는 상태로 외피라고도 볼 수 있다. 그 외의 부속기관으로는 털 hair, 피지선 sebaceous glands, 한선 sweat glands, 손톱 nail과 발톱, 치아와 젖샘이 있다.

그림 5-1 피부의 단면도

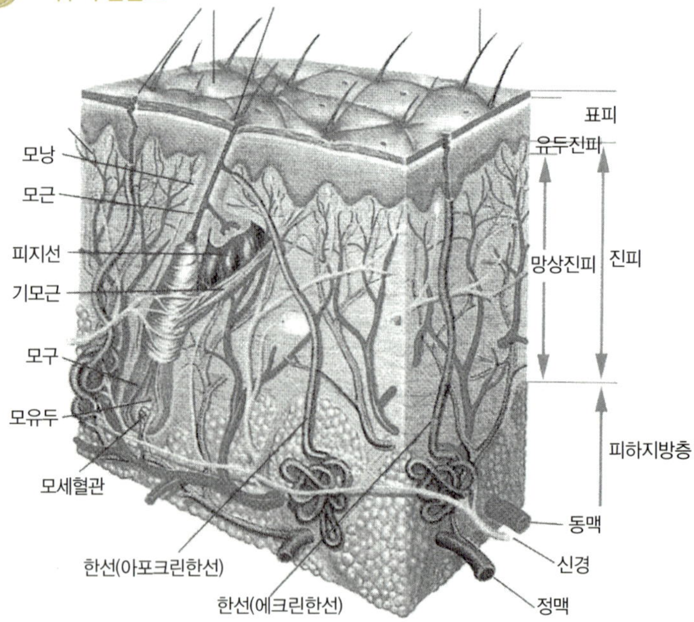

(2)표피(epidermis)의 구조

표피는 각질형성세포 Keratinocyte 와 색소형성세포 Melanocyte 및 머켈 세포 merkel cell 와 랑게르한스 세포 langerhans cell 의 유기적 결합으로 이루어져 외부의 자극으로부터 내부를 보호하는 역할을 한다.

표피는 핵이 없는 무핵층과 핵이 있는 유핵층으로 구분된다. 무핵층은 건조하고 편평한 3단계의 죽은 세포층을 갖고 있는데 피부의 바깥쪽부터 각질층 stratum corneum, 투명층 stratum lucidum, 과립층 stratum granulosum 으로 되어 있다. 그리고 살아있는 세포로 구성된 유핵층은 말피기층 Malpighian layer 이라고 하며 경계가 뚜렷하지 않은 유극층 stratum spinosum 과 기저층 stratum basale 으로 이루어져 있다.

그림 5-2 표피의 구조

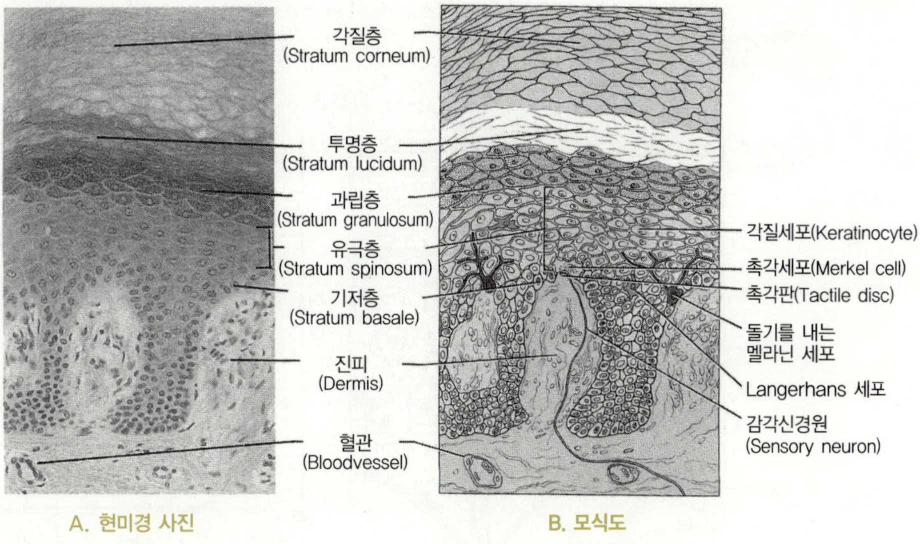

① 각질층(stratum corneum)

각질이란 단백질이 딱딱하게 각화되어 변한 케라틴 keratin이다. 각질층은 피부의 가장 바깥층에 위치한 것으로 죽은 세포인 각질형성세포가 분열되어 만들어진 것으로 대략 20~30개의 층으로 표피 두께의 3/4 정도를 차지한다. 각질층의 적당한 수분량은

15~20%로 수분함량이 10% 이하이면 피부가 거칠어지고 건조해진다. 주성분은 케라틴50%, 지방 20%, 천연보습인자(NMF) 23%, 수분 7% 등으로 구성되어 있다. 각질층은 외부의 자극으로부터 피부를 보호하고 유해물질의 침투를 방지하는 피부장벽의 기능을 담당하여 내부의 물질이 피부 밖으로 투과하지 못하게 내부 환경의 항상성을 유지한다.

a. **표피의 각화과정**(Keratinization)

표피세포는 매일 수만 개씩 떨어져 나가고 수백만 개의 새로운 세포가 형성된다.

각화과정은 표피세포가 기저층 → 유극층 → 과립층 → 투명층 → 각질층으로 밀려나와 최후에는 우리 몸에서 떨어져 나가는 과정이다. 성인의 경우 세포가 태어나서 각화를 시작할 때까지 14일 걸리고 각화되어 탈락할 때까지 14일 걸리므로 표피세포의 수명은 28일이라 볼 수 있다. 기저세포의 분열은 주로 늦은 시간 잠을 잘 때 활발하게 이루어짐으로 밤에 숙면을 취하는 일은 신진대사를 활발하게 하며 피부미용에 있어서도 중요한 일이다.

그림 5-3 표피의 각화과정

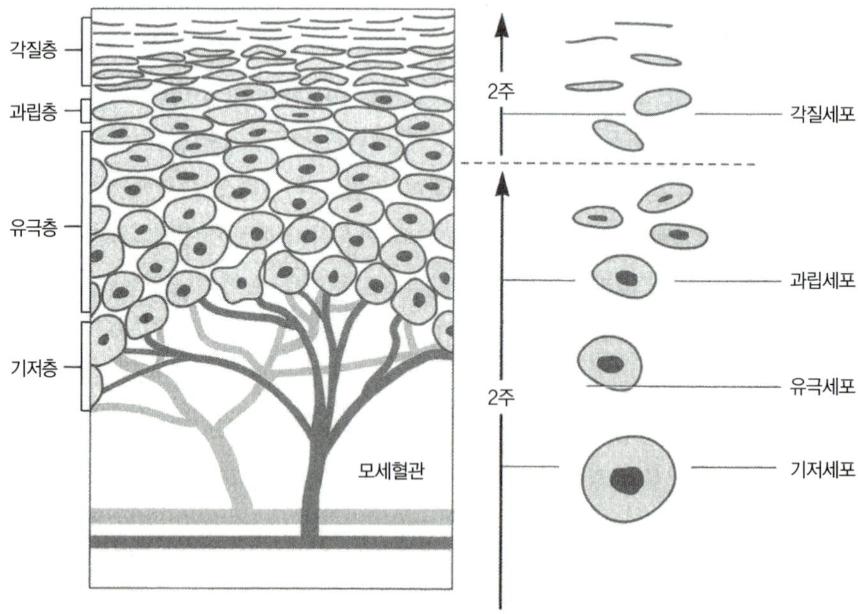

b. 각질층의 라멜라 구조

각질층의 세포 사이에는 피지와는 다른 지질성분이 존재하는데 이를 세포간 지질 Intercellular이라고 한다. 이 지질의 성분으로는 세라마이드 ceramide 50%, 지방산 fatty acid 30%, 콜레스테롤 cholesterol 15%, 콜레스테릴 에스테르 cholesteryl ester 5% 로 구성된 층으로 세포와 세포를 서로 단단하게 결합하도록 돕는 역할을 하며 수분손실을 막아주는 기능을 하는 데 이를 라멜라 lamella 구조라 한다. 즉 표피는 라멜라 구조로 각질층을 결합하고 있는 것이다.

② 투명층(stratum lucidum)

투명층은 무핵으로 케라틴의 2, 3 층으로 구성되어 있다. 우리 몸의 손, 발바닥과 같은 비교적 두꺼운 부위에 분포되어 있으며 엘라이딘 elaidin이라는 반유동적 단백질이 있어 피부를 윤기 있게 해주어 투명하게 보이며 빛을 굴절시켜 차단하는 역할도 한다. 또한 과다한 수분의 침투를 방지하는 역할을 한다.

③ 수분증발 저지막(rein membrane, barrier membrane)

투명층 아래에 위치한 이 막은 물리적 압력이나 화학적 물질의 흡수를 저지하며, 피부 외부로부터 이물질의 침입을 막는 역할을 하여 피부염을 예방하는 기능을 한다. 또한 피부 내부의 물질이 외부로 나가는 것을 억제하여 피부의 수분증발을 막아 피부가 건조해지는 것을 예방하기도 한다.

수분증발 저지막의 윗부분인 피부표피 부분은 약산성을 띠고 있으며 10~20% 정도의 수분을 함유하고, 아랫부분인 피부 안쪽은 약 알칼리성을 띠고 70~80% 정도의 수분을 함유하고 있어 피부보호의 기능을 담당한다.

④ 과립층(stratum granulosum)

3~5층의 방추상의 세포층으로 각질화 과정이 실제로 시작되는 층이기도 하다. 과립층 세포 내에는 황을 많이 함유한 각질효소인 케라토히알린 keratohyalin 과립이 많이 생성되어 피부의 퇴화가 시작되며 지속적인 퇴화로 수분이 결여되면 피부가 건조해진다. 케라토히알린의 주성분은 단백질, 핵산, 지질과 당분으로 빛을 굴절시켜 피부를 맑게 보이게 하고 외부로부터 이물질이 들어가지 못하도록 차단하는 역할도 담당한다. 또한 피부 내의 수분이 증발하는 것을 막아주는 보호의 역할과 유해한 자외선을 차단하는 역할도 한다.

⑤ 유극층(stratum spinosum)

표피의 대부분을 차지하는 유극층은 약 7~10개의 두꺼운 가시모양의 돌기로 이루어진 다각형의 세포로 이루어져 있다. 유극층 아래에 위치한 기저층에서는 핵이 살아있는 다세포로 이루어져 세포분열이 계속 일어나고 그 사이사이에는 림프액이 들어 있어 혈액순환과 영양공급에 관여하는 물질대사가 일어나기 때문에 새 세포들이 지속적으로 생성되므로 먼저 생성된 세포가 점차 위로 밀려 유극층으로 자리를 잡게 된다. 또한 유극층에는 우리 몸에 필요 없는 이물질이 들어왔을 때 이것을 감지하는 랑게르한스 세포 langerhan's cell가 존재하여 피부의 면역기능을 담당한다고도 볼 수 있다.

⑥ 기저층(stratum basale)

표피의 가장 아래쪽에 위치한 세포층으로 타원형의 핵을 갖고 있으며 진피와 접하고 있고, 표피세포가 만들어지는 장소이기도 하다. 이곳에서 만들어진 새로운 세포는 유극층, 과립층, 각질층의 위로 밀려 올라가 마지막에는 수분이 없는 상태의 각질세포가 되어 탈락되고 만다. 또 기저층에는 피부의 색소인 멜라닌을 만들어내는 멜라닌 세포가 함께 존재하는데 이 멜라닌 과립에 의한 자외선 흡수는 자외선 방어 시스템으로 피부를 보호하는 매우 중요한 기능을 하게 되는 것이다.

기저층은 진피의 림프관과 혈액을 통해 영양분과 산소 등을 공급받고 다시 이산화탄소와 노폐물을 배설하여 기저세포 분열을 촉진한다. 이러한 세포분열이 있기 때문에 외부로부터 피부가 손상을 입어도 상처 회복과 치유가 가능하여 다시 재생되나 손상 정도가 심해 기저세포가 다치면 재생되지 못하고 흉터가 생기게 된다.

(3) 진피(dermis)의 구조

진피란 말은 진짜 피부란 뜻으로 피부의 주체를 이루는 층으로 망상층과 유극층으로 구분되며 기저막대를 통하여 표피와 경계를 이룬다. 이 층은 표피와 피하지방층 사이에 존재하는 것으로 콜라겐과 엘라스틴의 섬유조직 및 무코다당류로 구성되어 있어 우리 몸의 탄력성과 신축성 등 피부 상태를 결정한다. 진피는 표피보다 20~40배가량 두꺼우며 두께는 약 2~3mm로서 피부조직 외에 부속기관인 혈관, 신경관, 림프관, 한선, 피지선, 모발과 입모근을 포함하고 있다. 진피의 수분함유량은 표피의 수분함유량의 60% 정도로 상당히 많은 양이다.

① 유두층

유두층은 콜라겐의 연결결합조직으로 유두모양의 돌기로 표피의 기저층과 접하고 있으며 모세혈관을 통해 기저세포에 영양분을 공급하는 데 중요한 역할을 한다. 또한 신경종말이 다량으로 분포하고 있어 신경을 전달하고 있으며 수분을 다량함유하고 있다. 유두층의 요철이 심할수록 건강하고 어린조직이나 노화가 되고 건조해질수록 요철이 평평해진다. 유두층에는 감각기관인 촉각과 통각이 위치하고 있다.

② 망상층

진피의 80%를 차지하는 망상층은 그물모양의 결합조직 망으로 피부가 넓게 혹은 길게 늘어날 수 있는 탄력적인 성질을 지니며, 모낭, 혈관, 림프관, 신경, 땀샘, 털세움근, 기름샘 등이 분포한다. 이 층은 일정한 방향의 섬유 단백질인 교원섬유(콜라겐)와 탄력섬유(엘라스틴)로 이루어진 결합조직으로 되어 있어 피부를 절개할 때 이런 섬유결의 방향으로 절개시 상처가 덜 생긴다. 이 선을 처음 발견한 사람이 Carl Langer로 Langer's line이라 칭한다.

망상층의 세포 간 물질로는 히알루논산, 콘드로이틴 황산염, 무코폴리사카라이트, 의 등으로 구성되어 있다.

그림 5-4 피부의 랑게르선

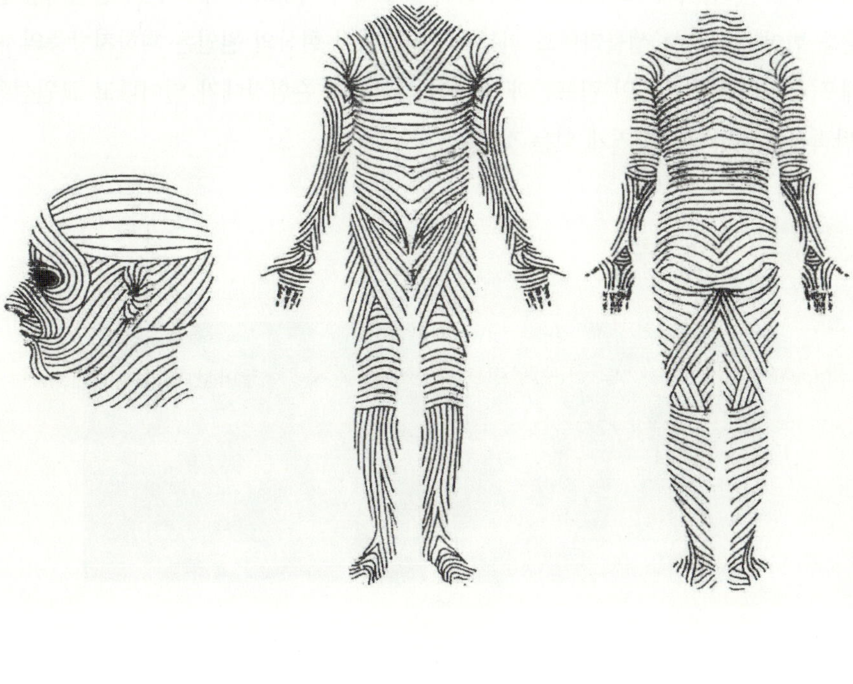

피부의 노화현상이 진행되면 교원섬유인 콜라겐조직이 굵어지고 탄력섬유인 엘라스틴이 끊어져 세포 간 물질들이 적어지면서 섬유력의 결합이 느슨해진다. 또한 콜라겐과 엘라스틴의 생성량도 감소하게 되는데, 이러한 현상으로 피부의 수분 함유량이 적어져 주름이 생기게 된다.

감각기관인 압각, 한각, 온각이 이곳에 존재한다.

③ 피하지방층

피하지방층은 진피와 근육, 골격 사이에 있는 부분이다. 지방층의 분포와 두께는 신체부위, 성별, 연령, 영양상태에 따라 다르며 복부와 둔부 등은 비교적 두껍고 눈꺼풀, 귀 등에는 덜 발달되어 있다. 지방층에는 지방세포와 지방조직이 발달되어 있고 지방세포 사이사이에는 진피로 연결되는 섬유들과 림프관, 혈관들이 진피보다 굵은 형태로 자리 잡고 있다. 피하지방층의 세포들은 지방을 생산하여 몸의 체온 손실을 막아주며 외부의 충격을 흡수하여 신체 손상을 예방한다. 또한 인체에서 소모되고 남은 여분의 영양과 에너지를 지방으로 저장한 후 에너지가 필요시 저장되었던 지방이 에너지 원으로 활용되는 데 기여한다. 지방생성은 여성호르몬과도 깊은 관련이 있어 여성이 남성보다 10~15% 정도 많이 발달해 있다. 그러므로 피하지방층의 두께에 따라 체형이 결정된다.

피하지방층에 지방이 지나치게 많이 축적되거나 조직액이 축적되어 피하조직이 두꺼워지게 되면, 진피와 표피 위로 밀려 올라가게 되어 피부표면이 오렌지 껍질처럼 울퉁불퉁 튀어 올라오는 셀룰라이트 피부가 된다. 이런 현상의 원인은 피하지방층의 지방세포 주위의 결합조직인 림프관과 혈관이 압박되어 순환장애가 일어나고 교원섬유의 탄력성이 저하되어 생기게 되는 것이다.

그림 5-5 셀룰라이트

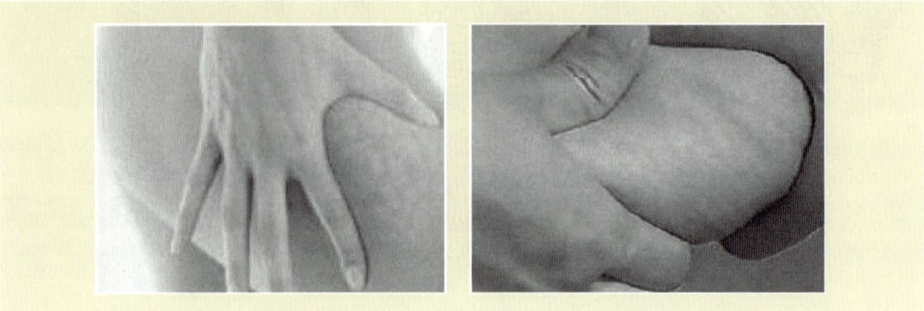

(4) 피부의 기능

피부는 우리 신체를 덮고 있는 겉표면으로 의복 같은 기능을 하여 외부와 직접 접하고 있는 피부를 외부의 여러 영향으로부터 내부기관을 보호하여 생명을 유지할 수 있도록 한다.

① 신체보호기능

3층 구조로 되어 있는 피부는 pH5.3 정도의 약산성을 띠어 세균으로부터 피부를 보호하며 피지 중의 지방산이 세균번식을 억제하는 기능을 한다. 또한 자외선, 열, 바람, 온도 등으로부터 피부를 보호하고 수분이나 전해질이 외부로 유출되는 것을 방지하는 보호기능을 담당한다.

② 체온조절기능

신체의 열량 소모의 70%는 피부를 통해서 소모되고, 30%는 호흡을 통해서 소모된다. 인체의 체온은 항상 36.5도를 유지하기 위해 한선, 혈관, 피지선, 저장지방, 림프액 등의 역할이 일정하게 일어난다. 그러나 체온이 상승하면 혈관이 확장되어 땀구멍이 열려 땀을 분비하게 하고, 체온이 내려가면 혈관과 입모근이 피부수축을 도와 땀을 감소시키는 체온조절의 기능이 있다.

③ 분비와 배설기능

피부는 살아 숨을 쉬며 호흡을 함으로 땀과 피지를 분비하고 배설하는 작용을 한다. 이러한 분비 배설 작용으로 피부표면에 피지와 수분을 주어 천연보호막을 형성하므로 피부의 산도를 조절하고 수분증발을 예방하는 역할을 한다.

④ 흡수기능

피부에는 약간의 초미립자 화장품 성분 이외에는 레인 방어막이라는 수분증발 저지막이 있어 외부에서 내부로 들어오는 이물질을 최대한 저지하려는 기능을 담당한다. 또한 각질층과 피지막 때문에 수성물질의 침투는 어렵지만 유성물질의 성분은 흡수가 용이하게 이루어진다. 그렇기에 대부분의 화장품이 유용성으로 나오는 이유도 여기에 있다.

⑤ 영양분 교환기능

피부는 신체의 신진대사 활성화를 위하여 물질전환의 역할을 담당한다. 또한 신체의 에너지 요구시 지방은 물에 용해되어 탄수화물로 전환되어 에너지원으로 환원된다. 프로비타민D도 자외선을 받으면 비타민D로 전환되어 우리 몸의 뼈 발육과 건강에 관여한다.

⑥ 면역기능

피부를 오염시키는 이물질이나 세균에 저항하는 물질을 생성한다.

⑦ 호흡기능

피부도 호흡을 하는 데 호흡시에 1%의 산소를 받아들인다. 호흡을 하여 폐 속에 들어간 산소는 우리가 먹고 마시는 음식물이 체내로 들어오면 이를 분해하여 적절히 각 기관에 전달하여 영양분으로 활용하게 한다. 그리고 부산물인 노폐물과 이산화탄소 발생시 운반작용에 의해 몸 밖으로 버리게 하는 일련의 과정이 호흡작용에 의해 이루어지는 것이다.

⑧ 저장기능

피부는 섭취한 음식물에서 필요한 열량을 소모하고 남은 것은 피하지방 조직에 지질 형태로 저장하는 역할을 담당한다.

⑨ 감각기관의 기능

피부는 통각, 촉각, 냉각, 온각 점이 발달되어 있어 외부의 어떤 자극을 느끼면 이를 감지하여 뇌로 신호를 보내 촉각, 압각, 통각, 온각, 한각, 소양감 등을 느끼게 한다. 이들 여러 감각기관은 우리 온몸에 흩어져 있으며 특히 촉각, 통각, 소양감은 진피의 유두층에 위치하며 압각, 온각, 한각은 진피의 망상층에 위치한다.

02 피부유형에 따른 영양관리

인간은 먹고 마시는 여러 가지 영양소를 섭취하여 체내신진대사를 통해 에너지를 공급받고 신체활동과 생명유지에 도움을 받는다. 그렇기 때문에 건강유지와 성장발육이 정상적으로 이루어지기 위해서는 아무 음식이나 섭취하는 것이 아니라 균형 있는 영양섭취를 해야만 한다. 또한 균형 있는 영양을 섭취했을 때 우리의 피부는 혈관계와 림프계로부터 영양분을 공급받아 건강하고 윤택한 피부를 유지할 수 있게 된다. 하지만 영양상태가 결핍되거나 과잉영양 상태일 때는 오히려 건강을 해쳐 피부조직도 손상됨으로 거칠고 건조하거나 지나치게 피지 분비량이 많아 피부트러블을 야기시킬 수 있다. 따라서 건강하고 탄력 있는 피부를 가꾸려면 균형 잡힌 영양섭취와 적절한 운동 과 정신적 휴식이 무엇보다도 필요하다.

피부의 유형을 피지 분비량에 따라 건성피부, 지성피부, 정상피부와 복합피부로 나눌 수 있으며 복합피부 이외의 피부로 민감피부, 여드름피부, 노화피부, 모세혈관피부로 세분화할 수 있다.

1) 정상피부(normal skin)

(1) 정의

정상피부란 피부조직의 모든 상태뿐만 아니라 피부의 생리기능이 모두 정상적인 활동을 하고 있는 가장 이상적인 피부를 말한다.

피지선에서 분비되는 피지의 양과 한선에서 분비되는 수분의 양이 적절하게 배출되어 세균의 감염이나 수분증발을 예방하여 피부를 촉촉하고 윤택하게 만들어 건강하게 유지시키는 데 도움을 준다. 그렇기 때문에 정상피부는 항상 약산성의 4.5~5.5 정도의 PH를 유지해 주어야 한다.

(2) 원인

① 혈액순환이 긍정적으로 이루어져 피지와 수분의 균형이 잘 이루어진 결과라고 볼 수 있다.

② 피부 내 수분함량이 높고 외부환경에 잘 적응한 결과이다.

③ 정신적 육체적으로 건강하며 보습성분이 많은 제품이나 기초손질을 잘 한 결과이다.

(3) 특징

① 피부의 피지와 수분의 균형유지로 피부결이 곱고 섬세하여 표면이 매끄럽다.

② 모공의 크기가 매우 작아 섬세하다.

③ 피부에 탄력이 있고 혈색이 좋다.

④ 피부의 PH가 약산성 4.5~ 5.5 정도로 세균감염에 대한 저항력을 갖는다.

⑤ 표피의 두께는 보통이며 주름이 잘 생기지 않는다.

⑥ 세안 후 피부가 건조하여 당김이나 조임이 없다.

⑦ 화장이 쉽게 들뜨거나 지워지지 않는다.

⑧ 붉음이나 얼룩진 듯한 착색 없이 안색이 맑다.

⑨ 화장품을 바꾸어도 적응력이 좋고 쉽게 피부트러블이 나지 않는다.

(4) 영양관리

정상피부라도 영양상태, 계절, 환경인자, 스트레스, 화장품 및 생리주기 등 여러 인자에 따라 피부의 균형이 깨져 다른 피부유형으로 바뀔 수 있으므로 피부의 유분과 수분의 균형이 무엇보다도 중요하다고 할 수 있다. 또한 외부환경으로부터 피부를 보호하려는 적극적 노력으로 노화 예방에 대한 영양관리가 무엇보다도 중요하다.

피부의 피지와 수분 균형유지를 위해 유화된 지방 음식과 하루에 적어도 2L의 물을 섭취함으로 각질층의 수분 함량 10~20% 정도를 유지하도록 신경 써야 한다.

정상적인 피부를 유지하기 위해 콜라겐과 엘라스틴의 결합 섬유력을 유지하기 위한 적당량의 단백질 식품을 섭취해야 한다.

비타민 A, B, C, E 등의 함유식품을 섭취함으로 피부세포의 재생을 촉진시켜 노화를 유지하면서 면역력을 증강시켜야 한다.

(5) 급원식품

우유 및 유가공 식품, 수분 함량과 비타민이 많이 함유된 과일, 식물성 기름, 등 푸른 생선, 두부, 간유, 달걀, 당근, 오렌지, 밀감, 사과, 녹황색 채소와 항산화제 채소류

(6) 피부손질 방법

세안시 약산성 화장품을 선택하여 피부보호막을 손상시키지 않도록 유의하여야 하며 유 · 수분이 강화된 기초화장품을 선택하도록 한다.

피부의 활성화를 위해 1주일에 1회 활성성품을 이용한 마사지와 팩으로 피부를 강화시켜 아름답고 건강한 피부를 유지하도록 노력한다.

외출시 UV A, B를 차단할 수 있는 자외선 차단제나 보호제를 바르도록 한다.

2) 건성피부(dry skin)

(1) 정의

건성피부란 수분과 피지의 분비가 부족하여 거칠어진 피부유형을 말한다.

건성피부는 혈액순환의 기능이 떨어져 피지 분비량과 수분량이 적어 표피 각질층의 수분량이 10% 미만으로 떨어져 당기며 죄는 느낌이 오래가는 현상으로 이런 상태가 오래 지속되면 피부 표면에 인설이 생기거나 조기 노화로 탄력이 떨어져 주름이 많은 피부를 갖게 될 수 있다. 심하면 피부 표면에 인설이 생겨 조기 각화가 일어나 가렵거나 민감한 피부가 되기도 한다.

(2) 원인

① 유전적으로 혈액순환 기능이 저하되어 피지샘과 한선의 분비물이 적을 경우

② 부족한 수분섭취나 부적절한 다이어트, 사우나, 한증막의 잦은 출입으로 피부건

조증을 유발할 경우

③ 잘못된 화장품의 사용으로 피부염증을 유발할 경우와 무리한 각질 제거시

④ 신진대사 기능이 원활하지 못하거나 신경과민일 때

(3) 특징

① 피부 각질층에 수분 함량이 10% 이하로 떨어져 피부가 매우 건조하며 가렵거나 염증 유발이 쉽게 생긴다. 특히 뺨이나 이마 외곽에 각질화 keratinization 가 생겨 인설이 일어난다.

② 유전적으로 피지선의 발달이 저하되어 피지가 적게 분비됨으로 윤기가 없으며 푸석푸석 하고 거칠다.

③ 모공은 매우 작아 눈에 잘 띄지 않는다.

④ 피부가 건조하여 피부보호막의 기능이 약화되어 피부가 예민해질 수 있으며 모세혈관 확장을 일으킬 수 있다.

⑤ 세안 후 당김 현상이 있고 얼굴에 잔주름이 많이 나타나며 콜라겐과 엘라스틴의 결합조직 약화로 탄력이 없어지거나 조기노화가 올 수 있다.

(4) 영양관리

① 충분한 영양크림과 보습이 유지되도록 노력한다.

② 지방함유 식품 및 단백질 식품을 충분하게 섭취하여 피부조직을 구성하고 수분증발을 방지해 준다.

③ 당질과 수분이 함유된 과일류를 섭취한다.

④ 건성피부와 각질화를 예방하기 위해 비타민A 함유식품을 섭취한다.

⑤ 피부조직의 혈액순환을 원활하게 도움을 주고 조직의 안정성을 유지하기 위해 비타민 E와 B를 섭취한다.

(5) 급원식품

식물성 기름, 생선 기름, 견과류 등에 많이 함유되어 있는 필수지방산의 식품과 육류, 달걀, 우유, 요구르트, 아이스크림, 내장, 간, 녹황색 채소, 밀배아, 버터, 마가린,

수분이 많이 함유된 과일류, 당근, 늙은 호박, 감귤류

(6) 피부손질 방법

① 피부가 당기고 조임이 심하다고 해서 유분이 너무 많은 크림을 사용하면 기름샘의 기능저하로 더 심한 건성이 될 수 있다. 그러므로 유 · 수분의 균형을 유지할 수 있는 기초 화장품을 선택한다.
② 심하게 유분을 제거하는 세안제는 피하고 약산성 세안제를 사용한다.
③ 혈액순환과 신진대사 기능을 촉진하기 위한 적극적인 마사지를 한다.
④ 외출할 때는 반드시 자외선 차단제를 바르고 화장을 함으로 유 · 수분을 보유한다.
⑤ 보습효과가 뛰어난 에센스나 크림을 건조하기 쉬운 곳에 자주 바른다.
⑥ 무알코올 함유량의 화장수를 이용하고 물을 많이 섭취한다.

3) 지성피부(oily skin)

(1) 정의

지성피부란 피지선에서 피지가 과다하게 분비되는 현상으로 피부표면을 번들번들하게 만들어 피부가 번들거리며 화장이 쉽게 지워진다. 이마, 코, 턱 부위의 모공 입자가 크고 표면에 블랙헤드(검은 흑여드름, 폐쇄여드름)가 많이 생겨 표면이 거칠 수 있다. 뺨과 얼굴의 외곽부위도 피지샘이 많이 발달하여 피부가 알칼리화로 바뀔 가능성이 높아 세균의 번식이 쉬워져 화이트헤드(개방형여드름)가 생기거나 여드름을 유발하기 쉬워진다.

(2) 원인

① 지성피부의 경우 각질층의 수분은 10~20%로 적당하나 기름 분비량이 많다.
② 유전적 원인이나 사춘기 때의 호르몬의 영향으로 생긴다.
③ 위산 과다와 변비가 있는 사람에게 종종 나타난다.
④ 지방과 탄수화물을 과잉 섭취했을 때 발생하기 쉽다.

⑤ 비타민 B_2, B_6의 결핍으로 발생하기 쉽다.
⑥ 향신료, 자극적 식품과 기호 식품 등의 과잉 섭취로 온다.
⑦ 기온이 상승하면 기름 분비량이 많아지게 된다.
⑧ 환경적 원인의 더위와 습한 기온 등이 있다.

(3) 특징

① 피지 분비량이 과다하게 분비되는 원인은 유전적 요인의 가족력과 남성 호르몬인 androgen의 발달에 기인한다.
② 혈액순환이 잘 되지 않으며 모세혈관도 확장되어 있다. 또한 피부가 거칠고 모공이 넓다.
③ T-zone 부위의 피지 과다로 세균 감염과 모공 속에 피지가 쌓이게 되므로 여드름이 잘 생기며 피부각질층이 두꺼워질 수 있다.
④ 건성피부보다 잔주름이 잘 나타나지 않으나 주름이 생기기 시작하면 깊고 굵게 생기는 경향이 있다. 그러나 지성피부는 유분과 수분이 많아 노화가 지연될 수 있다는 장점이 있다.

(4) 영양관리

① 지성피부가 생기는 원인은 남성호르몬 등의 호르몬 대사로 인한 경우도 있지만 비타민 B, B_2, B_6, 비타민 C 등의 부족, 당질, 지방성 음식의 과다 섭취 및 향신료, 기호식품의 과잉섭취 등에 기인한다. 그러므로 비타민 함유식품을 충분히 섭취하고 피지샘을 자극할 수 있는 요인의 식품은 피하는 것이 좋다.
② 피부의 과각질화와 여드름 유발을 예방하기 위해서는 비타민A 식품을 충분히 섭취해야 한다.
③ 정신적인 긴장, 과도한 스트레스, 만성 변비, 수면 부족 등으로 인해 피지 분비샘이 촉진되기도 함으로 규칙적인 생활을 하도록 하며 일상 생활에도 주의하며 녹황색 채소와 야채를 충분히 섭취한다.
④ 백미, 설탕, 과자류, 버터, 마요네즈, 아이스크림과 같은 당분과 지방이 많이 함유된 식품은 피한다.

(5) 급원식품

발효식품, 배추, 우유, 쇠간, 지방이 적은 생선, 달걀, 늙은 호박, 당근, 고추, 녹황색 채소 및 신선한 과일 닭 가슴살, 두부, 감자 등

(6) 피부손질 방법

① 피부 청결을 위해 피지를 녹일 수 있는 지성용 전문 세안제를 사용한다.

② 피지를 조절할 수 있는 성분 함유의 화장품을 사용한다. 또한 피부의 저항력 강화 및 염증 예방 방지 제품을 적용한다.

③ 과다한 피지와 블랙 헤드 black head를 녹일 수 있도록 1주일에 1, 2회 효소성분의 딥 세안제를 사용하면 효과적이다.

④ 머드, 맥반석, 클레이, 녹차 성분 등이 함유된 팩이나 달걀 흰자 팩을 주 1회 정도 적용하면 피지를 조절하는 데 도움을 줄 수 있다.

⑤ 수분이 많이 함유된 화장품으로 피부표피의 수분량을 늘려준다.

4) 복합성 피부

(1) 정의

복합성 피부는 기름분비량의 불균형으로 2가지 이상의 피부 성질이 동시에 나타나는 피부이다. 즉 민감하면서 지성인 경우, 건조하면서 지성인 경우 등의 피부 유형을 말한다.

(2) 원인

① 잘못된 세안 방법과 화장품 선택이 올바르지 못 한 경우

② 심한 온도 변화와 잦은 자극

③ 수면의 부족과 심한 스트레스

④ 유전적 원인

(3) 특징

① 한 얼굴에 두 가지 이상의 타입을 가지고 있는 피부로 티존T-Zone 은 지성으로 모공이 크고 여드름을 동반하며 볼 부위U-Zone 는 피지분비가 적고 보습 함유량이 적어 세안 후 피부가 당기는 느낌이 들고 다소 붉고 예민하거나 건성이다.
② 혈액순환과 신진대사 기능이 저하되어 있고 뺨 부위는 모세혈관이 확장되어 있다.
③ 피부 표면의 유, 수분이 불균형을 이루고 칙칙하거나 푸석푸석하며 한두 군데 염증을 동반하기도 한다.

(4) 영양관리

① 피부가 건조하지 않도록 보습에 신경 쓰며 수분공급을 충분히 하기 위하여 물 섭취를 적극적으로 한다.
② 필수지방산 함유의 식품을 섭취하도록 노력한다.
③ 당질이 높고 지방과 염분 함량이 높은 식사는 피한다.
④ 비타민 A, B, C 함유의 식품을 충분히 섭취한다.

(5) 급원식품

신선한 과일류와 항산화제 성분이 많이 함유된 녹황색 채소 및 식물성 기름 성분 함유의 식품과 견과류, 질 좋은 육류, 신선한 어패류, 밀배아 등

(6) 피부손질 방법

① T-zone 부위의 피지를 적극적으로 녹일 수 있는 세안제와 딥 클렌징의 스크럽, 진흙팩, 정화팩을 규칙적으로 이용한다.
② 볼처럼 건조하고 예민한 부위는 수분 에센스, 모이스처 크림, 진정성분 함유 크림 등을 따로 발라준다.
③ 혈액순환과 신진대사가 적극적으로 일어날 수 있도록 마사지를 해주며 충분한 보습을 제공하고 염증이 있거나 예민할 경우는 항염증 성분 함유의 화장품을 사용

하도록 한다.

(7) 복합피부타입의 종류

복합성 피부는 보통 민감성 복합성 피부 타입과 건성 복합성 피부로 나눌 수 있다. 민감성 복합성 피부 타입은 이마, 코, 턱 등 T-zone 부위는 기름 분비가 대체로 많으나 뺨은 붉고 예민하며 모공의 입자가 작다.

건성복합피부는 뺨은 건조하여 혈색이 없고 잔 주름이 있으며 이마, 코, 턱 등 T-zone 부위는 기름 분비가 대체로 많아 모공의 입자가 크다.

① 민감 복합성 피부 타입

부분적으로 뺨 부위가 붉은 염증을 동반할 경우 카모마일, 비사보롤, 알로에 및 보습 성분 함유의 항염증 제품을 이용하여 붉은 기운을 가라앉힘과 동시에 이마, 코, 턱의 T-zone 부위의 기름 분비를 조절할 수 있는 제품을 적극 활용한다.

② 건성 복합성 피부타입

뺨이나 눈 주위가 특히 건조하게 나타남으로 계절이나 외부 조건에 따라 건성피부로 기울기 쉬운 경향이 있으므로 보습함유량을 충분히 늘려주고 피부가 건조해지지 않도록 외부적인 자극을 줄인다. 외출시에는 자외선 차단제를 반드시 바르고 한다. 또한 T-zone 부위는 지성용 화장품으로 관리하고 건조한 눈가나 볼 부위에는 유 · 수분 함량이 다소 많은 화장품을 선택하여 피부에 유 · 수분의 밸런스를 맞추고 활성화에 도움을 준다.

5) 여드름 피부

(1) 정의

심상성 좌창이라고도 불리는 여드름은 모낭 옆에 붙어 있는 피지선이 자극 받아 과잉분비된 피지가 피부 표면으로 원활히 배출되지 못하고 모공 내에 축적되어 모공으로부터 염증 반응이 일어나 피부 구조가 파괴되는 상태이다.

(2) 원인

① 스테로이드 연고의 습관적 사용으로 여드름 유발된다.
② 지루성 피부인 경우 땀이나 피지 대사에 이상이 있는 경우
③ 과각질화 현상으로 인해 각질층에 죽은 세포가 탈락되지 못해 각질층이 정상보다 두껍게 되므로 여드름 유발이 악화된다.
④ 호르몬의 변화에 의한 피지분비 불균형이 여드름을 유발한다.

a. 영유아 : 모체에서 받은 프로게스테론(황체호르몬)에 의한 영향으로 유발된다.
b. 사춘기 : 안드로겐(남성호르몬)의 분비로 피지 분비가 왕성해짐으로 여드름이 유발된다.
c. 성인 여성 : 프로게스테론에 의해 생리 1주일 전에 입 주변이나 턱 아래 혹은 얼굴 외곽에 유발된다.
d. 과도한 스트레스는 부신피질 호르몬인 코티졸을 분비시키고 남성호르몬인 테스토스테론의 분비를 증가시켜 피지 생성을 촉진하여 여드름을 유발한다.
e. 월경불순 : 생리 7~10일 전에는 황체호르몬인 프로게스테론progesterone 의 분비가 많아져 피지 분비를 촉진하여 여드름을 유발한다.
f. 알칼리성 세안제를 사용하므로 피부의 산성막이 파괴되면서 여드름 유발균인 '프로피오니 박테리움균' 이 번식하여 여드름이 유발된다.
g. 인체의 내분비 장애로 위장 질환으로 인한 소화기능의 이상과 변비에 의해서 여드름이 유발된다.
h. 머리띠나 벨트 같은 마찰에 의한 물리적 자극에 의해 여드름이 유발될 수 있다.

(3) 여드름 부위별 원인

① 이마 부위 : 모발에 의한 자극, 호르몬의 불균형, 스트레스의 원인
② 볼 부위 : 위장과 간장 장애, 식사의 불균형, 맵고 짠 음식 섭취, 변비
③ 입 주위 : 냉증이 있는 경우, 위장장애, 여성의 경우 생리 전
④ 턱 주위 : 장 기능의 약화, 생리 전후와 빈혈, 칼슘 부족
⑤ 목 부위 : 향수에 의한 여드름, 호르몬의 불균형
⑥ 가슴 부위 : 호르몬의 불균형

그림 5-6 부위별 여드름

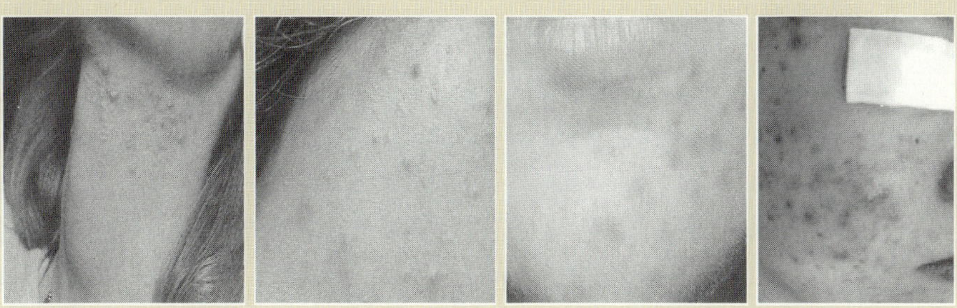

(4) 여드름의 종류

① 면포 : 피지, 각질세포, 박테리아가 서로 엉겨서 모공의 출구를 막아 형성된다. 블랙 헤드 black head, 화이트 헤드 white head

② 구진(papule) : 피부의 표면으로 솟은 농(膿)을 포함한 직경 1mm의 작은 융기 elevation이다.

③ 농포(pustule) : 경계가 뚜렷하고 단단한 돌출 부위로서 크기는 1cm 미만이며 만지면 통증을 수반한다.

④ 결절(nodule) : 구진과 같은 형태이나 구진보다 더 크고 단단하며 피부 깊숙한 곳에 위치하고 있지만 겉으로 솟아 보이기도 한다.

⑤ 낭종(cyst) : 진피 층에 위치하고 있으며 생길 때부터 심한 통증을 수반한다.

(5) 여드름의 등급

① 1등급(grade 1) : 화이트 헤드와 블랙 헤드로만 있는 경우 10대 전반기에 이마에서 블랙 헤드와 화이트 헤드가 나타나기 시작한다.

② 2등급(grade 2) : 화이트 헤드 숫자가 블랙 헤드 숫자보다 많이 나타난다. 화이트 헤드가 얼굴 전체적으로 번지게 되는 경우를 말한다. 짜거나 건드리는 경우는 모낭 벽이 약해져 있어 모낭 주머니가 터지는 경우가 더 많아 화농성 여드름이 될 수도 있어 주의해야 한다.

③ 3등급(grade 3) : 화이트 헤드와 블랙 헤드가 있지만 7~10개 이상의 화농성 여드름이 항상 있다.

④ 4등급(grade 4) : 자줏빛을 띤 붉은색의 심한 염증을 일으키며 가장 흉터가 남을 수 있는 가능성이 있는 여드름이다. 화농된 상태이므로 치유하면 가장 빠른 효과를 볼 수 있다.

(6) 영양관리

① 여드름 피부의 원인은 호르몬의 불균형에 의해서 오는 것임으로 호르몬의 균형을 도와줄 수 있는 미네랄과 비타민류가 충분한 식품을 택해 섭취하는 것이 좋다. 특히 비타민 B, B_2, B_6, 비타민C 등의 함유 식품이 피지 분비량을 조절함으로 여드름 유발을 예방하는 데 도움이 된다.
② 지나치게 높은 당질, 지방성 음식의 과다섭취를 자제하며 향신료, 기호식품의 과잉섭취 또한 피하는 것이 좋다. 이와 같은 성분 함유의 식품은 피지샘을 자극하거나 염증을 유발할 가능성이 높은 음식으로 자제하여 섭취한다.
③ 피부의 과각질화와 여드름 유발을 예방하기 위해서는 비타민A 식품을 충분히 섭취해야 한다.

(7) 급원식품

발효식품, 배추, 우유, 쇠간, 지방이 적은 생선, 달걀, 늙은 호박, 당근, 고추, 녹황색 채소 및 신선한 과일, 닭 가슴살, 선한 과일류와 항산화제 성분이 많이 함유된 녹황색 채소 등

(8) 피부손질 방법

① 비화농성 여드름

피부 표면의 피지 흡착에 효과적인 세안제를 선택하고 클레이, 카오린, 머드 등의 성분 함유 화장품을 사용한다.

a. 비후된 각질을 탈락시키기 위한 각질제거제로 AHA 또는 BHA 성분으로 사용하면 효과적이다. AHA 성분은 3~4% 정도면 보습 효과가 있고 4% 이상이면 각질세포 간 접착제를 느슨하게 해서 각질을 떨어트리는 역할을 한다. 또한 파파인 성분의 효소 필링제를 사용하는 것도 긍정적이다.

b. 박테리아 성장 억제에 좋은 항염증 성분 화장품과 진정성분 및 보습성분이 충분한 화장품을 선택하면 여드름 유발을 최소화하고 유발시 2차 감염에 의한 흉터를 예방할 수 있다.

② 화농성 여드름

화농된 상태의 여드름피부로 홍반과 함께 염증을 동반한다. 그러므로 항염증 예방을 위한 성분 함유의 화장품과 살균, 소독이 가능한 성분 함유의 제품을 이용하여 세안과 함께 기초화장을 한다.

a. 무엇보다도 화농된 염증을 가라앉히며 염증이 심해지지 않도록 예방할 수 있는 비사보롤, 아줄렌, 감초, 알로에, 쑥 등이 함유된 진정성분의 제품을 활용한다. 또한 박테리아 성장 억제를 할 수 있는 티트리, 알로에 등은 화농성 여드름에 효과적인 성분이다.

b. 파파인, AHA 또는 BHA 성분, 카오린, 클레이 등의 성분은 비후된 각질을 연화시켜 각질을 떨어트리는 역할을 하며, 피부의 염증에 도움을 주는 비사보롤 함유의 성분은 화농성 피부가 회복되는 것을 도와준다.

6) 민감성 모세혈관 확장피부

(1) 정의

민감성 피부는 외부 자극이나 비누, 기초, 색조 화장품 같은 적은 자극에도 민감하게 반응하는 피부 타입으로 피부가 얇아 쉽게 붉어지거나 알레르기가 생기며 혈관이 확장되기도 하는 예민한 피부를 말한다.

(2) 원인

① 심한 육체적, 심리적, 정신적인 스트레스
② 과로로 인한 수면부족이나 운동부족 혹은 영양결핍에 의한 순환장애
③ 자외선에 의한 선천적 광 알레르기 체질인 경우
④ 심한 기온변화나 환절기 같은 계절의 변화에 적절하게 대응을 못 할 경우

⑤ 신경안정제나 스테로이드 성분의 연고, 혹은 부신 피질 호르몬과 같은 피부연고제 등의 약물에 의한 요인

⑦ 음주, 흡연, 잦은 사우나, 무리한 다이어트나 불규칙한 식사 등에 의한 요인

⑧ 선천적으로 피부 저항력이 약해 피부 트러블이 잘 나는 경우

(3) 특징

① 표피층은 얇고 피부결이 섬세하며 건조하거나 부분적으로 지루할 수 있다.

② 혈액순환이 안 되어 얼굴 톤이 칙칙하거나 부분적으로 열감이 느껴지고 외관상 실핏줄이 보이기도 한다.

③ 피부가 작은 자극에도 붉어지거나 따가움을 느끼며 건조하다는 느낌이 든다.

④ 외부에 대한 저항력이 약하고 색소침착이 잘 생길 수 있다.

(4) 민감성 피부의 진행 과정

① 붉어짐(예민 초기, redeness) : 피부의 충혈 상태, 갑작스런 혈액의 증가

② 홍반(erythema=erythrosis) : 지속적인 붉어짐, 붉어짐의 반복으로 모세혈관이 확장된 상태에서 다시 수축되는 능력이 더디게 됨.

③ 모세혈관확장증(Teleangiectasia) : 혈관이 탄력을 잃어 고무줄이 끊긴 현상처럼 붉은 실핏줄이 보인다.

④ 쿠퍼로즈(couperose) : 홍반이 좀더 광범위한 증상

⑤ 주사(rosacea) : 피지가 과잉된 상태에서 2차적 문제를 동반하는 것으로 코 중심으로 심한 홍반과 농포 상태의 화농 여드름을 동반하여 예민현상으로 딸기코처럼 된다.

(5) 영양관리

① 민감성 피부는 주로 건성피부나 알레르기 피부 질환을 동시에 동반하여 피부표면이 얇아지며 모세혈관이 파열되는 경우도 있으므로 식품 첨가제, 조미료, 색소, 향신료 및 방부제가 많이 함유된 식품은 피부를 민감하게 함으로 자제하는 것이 좋다.

② 미네랄과 비타민 B, B_2, B_6, 비타민C 등의 함유 식품은 면역력을 증강시키고 혈관벽을 튼튼히 함으로 민감 피부의 모세혈관이 약한 사람에게는 효과적이다.
③ 지나치게 높은 당질, 지방성 음식, 염분함량이 높은 음식은 피하는 것이 좋다. 콜라겐 조직과 피부안정성 유지에 도움이 되는 질 좋은 육류 및 칼슘과 칼륨 등의 무기질 함유식품을 섭취하는 것이 효과적이다.
④ 음주, 흡연 등을 자제한다.

(6) 급원식품

질 좋은 육류, 어패류, 밀배아, 견과류, 녹황색 채소와 신선한 과일

(7) 피부손질 방법

① 화장품 선택시 무색소, 무향, 무자극 화장품을 선택한다.
② 자극이 없는 저자극성 비누를 사용한다.
③ 스트레스는 피부의 저항력을 감소시키므로 스트레스 완화에 노력하며 보습제 함유의 제품을 선택한다.
④ 외출시 자외선 차단제는 꼭 바른다.
⑤ 모세혈관벽을 튼튼히 할 수 있는 비타민B_5의 성분 함유 제품을 바르면 효과적이다.

7) 노화피부

(1) 정의

노화피부란 자외선, 공해, 다이어트, 스트레스와 같은 외부의 악영향이나 질병 등 신체의 외상시 대응하는 기관이나 조직의 기능이 저하되어 생물학적 의미로는 출생과 함께 시작되어 죽음까지 지속되는 현상을 말하며 일반적인 정의로는 성장이 끝남과 동시에 시작되고, 일생 동안 지속되는 현상을 말한다.

(2) 원인

① 과다한 자외선의 노출과 유해산소의 요인
② 냉 · 난방으로 인한 건조한 실내 · 외 환경
③ 잦은 자극, 영양실조, 신체의 질환 등 극도로 피부가 건조한 경우 조기 노화가 진행된다.
④ 술, 담배 등으로 인한 경우
⑤ 단기간 내의 심한 체중감소와 정신적 스트레스
⑥ 화장품으로 인한 부작용에 의한 피부 염증 후

(3) 특징

① 표피 각질층의 수분 저하로 외피가 얇아진다.
② 진피층의 콜라겐과 엘라스틴의 저하로 탄력이 감소한다.
③ 랑게르한스 세포의 숫자가 감소하므로 면역력이 떨어진다.
④ 피지분비가 현저히 감소한다.
⑤ 이미 생성된 멜라닌의 탈락이 원활히 이루어지지 않으므로 검버섯이 나타난다.

(4) 영양관리

① 피부의 결합섬유력을 증강시킬 수 있는 지방성분 함유의 음식과 수분 함유량이 높은 음식을 섭취하여 진피의 수분 함량을 높여 조직력을 강화시킨다.
② 콜라겐과 엘라스틴의 구성성분인 단백질 함유 식품을 섭취한다.
③ 각질화와 피부 안정화를 위해 비타민A, E 성분 함유의 식품과 항산화효소제 성분 함유의 비타민C 과일을 섭취한다.

(5) 급원식품

우유 및 유제품, 멸치 및 등 푸른 생선, 질 높은 육류, 어패류, 밀배아, 견과류, 녹황색 채소와 신선한 과일

(6) 피부손질 방법

① 외출시 자외선을 차단하도록 선크림을 반드시 바른다.
② 피부가 건조해지지 않도록 수분과 영양을 공급한다.
③ 피부의 탄력과 혈액순환을 촉진하기 위해 적절한 운동과 얼굴 마사지를 한다.
④ 민감한 눈가나 입술관리는 전용제품으로 집중 관리한다.
⑤ 비타민 A, E가 함유된 성분의 화장품을 적극 사용한다.
⑥ 콜라겐, 히알루로닉 산, 콘드로이틴, 해초, 비타민C, 항산화제가 함유된 성분의 화장품을 사용하면 효과적이다.

8) 색소침착 피부

(1) 정의

색소침착 피부는 생체 내에 색소가 병적으로 나타나서 불규칙한 형태의 갈색 색소가 대칭적으로 나타나는 현상으로 우리 몸의 여러 곳에서 만들어지는 색소인데 멜라닌 색소가 표피층에 가까이 위치할수록 흑갈색을 띠게 된다.

(2) 원인

① 자외선의 영향으로 멜라닌 세포의 활성이 강해진다. 멜라닌은 자외선을 흡수하거나 산란시켜 에너지가 피부 내부로 침투하는 것을 막아 피부를 보호한다. 피부를 검게 하는 인공 텐닝(선텐)이 색소침착의 원인이 된다.
② 과도한 스트레스를 받게 되면 여러 가지 신체 리듬에 이상이 오는데 그중 하나가 부신피질에서 아드레날린이 나오면서 스트레스에 대항하는 태세를 갖추게 된다. 만성적인 스트레스에 대한 신체의 자기 방어로 멜라닌 색소의 활동이 증가하여 기미가 생기고 또 스트레스로 인한 자율신경의 균형이 무너지면서 월경의 부조화가 일어나 기미의 주된 원인이 된다.
③ 경구용 피임약은 여성호르몬인 에스트로겐이 멜라노사이트를 자극하고 황체호르몬인 프로게스테론은 피부색소를 피부 주변으로 번지게 하는 역할을 함으로써 기

미를 형성한다.

④ 자신의 피부와 맞지 않은 화장품을 사용하여 화장독이나 접촉성피부염이 생기게 되면 피부염이 치유되는 과정에서 자외선의 영향을 받아 기미가 발생할 수 있다. 또한 피부질환 약물을 복용하고 있을 때도 자외선에 의해 기미가 생길 수 있다.

⑤ 과도한 음주나 폭식 등으로 간 기능 저하일 때 기미가 생긴다. 간혹 자외선이 강하지 않은 겨울철에도 기미가 심하게 생기는 사람은 호르몬이 불균형하거나 간의 기능이 저하되어 나타나는 경우도 있다.

(3) 색소침착의 생성요인

멜라닌은 표피와 진피의 경계 부위인 기저세포들 사이에서 만들어진다. 멜라닌 생성 과정은 멜라노사이트에 있는 티로신이라는 아미노산이 티로시나아제라는 효소의 작용으로 도파 DOPA 라는 물질로 바뀌고 도파는 도파옥시다아제라는 효소에 의해 도파퀴논 DOPA-quinone이라는 과정을 거쳐 멜라닌이 된다.

그림 5-7 멜라닌 생성 그림

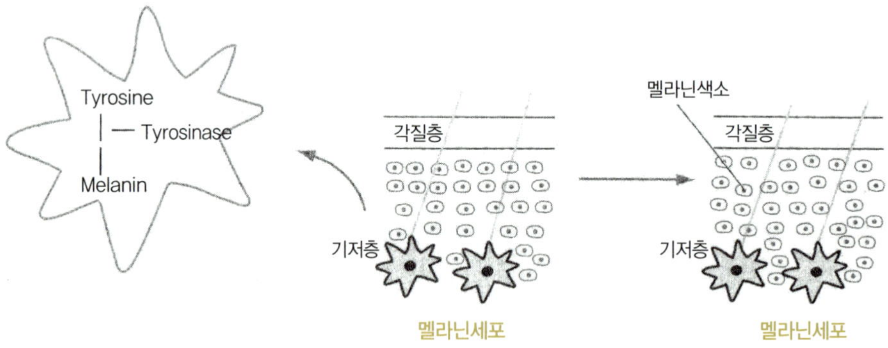

(4) 색소침착 피부의 유형

① 표피형 색소침착 피부

멜라닌 색소가 표피층 맨 위로 올라온 표피형 기미로 치료 효과가 진피형, 혼합형 색소침착 피부보다 더 우수하다.

② 진피형 색소침착 피부

멜라닌 색소가 표피 아래 진피층에 존재하고 회색 또는 푸른색, 갈색을 띠며 색소침착이 심해 관리하기가 어렵다.

③ 혼합형 색소침착 피부

멜라닌이 표피형과 진피형이 같이 존재하는 형태로 한국인에게 가장 흔한 색소침착 피부에 해당된다. 이는 관리하기 매우 어렵다.

(5) 영양관리

① 피부의 결합섬유력 증강과 건강을 위해 무기질, 칼슘, 칼륨과 다량의 미네랄 함유 식품을 섭취한다.
② 콜라겐과 엘라스틴의 구성성분인 단백질 함유 식품 섭취를 증강시킬 수 있는 지방성분 함유의 음식과 수분 함유량이 높은 음식을 섭취하여 진피의 수분 함량을 높여 조직력을 강화시킨다.
③ 면역력을 높이고 각질화와 피부 안정화를 위해 비타민 A, B, C 성분 함유의 식품과 항산화효소제 성분 함유의 과일을 섭취한다.

(6) 급원식품

질 좋은 육류, 어패류, 밀배아, 견과류, 녹황색 채소와 석류, 귤, 딸기. 오렌지, 키위

(7) 피부손질 방법

① 피부보호를 위해 자외선을 차단하기 위해서는 SPF 15 정도의 선 블록 제품이면 적당하다. 자외선이 강해지는 계절이나 야외 활동이 많은 경우에는 SPF 25~30 정도의 제품을 사용한다. 자외선 차단 기능이 있는 메이크업 베이스나 파운데이션, 트윈 케이크 등을 사용하여 색소침착이 생기지 않도록 피부를 보호해야 한다.
② 충분한 보습 성분의 화장품 사용은 피부 색소를 연화시키므로 미백 기능이 있는 고 기능성 에센스나 크림을 사용하도록 한다.
③ 이미 생성된 색소는 파파야 효소나 과일 산 연화제로 묵은 각질을 적절히 녹여 안

색을 정화시키고 피부를 안정시킬 수 있는 미백 전용 화장품을 사용하도록 한다.

④ 티로시나아제 억제 효과가 있는 코직산, 히알루로닉산, 감초, 석류, 엘스베리, 비타민C 등의 성분이 함유된 화장품 사용으로 멜라노좀의 이동 및 생성을 저지하고 퇴화를 촉진한다.

제6장 모발과 두피건강

1. 모발관리
2. 두피관리
3. 문제성 두피관리
4. 탈모의 예방
5. 탈모의 치료

PART 06 모발과 두피건강

01 모발관리

1) 모발의 구조

모발의 발생은 출생 전에 태내에서 이미 정해졌기 때문에 출생 후 모낭이 생기지 않는다. 태내에서 생긴 모발을 생모(生毋) 또는 태모(胎毋)라 하고, 생모는 태생 후 7~8개월이 되면 빠지고 다시 나게 되며, 이것을 연모라 한다. 이렇듯 모발은 태아에서의 생모, 출생시의 연모, 출생 후 성장하면서 경모로 바뀌게 된다. 사람의 일생에서 사춘기가 되면 모든 모낭에서는 경모가 성장하여 가장 모량이 많은 시기가 되나 나이가 들어감에 따라 모주기를 되풀이하여 연모로 되돌아가는 현상이 나타난다.

모발은 크게 피부 표면에 나와 있는 모간(毛幹: hair shaft)과 피부 내면에 들어 있는 모근(毛根: hair root)으로 나눌 수 있으며, 모간은 피부가 함몰된 피부주머니인 모낭에 박혀 있는 형상을 한 부분이다. 모근의 아래쪽의 둥근 부분을 모구라 하고 모구 중심부의 구상에 가까운 오목한 곳에 모발의 영양을 담당하는 모유두가 존재한다.

모유두에 접하고 있는 세포를 모기질 또는 모모세포라 하고 이곳에서 마치 표피의 기저세포가 분열하듯이 모모세포가 분열하여 새로운 모발세포를 만들어 낸다. 모발은 외력에 의하여 억지로 모발을 뽑으면 모발 끝에 젤리 모양의 반투명 물질이 달라붙을 수 있는데, 이것은 모낭조직의 일부이다.

모낭 형성의 최초 징후는 표피의 배아층 세포가 모여, 즉 기저층 원주상의 세포핵 집합인 모아 세포군이 피부 내에 깊숙이 침투해 모낭을 형성한다. 모낭의 제일 아랫부분에 모유두가 만들어진다. 모유두는 그 안에 모세혈관과 자율신경이 들어 있고 유두 모양을 하고 있다.

모세혈관은 모발의 원료인 아미노산을 모유두로 옮겨주는 수송로이다. 아미노산이 모유두에 도착하면 자율신경의 지시에 따라 단백질 합성효소는 원료인 아미노산을 합성해서 케라틴 단백질을 만든다. 이 케라틴 단백질이 커지면 위로 각화해 가면서 밀려 올라가게 된다. 케라틴 단백질이 분열되면서부터 모표피가 되는 것과 모피질, 모수질이 되는 것으로 각각 나뉘어지며 성장을 계속해 모발이 만들어진다.

만약 모유두의 기능이 떨어지는 이유의 하나인 단백질 합성효소에 조효소(비타민, 무기질, 미네랄 등)가 결핍되면 기능이 원활치 못하여 모발 생성이 어려워진다. 또한, 모세혈관의 혈행 장애가 생기면 모발의 원료인 아미노산 공급이 어려워져 모발 제조가 어려워진다. 모유두가 염증이나 외상에 의해 손상을 크게 받았을 경우에도 그 기능을 상실하게 된다.

(1) 모낭(Follicle)

모낭은 모근부를 싸고 있으며 내 · 외층의 피막을 말한다. 상피성 모낭과 결합 조직성 모낭으로 되어 있다. 모낭 주위는 신경종말이 둘러싸고 있어 모발 끝의 감각을 느낄 수 있다. 또한 피부암 발생의 중요한 기원이 되며, 이것은 모낭의 팽윤 bulge 으로부터 생기고 팽윤부는 모낭 상피종 trichocpitheliona 의 구조와 매우 유사하다고 할 수 있다.

(2) 모구(Hair bulb)

모구는 모근의 아랫부분에 형성되어 있으며 두꺼운 곤봉 구조이다. 이 구조는 수분이 많은 구형세포이고 모유두를 감싸는 형태를 하고 있으며 세포가 빈틈없이 짜여있고 모세혈관이 엉켜있으며, 이로부터 영양분과 산소를 운반하여 모발을 성장시키고 있다. 모구에는 모발생성과 관련 있는 모유두, 모모세포, 모세혈관이 존재한다.

(3) 모유두(Papilla)

모유두는 모구의 밑부분에 있으며 작은 원추형으로 솟아있고 모구와 붙어있다. 모유두 내에는 모발의 발생과 생장에 영향을 미치는 많은 혈관 신경이 분포해 있다. 모유두를 통해서 모구에 영양분이 도달되며 모유두의 크기는 머리카락 굵기에 비례된다.

(4) 모모(모모기: Hair matrix)

모구의 밑부분을 모모라 하며 세포분열을 통하여 모발이 만들어지는 곳으로 새 세포가 낡은 세포를 밀어 올려 모발이 성장하고, 이는 골수세포 다음으로 세포분열이 왕성하여 끊임없이 분열 증식하고 있다.

2) 모낭의 조직구도

모근과 관계된 세 가지 구조는 모낭, 모구, 모유두이다. 모근을 둘러싼 모낭 hair follicle은 상피성모낭과 결합조직성 모낭으로 되어 있고, 그 사이에는 초자막(硝子膜)이 있어 양자의 구별이 된다.

상피성모낭은 내모근초와 외모근초로 이루어지는데 모구의 하부는 양자가 미분화된 상태이고, 내모근초는 모낭의 피지선 부분에서 표피 쪽으로 이동하면서 각화되어 모표피의 각질층과 같게 되어 외근초의 세포만이 인지된다. 바깥쪽으로 헨레층 Henle's layer, 헉슬리 Huxley's layer, 내모근초 표피의 3층으로 이루어지고 외모근초는 각화하지 않은 여러 층의 원추형 세포가 줄을 지은 것처럼 표피의 기저세포층과 연락하고 있다.

모발을 중심으로 그 주의를 내모근초표피, 헉슬리, 헨레층, 외모근초, 초자막, 결직초 순으로 에워싸고 있으며, 내모초근 표피는 위에서 아래로 단층의 기와 모양으로 겹쳐져 있다.

또한 협부에 이르면 외모근초 세포는 이상 각화가 이루어지면서 피부 상피조직과 연결되어 구분할 수 없게 된다. 모발은 중심에 수질, 그 주위에 피질과 모표피의 3층으로 되어 있고 각화하는 것은 모피질과 모표피뿐이다. 피질은 짙은 갈색에서 황색의 색소입자를 갖고 있는 세포로 이루어져 모근의 하단부에서는 유재형(類才型)이지만 세포 내의 리보솜 ribosome의 활동으로 케라틴 섬유를 합성하여 점점 세로 길이의 세포가 된다. 세로 길이로 된 세포들은 상호접착제가 되어 단백질을 합성하여 강하게 결합한다. 위쪽으로 갈수록 가늘고 길게 방추형으로 되고 각화되어 세로로 통하는 가느다란 섬유로 된다. 모표피는 피질을 덮는 한 층의 각화세포로 배열하게 된다.

3) 모낭과 관련된 구도

모발은 털과 모낭 이외에 부속기관으로 피지선, 입모근, 아포크린선으로 구성되는데, 이들 부속기관은 모발과 관계가 있다.

(1) 입모근(Arrector pili muscle)

입모근은 모낭 밑 약 1/3 지점에 있고, 기능으로는 모발을 세우는 근육이다. 일반적으로 털 1개에 1~2개의 입모근이 존재한다. 추위 또는 흥분이나 긴장 상태에서는 털을 세우게 되는데, 이는 자신의 의지에 따라 움직이는 것이 아니라 자율적으로 수축하고 피부에 소름이 돋게 되며 모공이 융기한다. 이때 입모근이 위에 있는 피지선을 압박하여 피지 분비를 촉진시킨다. 그러나 모든 입모근이 모낭과 연결되어 있는 것은 아니며 속눈썹, 눈썹, 코털, 겨드랑이털에는 입모근이 없다.

또한 입모근의 팽윤부는 피부각질 형성세포 줄기세포의 주요 저장소이며 표피 줄기세포이기도 하다.

(2) 피지선(sebaceous glands, Oil glands)

피지선은 모낭 위 1/3 지점에 있고, 대부분 모낭과 접하여 있다. 피지선에 만들어진 피지는 모낭 속에서 분비되어 두 종류로 나누어진다.

피지선세포는 미분화된 기저세포로부터 지질생성세포로 분화하고 최종적으로 사멸하여 피지를 분비한다. 분열된 피지선세포는 입구로 향하면서 피지를 합성하여 저장하고, 밀려서 입구 근처에 도달한 세포는 분해되어 모공으로 분비되고 털을 따라 올라가서 머리에 윤기를 주고 또는 각질세포의 지질과 합쳐 표피지질이 된다. 남성 호르몬은 피지분비 촉진작용을 하고 여성 호르몬은 피지분비 억제작용을 한다.

피지선은 사춘기 때 절정에 이르나 노화에 의해 분비가 감소되고 피지는 땀에 의해 피부면에 확산되어 엷은 보호막을 형성함으로써 피부를 윤기 있고 부드럽게 한다. 피지 속에는 지방산인 리놀산, 콜레스테롤, 인지질 등의 지방이 있어 땀과 피지를 유화시켜 유해물질과 독성물질의 침투를 막고 자극으로부터 피부를 보호하는 작용을 한다. 기타 알칼리로부터 피부를 지키고 필수지방산이 있어 지방산 자체가 살균작용을 하기도 하고, 체내의 유독물질이 피지의 분비와 함께 배출되며, 피부와 모발을 건조로부터 지켜주고 마찰을 줄여주는 기관이다.

피지선은 5알파-리덕타아제 5α-reductase라는 환원효소가 있는데, 5알파-리덕타아제는 남성 호르몬 테스토스테론을 DHT Di Hydroxyl Testosterone로 환원시킴으로써 모모세포의 분열을 저해하며, DHT는 모발 성장을 정지시킨다. 즉 피지선이 활발해지면 두피에 문제를 야기하고 지성 비듬을 발생시키기도 한다.

피지는 1일 1~2g 정도가 분비되고 머리-얼굴-가슴-배-팔-다리의 순서로 많이 생기며, 얼굴 부분에는 이마-미간-코-입 부위의 순서로 생긴다. 피지는 살균작용, 유화작용, 수분 증발 억제작용을 한다.

피지의 분비는 식사습관, 혈액순환, 감정의 동요, 내분비선 endocrine gland의 자극과 약물에 영향을 받는다. 일반적으로 식습관은 모발의 건강에 영향을 미치는데 당분과 전분, 그리고 지방분이 많은 음식을 섭취하면 피지선의 과활동을 유발한다.

(3) 아포크린선(땀샘: Apocrine gland)

포유동물에서 많이 볼 수 있는 아포크린선은 겨드랑이, 유두, 사타구니, 귀두, 배꼽 주위, 외음부 주변 등에 분포되어 있고 모낭에 연결되어 피부표면으로 통한다.

아포크린선의 기능은 성적 향기인 페르몬을 생산하고 그 분비액은 유기물질이 풍부한 진한 분비물로 되어 있다. 이 액체는 약알칼리성으로 세균에 쉽게 감염되기 때문에 미생물에 의해 분해되면 액취증을 유발할 수 있다. 호르몬의 영향으로 남성보다 여성이 월경 전과 월경 중에 많이 분비되거나 임신 중에는 감소된다.

4) 모발의 성장과 조직화

모발은 모낭에서 형성되며, 여기에는 일정한 주기가 있어 항상 성장하는 것은 아니다. 모발은 모낭 하단부의 모구세포에서 만들어지는데 모구(毛球)는 유두가 최대 지름을 나타내는 위치 critical level에서 이것보다 밑에 있는 모모기와 위의 상모구 upper bulb로 나눌 수 있다. 모모기 세포는 아직 미분화 세포로 분화가 시작되면 털 조직의 기본인 수질, 피질, 표피와 내모근초로 분화된다. 모발의 형성은 항상 지속적으로 이루어지는 것이 아니라 주기성(週期性)을 갖는 데 이를 모주기(毛週期: hair cycle)라고 한다.

모발은 성장기(成長期: anagen stage), 퇴행기(退行期: catagen stage), 휴지기(休止期: telogen stage), 재생기 4단계의 사이클을 주기적으로 계속하여 반복한다.

성장기의 모발은 모낭 하단이 피하지방층에까지 도달되어 있지만 휴지기나 퇴행기 등의 정지기에서는 모낭 하단이 진피 내에 위치하는 경우가 많다. 이런 경우에는 모유두가 위축해서 모모기에서 세포분열이나 증식이 멈추어서 모낭 하단부의 모구가 작아지고 모구의 상부는 늘어나 가늘고 긴 세포의 새끼줄이 되어 결국 끊어져서 모발이 빠지게 된다.

이렇게 빠진 모발의 모근 쪽은 종형(鐘形)이 아니라 가늘고 긴 형태를 띠며, 이러한 형태의 모발을 곤상모(棍狀毛: club hair)라 부른다.

(1) 성장기(成長期: Anagen stage)

모모세포가 모유두에 접해있는 모세혈관으로부터 영양을 공급받아 활발한 세포분열을 일으켜 새로운 모발이 생성되어 성장하는 단계이다. 이 단계는 보통 남성이 3~5년, 여성은 4~6년 정도이다. 성장기는 전체 모발(약 10만~15만개)의 80~90%를 차지하고 있으며 퇴화기까지 자가 성장을 계속한다. 모발의 생장률은 신체부위, 성별, 연령에 따라서 달라질 수 있다. 일반적으로 여성이 남성보다 빠르고 같은 사람의 모발이라도 전두부보다 후두부 쪽의 성장속도가 더 빠르다. 성장기에 있는 모발은 음식물이나 비타민, 호르몬, 계절, 성별, 인종 및 개인에 따라 달라질 수 있지만 한 달에 약 1~1.5cm 정도 자란다.

(2) 퇴행기(退行期: Catagen stage)

성장이 저조하고 쇠약해지는 시기 또한 성장기가 끝나고 잠시 쉬는 시기를 일컫는다. 이 시기에는 털의 근원인 모세포와 색소세포 melanocyte가 위축하기 시작하므로 성장기에 피하지방층까지 도달되어 있던 모근 부분이 진피를 거쳐 표피 부근으로 상승한다. 모근은 성장기의 절반 정도의 길이가 되고 모낭이 위축되면서 모근은 위쪽으로 밀려 올라가고 모구부는 모유두와 분리되기 때문에 세포분열은 정지된다. 전체 모발의 1%로써 약 3~4주간 지속되는 짧은 기간이다.

그리고 퇴행기 동안의 모유두는 위쪽으로 이동하여 휴지기 모낭의 바닥에 위치하게 되는데, 이와 같은 모유두와 팽윤부의 근접한 위치가 새로운 모주기의 시작이라고 한다. 즉 모유두가 퇴행기 동안에 팽윤부 근처로 올라가지 않으면 새로운 모발은 형성되지 않는다는 것이다.

(3) 휴지기(休止期: Telogen stage)

퇴행기가 끝나면 모낭은 2~6개월간의 휴지기를 가진다. 휴지기에는 활동 중 길이의 1/3로 모낭의 길이가 짧아진다. 전체 모발의 4~14%(분만 후 30~40%)가 휴지기 상태이다. 성장 사이클의 마지막 단계로 모낭과 모유두가 완전히 분리되어 모낭은 위축되고 모근은 더욱 위쪽으로 올라가 머리카락이 빠지는 단계이다. 이 시기의 모발은 곤봉 같은 모양을 하고 있기 때문에 곤모라고 불린다.

피지 분비에 의해 탈락될 때까지 모발은 모낭 안에 머문다. 휴지기의 모발은 빗질, 브러싱, 샴푸 등에 의한 물리적인 원인으로 빠지거나 새로운 모발에 의하여 밀려 두피로부터 탈락된다. 만일 휴지기가 이 기간보다 더욱 길어지게 되면 그것이 비정상이고 모발은 이상탈모가 된다.

(4) 재생기(Regrowing phase, Early-mid Anagen stage)

휴지기가 진행되어 하나의 모발이 그 일생을 다하면, 모발에 둘러싸여 있던 모구부가 모유두와 결합하여 새로운 모발을 형성하여 성장 과정을 거치게 된다.

새로 만들어진 모발은 휴지기에 들어간 오랜된 모발을 위로 밀어 올려서 자연 탈모시킨다. 계속하여 모모세포의 세포분열을 통하여 새로운 성장기에 도달함으로써 모발은 일생을 맞게 된다.

또한 대부분의 모발은 휴지기에서 바로 빠지는 것이 아니라 성장기가 지날 때까지 빠지지 않는 경우도 많으며 때로는 한 주기가 끝날 때까지 빠지지 않는 경우도 있다.

5) 모발 손상

(1) 모발 진단

모발관리는 두피와 상관없이 모발 자체에 필요한 관리를 하는 것이다. 즉 건성모, 손상모, 다공성모뿐만 아니라 화학적인 시술 전후에도 모발을 위한 관리는 반드시 필요하다.

손상된 모발을 관리하기 위한 제품에 함유된 계면활성제는 대부분 양이온을 띠고 있어서 음이온인 모발에 흡착력이 강하다. 브러싱과 같은 물리적 자극에 의해서는 제거되지 않고 음이온 샴푸에 의해서 제거된다. 컨디셔너를 사용한 모발은 일시적인 모발보호 효과를 갖는다고 할 수 있다.

모발은 케라틴이라는 경단백질로 되어 있다. 화학적, 물리적으로 강한 저항성을 가지고 있고 강도도 크다. 아무리 강한 모발일지라도 화학적, 물리적 시술시의 빈번한 잘못, 자외선의 과다한 노출, 대기오염 등에 의하여 점차적으로 손상이 된다. 손상된 모발은 유분, 수분이 부족하여 원하는 스타일을 창출하기 어렵고 유지가 어렵다. 보수를 제대로 하지 않고 무리하게 화학적, 물리적 시술을 계속 행한다면 손상을 더욱 가중시켜 시술을 행하지 못하는 수도 있다.

모발이 심하게 손상되면 갈라지거나 끊어지며 심하면 탈모가 진행될 수도 있다.

손상모를 원래의 상태로 되돌리는 것은 어려우므로 예방이 중요하다. 먼저, 모발의 건조화를 방지하기 위해서 수분과 유분을 공급하고 광택과 활력, 유연성을 주는 것이 중요하다. 이 목적으로 사용하는 것이 헤어 트리트먼트제이다. 헤어 트리트먼트 효과를 높이기 위해서는 모발에 대해 헤어 트리트먼트가 흡수되기 쉬운 조건을 만들어주는 것이 무엇보다 필요하다.

모발과 두피의 타입, 손상정도, 관리방법에 대해 정확히 진단하고 진단에 맞는 클리닉 시술이 필요하다

A. 모발의 손상도를 측정하는 방법

① 절단강도(切斷强度)와 신도(伸度)의 측정

국내에서는 아직 모발의 강도와 신도를 측정할 수 있는 기계가 제작되어 있지 않기 때문에 일본에서 사용하는 기계와 방법을 예로 살펴보도록 하겠다. 모발 강도신도계라는 기계(그림 6-8)에 클립으로 모발을 고정시키고 클립을 좌우로 움직여 모발을 잡아당긴다. 모발이 견딜 수 있는 이상의 힘이 작용하면 모발이 끊어지고 기계는 멈추게 된다. 이때 기계의 표시판에 강도(g)와 신도(%)의 수치가 표시되는데 가는 모발이나 손상모발에 비해 건강하고 굵은 모발에 있어서 높은 수치가 나오게 된다.

② 하중(荷重) 신장(伸長)곡선을 이용하는 방법

모발 강도신도계라는 기계를 이용하여 신장도를 측정할 경우 주의할 점은 처음 힘을 가하면 강도의 수치는 올라가는데 신도의 수치는 올라가지 않고 있다가 어느 정도 이상의 힘이 가해지면 그때서야 눈금이 올라가는 것을 알 수가 있다. 모발의 종류에 따라서 약한 힘에서는 신도의 변화를 정확하게 감지할 수 없는 경우가 있기 때문에 가해지는 무게에 따라 늘어나는 정도를 곡선으로 표시하여 관찰할 필요가 있다.

③ 물에 의한 제2차 팽윤도의 측정

절단강도나 신도 등을 측정하는 경우 한 가닥의 모발로는 정확한 값을 얻지 못하므로 몇 가닥을 가지고 실험한 다음 평균값을 얻어야 한다. 보통상태의 모발은 그 중량의 25~30%의 수분을 흡수하여 포화상태가 되는 데 비해 만약 모발이 손상되었을 경우에는 이 포화량이 증가한다. 일정한 온도와 습도를 유지하고 모발을 일정시간 수분에 침전시킨 다음 원심 분리시켜 수분을 제거하고 모발내부에 흡수된 수분의 중량을 측정함으로써 손상도를 확인할 수 있다.

④ 알칼리 용해도의 측정

건강한 모발을 0.4% 수산화나트륨 용액에 약 30분 동안 담가 놓은 다음 따뜻한 물로 씻어 버리고 무게를 측정하면 처음 무게의 약 3% 정도 용해되어 중량이 감소된다. 만약 손상모발일 경우 알칼리에 대한 저항력이 없어져서 용해되는 정도가 증가하고 중량도 감소한 결과를 나타낼 것이다.

⑤ 아미노산 분석에 의한 측정

모발을 가수분해하여 아미노산 조성의 변화를 분석하면 손상모일 경우 특히 시스틴의 함유량이 감소하고 시스테인 산이 증가하게 된다.

B. 모발 손상의 원인(Cause of damage)

모발은 같은 사람이라도 자라는 부위에 따라 또는 한 올의 모발이라도 그 부분(모근부, 중간부, 모간부)에 따라 굵기가 다르므로 모질도 다르다. 이는 모발이 모유두에서 탄생하는 과정에서 그 사람의 영양상태, 건강 등에 좌우되어 굵기와 모질이 변화하는 이유 가운데 하나이기도 하며 선상 고분자인 모간부가 길게 늘어져 있어서 여러 가지 외부자극을 받기 쉬우므로 모발의 질은 변화한다.

모발이 손상되는 원인으로서 지금까지 permanent wave제와 hair coloring제 등의 화학처리가 주가 되었다. 그러나, 모발 손상의 원인은 단정 지을 수 없으므로 앞으로도 모발이 손상되는 원인에 대해서 더욱 폭넓은 관점에서 볼 필요가 있다.

다음은 대표적인 모발 손상의 원인들이다.

① 마찰에 의한 손상(Damage from friction)

모표피는 비늘상의 단단한 케라틴keratin 단백질이 5~15겹으로 모간 쪽으로 중첩되어 있으며, 외부로부터의 자극에 충분히 견디어 낼 수 있다. 그러나 일상적으로 빈번하게 행해지는 샴푸, 타월 드라이, 브러싱 등에 의해 혹은 모발끼리의 마찰에 의해 상당한 자극을 받게 된다. 무리한 브러싱도 모발에 큰 마찰을 발생시키고, 손상damage을 준다. 무리하게 빗질하는 것을 피하고 브러싱 전에는 모발 영양제를 사용하고, 모표피에 얇은 피막capsule을 만들어 브러시와의 마찰을 감소시키는 것이 중요하다. 모표피의 일부에 비늘층이 떨어지면 그 부분부터 손상이 크게 되고 모피질이 노출되어 모발은 건조하게 된다.

브러싱제, 스타일링제는 모발에 광택과 탄력을 줄 뿐만 아니라 마찰을 적게 하고 정전기의 발생을 억제하여 손상을 막는 중요한 역할을 한다.

② 열에 의한 손상(Damage from heat)

모발 단백질은 열에 약한 특성을 가지고 있다. 그 한계점은 150℃ 정도이다. 모발은 보통 10~15%의 수분을 함유하고 있지만 지나친 열을 가하면, 이들의 수분이 증발 건조되어 감촉이 악화된다.

더욱이 130~150℃ 이상의 열을 모발에 가하면 팽창하여 변형을 일으키는 외에 검은 모발의 경우 다갈색으로 변색된다. 또한 모피질 및 모수질 중에 기포가 생기기 시작하여 모발에 탄력이 없어지게 된다.

③ Cut의 불량에 의한 손상

커트의 기술 미숙으로 인하여 모표피를 깎아버리면 그 커트한 자리와 손상된 자리로부터 모피질의 수분이 증발하거나 약제가 침투하기 쉽게 되어 기모와 분열모가 쉽게 발생한다. 적절한 가위를 사용하고 모발의 절단면을 모발 영양제 등으로 보호해줄 필요가 있다.

④ 퍼머넌트 웨이브(permanent wave) 시술 불량에 의한 손상

2욕식 콜드 퍼머넌트 cold permanent 제를 가온기 등을 사용하여 시술하거나 약제의 선정을 잘못했을 경우 제1제가 모발에 대해서 과잉하게 반응하게 된다. 또한 제2제의 처리불량, 방치시간 부족 등이 생기면 모발이 제1제로 환원된 과정 그대로 있으므로 모발이 약하게 되어 손상으로까지 연결된다. 로드제거 후 모발에 대한 산성 린스 acid rinse 처리 불충분으로 인해 모발 중에 알칼리가 잔류하거나 산화제가 남아있게 된다면 케라틴 keratin 단백질의 변성과 멜라닌 색소의 퇴색을 일으키게 한다. 대개의 경우 제1제는 thioglycolic acid를 6% 함유하며 pH가 높게 됨에 따라 모발의 팽윤도는 크게 되고 pH9.0을 초과하면 급격하게 상승하게 된다. 이 경우 팽윤도와 wave의 형성력은 거의 같다고 볼 수 있다. 결국 trioglycolic acid가 일정한 경우 pH가 높은 만큼 wave는 양호하다. 그러나 그 반면에 반응이 너무 지나쳐서 모발을 손상시키는 위험이 있으므로 시술시에는 충분한 주의가 필요하다.

다음으로 pH를 산성측에서 팽윤도를 보면 상당히 적어지게 된다. 모발의 손상을 일으킬 가능성은 적게 되지만, wave의 형성력은 약하게 된다. 이외에 암모니아의 대용으로 약알칼리의 탄산수소암모늄(중탄산암모늄)을 사용하는 제1제가 있다. 탄산수소암모늄은 첨가량을 많이 해도 pH는 조금밖에 상승하지 않는다. 낮은 pH의 permanent wave제로서 자주 사용된다. 이 방법에는 모발은 그만큼 팽윤하지 않기 때문에 손상이 적은 반면, wave 형성력은 약하게 된다.

perm처리 후, 산성 린스 acid rinse 하는 편이 좋은데 그 이유는 permanent wave 처리 후, plain rinse만으로는 잔류 알칼리를 충분히 제거할 수 없다.

이와 같이 모발 중에 잔류 알칼리가 있으면 permanent wave 시술 후, 모발을 이차적으로 손상시키는 결과가 된다.

⑤ 과도한 염색 및 탈색에 의한 손상

특히 탈색제 bleach 에는 알칼리제 외에 과산화수소에 의한 멜라닌 색소의 산화탈색 작용이 일어난다. 단기적으로 횟수를 거듭하면, 모발은 팽윤, 연화가 반복되거나 모표피의 표면에 문제가 발생하여 손상의 원인이 된다.

⑥ 일광에 의한 손상(Damage from sunlight)

태양광선은 파장의 길이에 따라서 적외선, 가시광선, 자외선의 3개로 대별된다. 이 중에서 모발에 영향을 주는 것은 적외선과 자외선이다. 적외선은 열선이라 부르고 물체에 닿으면 열을 발생시킨다. 이 열에 의해 모발의 keratin 단백질이 손상을 받게 되는 것이다.

자외선은 화학선이라 불리기도 하는데 피부 내의 색소침착 및 염증을 유발할 수 있다. 또한 모발도 강한 자외선을 받으면 단백질 변성을 일으킨다.

⑦ 대기오염에 의한 손상(Damage from air pollution)

특히 모발에 주는 영향으로서는 공장의 연소가스와 자동차 배기가스 중 황산화합물(SO, SO_3), 질소 산화물(NO,NO_2) 등에 의한 화학적 손상이다. 또한 대기 중의 티끌, 먼지 등에 의한 모표피의 물리적 손상을 들 수 있다.

⑧ 다이어트와 편식에 의한 손상

모발에 영향을 주는 종류의 아미노산을 함유한 단백질(대두, 멸치, 우유, 고기, 계란 등)을 균형 있게 섭취하는 것이 중요하다. 이외에 vitamin과 미네랄(특히 철,아연 등)도 필요하다. vitamin A, D는 피부를 강하게 하여 비듬과 탈모를 막아주고, 탈모 후 모발 재생에 대해 효과가 있다. 따라서 vitamin과 미네랄을 다량 함유한 파슬리, 채소, 딸기, 호박 등을 많이 섭취하는 것이 효과적이다. 또한 리놀산을 함유한 식물성 기름은 모발에 광택을 준다.

C. 손상모의 진단(Diagnois of damaged hair)

① 감촉에 의한 진단

모발을 눈으로 보거나(시진), 손가락으로 느낄 때(촉진) '광택이 없다, 기름기가 없다, 끈기가 없다, 기모가 많다, 빗질이 잘 되지 않는다' 라는 느낌에 따라 평가한다.

건강한 모, 어느 정도 손상된 모 등을 표준형으로 하여 그들과 비교함으로써 어느 정도 정확하게 진단할 수 있다.

② 마찰저항 진단

모표피의 손상이 큰 만큼 마찰저항도 크게 된다. 결국 모발의 표면이 조밀하게 되어, 손에 닿는 감촉이나 빗질이 나쁘게 된다. 손상정도는 진단과 동시에 모발 보호제(brushing제, treatment제) 등의 효과의 판단에도 사용된다.

③ 인장강도 진단

모발에 서서히 힘을 가하면서 그때의 무게와 늘어남과의 관계를 그 모발의 단위면적으로 산출하여 기록하고 있다. 그런데 주로 모발의 내부구조(모피질) 변화가 크다. 손상도만큼 늘어나는 비율이 크고, 적은 하중에도 끊어진다(파단중량).

④ 팽윤도 측정

모발의 수분 흡수량을 모발의 원심분리기로 부착되어 있는 수분을 제거하고 모발내부에 흡수된 수분의 중량을 측정한다. 일반적으로 건강한 모발의 경우는 15% 전후 중량이 증가하지만 손상된 만큼 중량 증가가 크게 된다. 이는 모발에 물을 분무하였을 때, 정상모는 물방울을 튕겨 내지만 손상모는 물방울을 흡수하기 때문이다.

⑤ 알칼리 용해도(Alkali solubility)

모발을 알칼리용액으로 처리하면 모발의 중량이 감소한다. 모표피의 손상이 격심한 만큼, 이때의 감소량이 크게 된다. 이것은 모발 내부(모피질)의 간충물질이 알칼리용액에 용해되어 모표피의 손상부분에서 흘러나오기 때문이다.

⑥ 아미노산의 조성변화 측정

모발에 있는 아미노산을 가수분해하여 아미노산 양의 변화를 분석한다. 손상도가 증가하면 가장 많이 함유되어 있는 시스틴 cystine 양이 감소하고, 시스틴산 cysteic acid 양은 증가한다. 모발에 대한 손상도를 보다 정확하게 파악하기 위해서는 하나의 시험법뿐만 아니라 될 수 있는 한 많은 시험을 행하여 종합적으로 진단할 필요가 있다.

D. **손상모의 회복**(Recovery of damaged hair)

모발에는 자기 회복력이 없다. 따라서 정상모는 손상되지 않도록 또는 손상모는 그 이상 진행되지 않도록 끊임없이 외부로부터 보호하는 것이 중요하다. 위와 같은 목적으로 사용되고 있는 것이 treatment제이다. 모발에 있어서도 가장 중요한 treatment 성분은 피부와 같이 물과 기름이다. 수분은 모피질 중에 혼합되어 모발에 윤기가 나게 하고 모발의 움직임에 합치되는 유연성을 준다. 기름은 모표피에 유막을 만들어 광택을 주어 마찰을 감소시키고 모표피의 손상을 막아준다. 최근에는 새로운 treatment 성분이 두발용 화장품으로 배합시켜, 손상된 모발의 구조상으로 크게 분류하면 다음과 같다.

① 모표피의 유막형성

유성 원료에는 광물성(유동파라핀, 바세린 등), 식물성(올리브유, 야자유, 호호바유 등), 동물성(스쿠알렌, 라놀린, 밍크오일) 등이 있다. 이들을 정제한 것, 또는 계면활성제로 유화한 것을 모발에 도포하여 모표피의 마찰을 적게 해서 외부로부터 물리적 손상을 방지하고 광택, 감촉을 좋게 해서 아름다움을 유지한다.

② 모표피의 수지막 형성

수지 resin의 피막 capsule으로 모표피를 덮고, 열과 마찰 friction로부터 모발을 보호하고 brushing과 combing 등에 의해 부드럽게 하여 모발에 광택을 줌과 동시에 hair style을 정리한다.

③ 모피질로부터 유출되어 간충물질 보급

간충물질과 유사한 성분인 단백질과 가수분해물(콜라겐 가수분해물 등), 보온효과가 있는 아미노산, 식물유출액 등을 모피질로 보급하여 유연성 softness이 있는 모발로 회복한다.

E. 모발구조의 이상

① 모발 색조(hair color)와 관련된 이상

모낭 내의 멜라닌 색소는 모낭 내의 멜라닌 형성세포의 세포질 내에서 생성되고, 멜라닌 색소의 합성은 전멜라닌소체 premelanosome의 기질섬유에서 시작된다.

모발의 색깔은 모발 내에 있는 멜라닌색소의 양과 분포에 따라서 결정된다. 즉 검은색의 모발은 색소가 짙게 침착된 진성 멜라닌소체 eumelanosome가 밀집되어 있으며, 빨간색 모발은 갈색 멜라닌소체 pheomelanosome가 대부분을 차지하고 있다. 또한 금발은 모낭 내의 멜라닌 세포에 멜라닌소체의 수가 적을 뿐만 아니라 색소 침착도 불완전하다. 백발의 멜라닌소체는 수가 훨씬 감소되어 있을 뿐만 아니라 색소 침착도 적고 어느 나이에서나 나타날 수 있다.

모발의 색깔이 변화될 수 있는 질환은 다음과 같다.

- 페닐케톤뇨증은 티로신이 부족하여 노란색의 모발이 나타난다.
- 호모시스틴뇨증에서는 모발의 색이 탈색된다.
- 단백 결핍성 소아 영양 실조증 Kwashiorkor에 걸린 아동이나 말라리아에서 특효를

나타내는 클로로퀸chloroquine을 복용 중인 환자에게서는 붉은색 또는 금색 모발이 나타날 수 있다.

- 모발의 색이 부분적으로 하얗게 변하는 증상을 백모증이라고 하는데 이러한 백모증은 주로 백반증, 부분백반증piebaldism, 원형 탈모증에서 볼 수 있다.
- 구리 성분이 과다하게 함유된 수영장에서 수영을 한 뒤 녹색 모발이 발생된 예도 있다.

② 모발 구조의 이상

모발구조의 이상은 **(표 6-1)**과 같이 유전적인 원인, 후천적인 원인, 질병의 인과관계가 불분명한 모간이상으로 나눌 수 있다.

◈ 연주모(Monilethrix, Beaded Hair)

유전되는 선천성 질환으로 두피 모발에 다발성 결절들이 형성되고 결절들의 사이는 위축되어 염주 모양의 모발이 형성되며 결절 부위에서는 모발이 쉽게 부서진다.

주로 유아 및 소아기에 뚜렷하게 나타나고, 여름철과 임신시에 호전되는 성향이 있으며 사춘기에 자연적으로 소실되는 경향이 있다. 하지만 평생 지속될 수도 있다.

◈ 결절성 열모증(Trichorrhexis Nodosa)

모간에 불규칙한 간격으로 배열된 작은 백색결절들이 발생되며, 결절들은 모피질이

표 6-1▶ 모발 구조의 이상

	모간의 강도가 줄어든 질환	모간의 강도의 변화가 없는 질환
A. 유전적 모간이상	연주모 유전성 결절성 열모증 유전성 염전모 함입성 열모증 황결핍성 모발 이영양증	백륜모 양털모양 모발 빗질 어려운 모발 증후군 두 갈래 모발
B. 후천성 모간이상	후천성 결절성 열모증 후천성 염전모	
C. 질병의 인과관계가 불분명한 모간이상	골절모 매듭모 균열모 기타 잦은 스탈일링에 의한 기계적 변화	

부러져 많은 가닥으로 갈라져 마치 두 개의 빗자루를 양 끝으로 붙여 놓은 것 같다. 이 질환은 주로 모발에서 발생하나 음모 및 겨드랑이의 모발에서도 발생할 수 있다.

선천성인 경우에는 전신에서 나타나고, 후천성인 경우에는 자학 증세가 있는 정신질환이나 가려움증이 심한 피부질환에서 긁거나 문지르는 물리적 원인에 의해 발생한다. 드물게 화학물질에 의한 손상에 의해 또는 대사질환에서도 발생된다.

빈모증과 탈모증이 동반되기도 한다. 치료로는 모발의 외상을 피하는 방법이 최선이다.

◈ 염전모(Pili Torti, Twisted Hair)

염전모는 선천적인 경우뿐만 아니라 후천적으로도 발생할 수 있다. 모발은 장축에 따라 나사모양으로 꼬이며, 편평하게 된다. 색이 옅은 부위와 진한 부분으로 나타난다. 육안적으로 부분적인 탈모현상이 나타나며 모발은 짧고 쉽게 부서진다.

소아기의 두피나 눈썹, 속눈썹에서 발생되며, 사춘기에 호전된다.

◈ 함입성 열모증(Trichorrhexis Invaginata, Bamboo Hair)

대나무 모양의 털 bamboo hair이라고 알려져 있으며 각화를 시작하는 모낭의 부위에서 원위부의 털이 근위부의 털로 말려들어 가 결절이 형성되는 질환이다. 모피질 내에서의 황화수소기(-SH)가 황결합(S-S)으로 치환되는 것이 결핍되어 모피질이 연약해지고 이렇게 연약해진 모피질이 손상되어 말려들어 가게 된다.

유전적으로 상염색체성 열성으로 여아에게 잘 발생한다. 사춘기나 성인기 초기에 자연 치유된다.

◈ 황결핍성 모발 이영양증(Trichothiodystrophy)

드물게 발생하는 상염색체 열성 유전하는 질환이다. 본질환의 특징은 황결핍에 의해 모발이 부스러지기 쉬우며 정신지체와 신체지체가 동반된다. 모발의 특징은 두발뿐 아니라 눈썹, 속눈썹을 포함한 모든 성모에서 나타난다. 현미경 시야에서 모발을 관찰하면 마치 호랑이 꼬리를 보는 것과 같은 느낌이 들고 편광현미경 시야에서는 여러 개의 리본을 나열해 놓은 모양으로 보인다. 생화학적인 검사상 황 sulful이 포함된 단백질의 생산이 결핍되어 있는 것을 확인할 수 있다. 국내에서는 보고된 경우가 없다.

◈ 백륜모(Ringed Hair)

이 질환은 드문 선천성 질환으로, 모발 내에 고리 모양이 나타나는데, 이것은 모피질

내에 비정상적으로 공기가 함유되어 빛의 반사 차이에 의해 흑색과 백색의 띠가 교대로 나타나기 때문이다.

모발의 성장은 정상이며, 피부나 다른 기관의 질환과는 관련이 없다. 원인은 불확실하나 가족력을 나타내 유전으로 생각되고 있다. 주로 옅은 색깔의 모발을 지닌 사람에게서 호발한다. 특별한 치료법은 없으며 계속 유지되는 것으로 알려져 있다.

◈ 양모 모발(Wooly Hair)

흑인에서 가장 흔히 볼 수 있는 질환으로 유전성인 경우와 모발의 일부에 국한되어 나타나는 양모 모반wooly hair nevus이 있다. 가늘고 밀집된 곱슬머리가 출생시부터 나타나고 아동기에 가장 심해져서 모발이 12cm 이상 자라지 않지만 어른이 되면 어느 정도 호전된다. 이러한 모발은 한 타래로 뭉쳐져 있어 빗질이 힘들 경우가 있다. 염전모나 결절성 열모증과 동반되기도 하나 다른 피부질환이다. 전신질환이 동반되지 않는다.

◈ 빗질 어려운 모발 증후군(Uncombable Hair Syndrome)

주로 유아기 또는 사춘기에 나타나는데 두발이 천천히 자라며 유리실과 같은 은발의 양상으로 나타난다. 두발은 손질이 잘 안 되며 관리하기가 어려워 제멋대로 자라난다. 육안으로 보면 모발의 외형적인 변화는 관찰되지 않지만 현미경하에서는 가로 세로로 불규칙한 균열이 관찰된다.

◈ 두 갈래 모발(Pili Bifurcati)

두 갈래 모발은 드문 질환으로 모간을 따라 다수의 불규칙한 간격을 두고 두 갈래로 나누어져서 두 개의 평행한 가지를 내는 것으로 이 두 갈래는 다시 하나로 합쳐진다. 8번 염색체의 3염색체성 증후군trisomy의 한 형태로 나타난다.

◈ 골절모(trichoschisis)

모간을 가로질러 평행하게 갈라지거나 균열을 일으켜 골절과 같은 모양을 만드는 것으로 골절모의 원인은 부분적으로 상피(각피)세포가 결핍되어 약해진 부분이 갈라지면서 발생하는 것으로 알려져 있다.

◈ 매듭모(trichonodosis)

모간에 매듭이 형성되는 질환으로 두 가지 형태로 나타난다. 첫 번째는 쉽게 부러지는 비정상적인 성장을 보이는 모발과 체모에서 발생되는 아주 드문 경우이고, 두 번째는 정상적인 모발과 체모에서 발생되는 것으로 주로 빗질이나 마찰 등의 기계적인 힘이 원인으로 생각되는 형태이다.

모발에서 매듭이 발생하는 원인은 빗질이나 모발이 비벼지는 등 기계적 및 물리적인 힘에 의해 발생되며, 계속된 빗질에 의해 매듭이 더욱 견고해지고 당겨져 모발이 부러지게 된다.

주로 짧은 고수머리의 흑인에게서 흔히 발생하는 것으로 알려져 있고 우리나라와 같은 짧고 곧은 머리에서 발생하는 것은 드문 것으로 알려져 있으며 국내에서도 드물게 보고되고 있다.

◈ 균열모(trichoptilosis)

모근의 원인부의 끝이 세로로 모간을 따라서 갈라지는 것을 말한다.

주로 과도한 모발의 손질, 과도한 스타일링, 가려움증에 의한 반복되는 자극 등과 같은 모발에 가해지는 외부적인 손상에 의해 발생한다.

◈ 모원주(Hair Cast)

모원주는 두피의 모간을 둘러싸는 단단한 회백색의 각질성 부착물로 모발을 둘러싸고 있으나 모발을 따라 자유로이 움직일 수도 있다. 육안적으로 서캐nit: 머릿니와 비슷한 양상을 보인다.

과거에는 주로 각화를 일으키는 질환, 즉 건선이나 태선, 또는 지루성 피부염과 동반되어 나타나는 것으로 알려져 있었다. 일반인에게도 흔히 발생하는 증상으로 생각되며 남아보다 여아에게서 호발하는 것으로 나타나 주로 긴머리를 묶는 습관과 관련이 있다고 생각한다.

6) 모발관리

(1) 모발의 분류와 관리방법

모간은 표피세포가 변화한 것으로 사멸된 세포들의 집단이다. 모발 안으로는 피지나 영양이 공급되지 않기 때문에 모발이 건성, 지성으로 분류되는 것은 두피에서 분비된 피지에 의해 정해진다. 대부분은 두피 타입에 따라 지성, 건성으로 분류되나 정상모로 분류하는 것도 손상모 관리에 있어서 매우 중요하다.

① 정상모

정상모란 물리적, 화학적 요인으로부터 손상되지 않은 자연상태의 건강한 모발을 말한다. 모표피가 손상이 없고 배열이 균일하며 윤기가 있고 탄력적이며 부드럽고 강한 느낌을 준다.

■ 정상모 관리방법

모발은 각화세포로 한번 손상되면 회복능력이 없다. 정상모의 관리방법은 손상이 되지 않도록 샴푸를 잘해주고, 과도한 미용시술은 피하고, 스트레스를 받지 않도록 유의하며, 충분한 수면을 취하고 고른 영양섭취로 건강을 유지하는 것이다.

정상모는 적당한 수분과 유분을 공급하고 모질에 맞는 기능성 샴푸와 트리트먼트로 손상 초기화가 진행되지 않도록 예방하는 것이 중요하다. 트리트먼트의 효과를 높이기 위해 스티머나 기타 미용기기로 열처리가 필요하며 가정에서는 스팀 타월을 이용해도 무방하다.

② 지성모발

모발은 약 90% 이상이 케라틴 단백질, 수분, 멜라닌 색소로 이루어져 있으며 지질은 개인의 차이가 있지만 1~5% 정도이다. 모발의 지성, 건성 여부는 모발 자체의 유분 함량보다는 두피의 모공에서 분비되는 피지의 함량에 의해 결정된다.

피지선에서 생성되는 피지는 두피의 모공벽과 모발을 따라 배출되는데 샴푸 후 2~3시간이 경과하면 두피에 피지가 고여 있고 모발의 하단부가 피지로 덮이며 이를 지성모발로 분류한다.

■ 지성모발 관리방법

샴푸는 지성모발을 유지하는 데 가장 중요하다. 모발은 모공 내에서 분비되는 피지와 각질이 먼지나 오염물질 등과 잘 흡착되므로 쉽게 더러워지는 조건을 가지고 있다. 건성모발인 경우에도 최소한 2~3일에 한번 이상 샴푸를 해주어야 하며 지성인 경우 매일 해주는 것이 좋다.

샴푸시 손톱으로 두피를 긁거나 심하게 문지르는 것을 피하며 지두 부위를 사용해야 한다. 샴푸가 끝나고 수건으로 비벼 말리는 경우는 모발 손상을 가져올 수 있으므로 수건으로 가볍게 두드려 말리는 것이 좋다. 큐티클층은 화학적인 처리에는 강한 반면 물리적인 마찰에는 상대적으로 약하므로 주의가 필요하다.

③ 건성모발

외부환경요인과 빈번한 미용시술로 인해 두피와 모발은 건조해진다. 모발이 건조하면 푸석푸석하고 윤기가 없고 모발손상이 온다. 건성모발은 영양과 수분을 충분히 공급하고 과도한 미용시술은 하지 않는 것이 좋다.

■ 건성모발 관리방법

건성모발의 관리방법은 샴푸 트리트먼트, 영양 앰풀, 영양 크림 순으로 관리한다.

④ 손상모발

손상모는 손상도에 따라 약손상 모발, 극손상 모발로 구분할 수 있는데 약손상 모발은 부분적으로 큐티클층이 벗겨져 윤기와 탄력이 없다. 약손상 모발을 계속 방치하면 극손상모로 악화되는데 극손상모는 큐티클이 거의 없으며 모수질이 외부에 거의 노출되어 있는 상태를 나타낸다. 극손상모는 쉽게 갈라지며 지모나 단열모로 발전하게 된다.

갈라진 모발을 관리하지 않고 악화인자를 계속 가하게 되면 모발 끝에서 안쪽으로 갈라져 올라오게 되어 단열모가 된다. 단열모는 모발관리가 불가능하며 잘라내는 수밖에 없다. 그러므로 모발은 단열모가 되기 전 약손상모나 중손상모 단계에서 관리하여 더 이상 악화되지 않도록 하여야 한다.

■ 손상모의 관리방법

손상모의 관리방법은 샴푸, 트리트먼트, 리퀴드 제품순으로 관리한다.

(2) 헤어 트리트먼트의 종류와 성분

① 크림 타입(Cream type)

크림타입은 유화형 제품으로 가장 많이 사용되며, 모발에 유분과 수분, 광택, 유연성을 주고 빗질이 잘 되게 도와준다. 성분으로는 유동성 성분에 30~70%의 수성 성분이 배합되므로 끈적임이 적고 정발효과가 크다.

② 로션 타입(Lotion type)

가는 모발에 탄력과 강도를 주고 건성모 예방을 목적으로 사용한다. 고분자 실리콘, 휘발성의 유분이 주성분이다. 고분자 실리콘에 의해 코팅 효과와 수분, 유분을 보급한다.

③ 에어졸 타입(Airsol type)

세팅된 두발 표면에 분무하는 방식으로 형태를 보존하는 데 목적이 있다. 성분으로는 피막형성제로 고급 알코올, 라놀린 유도체가 첨가되어 있으며, 피막으로 가소성을 주고 실리콘류는 광택을 부여한다. 분사제는 화염성이 있으므로 사용시 주의가 필요하다.

④ 오일타입(Oil type)

모발에 유분을 공급하고 유연성과 광택을 공급한다. 성분은 점도가 낮은 동백류, 올리브유, 광물류(유동 파라핀류)를 주성분으로 고급 지방산에 에스테르 스쿠알렌, 실리콘류를 배합한다. 끈적임이 있어 사용시 불편하다.

⑤ 액상 타입(Water type)

연약한 모발에 탄력을 주기 위해 폴리펩티드를 고농도로 배합한 것이다. 사용방법으로는 샴푸 후 펌, 컬러링, 시술시 전처리용으로 사용하는 것이 많다. 1회용 앰풀 형태의 용기로 이루어져 있는 것이 대부분이고 전문가용으로 이용되고 있다.

02 두피관리

1) 두피관리의 정의

두피 타입은 크게 정상두피, 건성두피, 비듬성 두피 등으로 구분하는데, 이러한 구분은 기본적으로 피지량과 수분량 두 가지 요소를 기준으로 한다. 그밖에 두피의 상태와 특성에 따라 민감성 두피, 탈모, 염증성 두피로 나눈다.

두피 지질의 양은 연령, 인체의 각 부위, 외부 온도, 성별, 계절에 따라 다르게 나타나며 피지 분비량은 남성이 여성보다, 여름이 겨울보다, 청년기가 노년기보다 많다.

(1) 두피의 측정

샴푸 후 2~3시간이 경과되면 피지선에서 분비된 피지가 모낭과 모발을 타고 모공 입구로 분비되기 시작한다. 두피를 건성과 지성으로 구분할 때 샴푸한 시기를 정확하게 계산하여야 하는데 보통 샴푸 후 2~3시간 후가 적당한 시간이다. 또한 개인마다 두피의 측정 위치에 따라 차이가 나는데 보통 두정부는 피지 양이 많고, 후두부와 측두부는 피지 양이 적으므로 측정시에 이 점을 고려하여야 한다.

(2) 두피 측정기준

① 피지량

피지 분비량을 검토하여 지성인지 건성인지를 파악하는데, 두피측정은 두피관리를 위한 것이므로 두피 타입을 올바르게 측정하는 것이 중요하다.

② 두피의 색

정상적인 두피의 색은 맑고 투명하지만 탈모성 두피는 황색, 심한 지루성 두피는 붉은색을 띠는 경우가 많으므로 두피의 건강 상태를 진단한다.

③ 모공의 상태

정상적인 두피의 모공은 오목하게 들어간 부분이 선명하게 보이고, 뚫려 있지만 모공이 피지와 각질로 막혀있는 두피는 피지가 잘 분비되지 못하고 역류하여 탈모로 이어지며 모발이 약해진다. 따라서 모공의 상태를 잘 관찰한다.

④ 모발의 밀도

200배율 확대 모발 진단기로 두피를 살펴보면 보통 한 화면에 2~3개의 모공이 살펴지는데 한 모공에서 1~2개의 모발이 굵게 나와 있으면 정상적이라 볼 수 있다.

⑤ 모발의 굵기

기존의 모발이나 신생 모가 굵게 자라고 있는지 검토하여야 한다. 새로 자라는 모발이 굵게 자라지 못하고 가늘거나 실처럼 보이면 모발 성장에 이상이 있기 때문에 신생 모가 굵게 자라는지 확인하여야 한다.

2) 두피관리의 필요성

건강한 두피는 투명한 백색으로 푸르스름한 빛을 띤다. 두피가 피로, 스트레스, 과다한 화학적인 미용시술에 지치면 붉게 변하고 피지 분비의 불균형과 두피에 상재하는 여러 가지 미생물, 모낭충 등은 비듬과 염증을 수반한다. 두피와 모발에 한선과 피지선이 많이 분포되어 있어 땀과 피지의 분비가 많고 외부 환경에 노출되어 오염물질이 흡착되기 쉽다.

세정 직후의 두피와 모발은 청결하지만 계속 분비되는 피지와 땀, 체도, 탈락된 각질, 모발 화장품 등에 의해 미생물이 번식하기에 알맞은 환경이 됨으로써 악취가 나고 비듬과 가려움증을 유발하며 심하면 지루성 비듬, 두피 염증, 모낭염, 탈모증을 초래할 수 있다. 따라서 두피와 모발에 있어서 세정은 가장 기본이고 두피와 보발의 가장 심각한 문제는 탈모와 비듬이다.

3) 두피관리의 방법

두피에 적절한 물리적 자극을 주는 것은 두피의 생리기능을 도와주는 방법이다. 물리적 방법에는 브러시, 빗을 이용한 방법과 스팀 타월, 스티머의 습열, 적외선의 온열을 이용하는 방법 및 두피 마사지 scalp manipulation 등이 있다.

(1) 브러싱(Brushing)

브러싱은 두피를 손질할 때 가장 먼저 행하는 방법으로 시술 전 두피의 상태를 파악하고 두피에 부착된 불순물을 제거하고 엉킨 모발을 가지런히 정리한다. 그리고 두피를 자극시켜 피지분비를 원활하게 하여 모선부분까지 피지가 고루 분포되게 한다. 또한 샴푸의 효과를 극대화시키며 탈모예방에도 도움을 준다.

① 브러싱의 장점

- 브러싱은 두피와 모발에 쌓인 노폐물을 제거하며 흐트러진 모발을 정리하여 모발에 윤기를 준다.
- 브러싱은 두피를 자극하여 혈액순환 촉진을 도모함으로써 모발 성장에 도움을

준다.

- 브러싱은 두피에서 두발 끝으로 빗어주고 두피의 근육과 신경을 자극하여 가벼운 마사지의 효과가 있도록 실시한다.
- 브러싱은 머리의 둥근 모양에 따라 빗어주고 정수리에서 후두부로 모류의 반대 방향으로 브러싱을 해준다.(측두부-후두부-네이프)

② 브러싱의 순서

1. 두피에 이상 유무를 확인한다.
2. 왼쪽 사이드-오른쪽 사이드-목덜미 순으로, 시계방향으로 브러싱-마지막으로 크라운 부위를 한다.

(2) 두피 마사지(Scalp manipulation)

두피 마사지는 두피에 적절한 자극을 주어 두피나 모근의 혈행을 촉진시켜 생리기능을 향상시키는 것을 말한다. 그러나 두피에 감염이 있는 경우, 빨갛게 부풀어 오른 경우, 종기가 있거나 혈핵순환 계통으로는 심장병이 있는 경우, 기름기가 많은 경우, 펌이나 블리치, 염색 전인 경우에는 부작용을 초래할 수 있으므로 주의하여야 한다.

- 두피의 신경과 근육을 자극하여 혈액순환을 원활하게 한다.
- 두피의 피지선을 자극하여 모유두에서 분비된 영양분에 의해 두피의 건강상태를 향상시키며 비듬으로 인한 가려움증을 최소화한다.
- 스트레스와 누적된 피로를 풀어주며 최상의 컨디션을 유지하도록 도와준다.

4) 두피 타입에 따른 관리방법

(1) 정상두피

정상두피는 올바른 샴푸와 적절한 두피, 모발관리, 올바른 식생활 등으로 적절한 상태를 유지한다. 관리방법은 스케일링을 주기적으로 해주어 두피와 모공에 쌓인 각질과 피지를 제거해준다. 보통 스케일링제는 pH3 정도의 산도를 나타내며 피부에 자극이 있으므로 시술시 주의를 해야 한다.

■ 관리순서

① 두피 진단기를 이용하여 두피 타입을 판별한다.

② 혈액순환 촉진을 위해 두피 마사지를 한다.

③ 패치 테스트를 한다.

④ 스케일링 용액을 도포하고 10분 정도 자연 방치한 다음 스팀 타월이나 스티머를 10분 정도 이용한다. 단 20분을 넘기지 않도록 한다.

⑤ 스케일링 용액을 이용하여 씻어낸다.

⑥ 모발진단기를 이용하여 두피 상태를 확인한다.

(2) 건성두피

모발 진단기로 보면 비늘 모양의 각질이 많이 관찰되며 두피 표면이 건조한 느낌을 준다. 건성두피는 크게 외인성 원인과 내인성 원인으로 나눌 수 있다. 외인성은 부적절한 샴푸, 과도한 드라이, 퍼머넌트 웨이브와 모발 염·탈색, 난방에 의한 건조한 공기 등으로 자극을 심하게 받은 경우 산성막이 부분적 또는 전체적으로 파손되어 두피가 극도로 당기며 가려움증, 염증, 피부박리 등의 두피 손상을 일으킨다.

두피의 오래된 각질, 비듬 제거와 혈액순환 및 산소공급이 원활하게 이루어지도록 마사지와 두피를 자극하는 관리를 병행하면서 살균제품을 사용하여 두피와 모발 위생을 철저히 한다.

내인성은 혈관의 기능부전이나 장애를 일으키며 피지선과 한선의 기능이 떨어지며 산성막이 파손된다. 원인으로는 스트레스, 유전적 요인, 노화 과정, 호르몬 이상, 비타민 결핍, 신진대사의 이상 등이다. 내인성 두피이상은 내부원인의 치료가 중요하므로 의사의 진단과 치료가 필요하다.

■ 관리순서

① 어깨, 목, 머리의 릴렉스 마사지를 하고 브러싱을 한다.

② 스케일링을 한다.

③ 액티브 로션을 바른다.

④ 헤어스티머에 10분간 방치한다.

⑤ 두피를 마사지한다.
⑥ 영양 앰풀을 바른다.
⑦ 적외선을 이용하여 흡수를 높인다.

(3) 지성두피

지성두피는 피지가 과도하게 분비된 상태로 모발도 피지의 영향으로 매끄럽고 윤기가 난다. 모낭 안에는 박테리아가 많이 증식하고 있으며, 이 박테리아는 피지의 주성분인 트리글리세리드를 리파아제라는 효소로 지방산과 글리세롤로 분해시키며 냄새가 난다. 탈모로 진행될 수 있다. 지성두피는 청결한 관리가 무엇보다 중요하다. 두피의 청결을 유지하기 위해 1~2일에 한번 샴푸를 하도록 권하고 피지 분비를 조절할 수 있는 성분이 함유된 제품을 사용하도록 한다.

■ 관리순서
① 어깨, 목, 머리의 릴렉스 마사지를 실시하고 브러싱을 한다.
② 스케일링을 한다.
③ 지성용 로션을 도포한다.
④ 고주파기를 이용하여 살균, 소독한다.
⑤ 지성용 앰풀을 도포한다.
⑥ 광선기에 두피를 10분간 조사한다.
⑦ 세정 후 헤어 스타일링한다.

(4) 민감성 두피

민감성 두피는 두피의 표면에 혈관이 비치거나, 원형이나 육각형 형태의 경화된 부분이 나타난다. 민감성 두피는 두피의 자극을 최소화하면서 관리하는 것이 중요하다. 작은 자극에도 염증이나 홍반을 나타내므로 관리시 무리한 자극이나 마찰을 피해야 한다.

■ 관리순서
① 어깨, 목, 머리의 릴렉스 마사지를 실시하고 브러싱을 한다.

② 스케일링을 하되, 최초 5분을 하고 점차 늘린다.
③ 민감성 로션을 도포한다.
④ 적외선을 조사한다.
⑤ 육모형 앰풀을 도포한다.
⑥ 광선기를 두피에 10분간 조사한다.
⑦ 세정 후 헤어 스타일링한다.

(5) 비듬성 두피

비듬은 일반적인 사람에게서 매일 볼 수 있는 것이다. 두피는 신진대사를 반복하며 자연히 각화되어 비듬으로 떨어지는데 피부 표면에서 완전히 떨어지기까지는 25~30일 정도가 걸린다. 비듬은 피지의 산화나 세균 등에 의해 발생된다.

1874년경 비듬의 원인은 정상적인 각질의 탈락이 아닌, 비듬균에 의한 질병이라는 주장이 제기되고, 최근 들어 피티로스포룸 pityrosporum ovale이라는 균이 밝혀졌는데, 이 균이 정상적인 두피 내에서 증식하는 숫자보다 10~20배 이상 증식하면 비듬이 생기는 것으로 보고되고 있다.

두피관리에서는 비듬을 건성비듬과 지성비듬으로 분류한다, 건성비듬은 비듬의 형태가 가루처럼 생긴 것을 말하고, 지성비듬은 넓은 판 모양으로 생긴 것을 말한다. 두피의 타입이 지성이면 피지분비가 많고, 이 피지와 각질이 모여 보통 넓은 판 모양을 형성하게 된다. 비듬은 두피의 이상 증후이므로 빠른 조치가 이루어져야 하며, 다른 두피 문제를 일으키지 않도록 주의하여 관리하여야 한다.

■ 관리순서

① 어깨, 목, 머리의 릴렉스 마사지를 실시하고 브러싱을 한다.
② 스케일링을 하되 충분히 연화될 수 있도록 방치시간을 늘린다.
③ 비듬용 로션을 바른다.
④ 적외선을 조사한다.
⑤ 비듬용 앰풀을 바른다.
⑥ 광선기를 두피에 10분간 조사한다.
⑦ 두피의 비듬균을 억제하기 위해 고주파기를 이용한다.

03

문제성 두피관리

1) 두피질환

(1) 비듬(Dandruff)

피부가 계속 떨어지고 새로 나는 것처럼 두피의 최상위 각질층에서는 각질이 항상 생기는데 자연적으로 떨어지는 각질을 단지 비듬이라고만 생각해서는 안 된다.

비듬은 주로 두피와 모발에서 보이는 작고 하얀 비늘로 이루어져 있다. 비듬의 의학 용어는 비강진 pityriasis이다. 이를 오랫동안 무시하면 과도한 비듬으로 인해 탈모로 진행될 수 있다. 일반적으로 비듬이 전염에 의한 것이라고 믿고 있지만 명확하게 확증된 것은 아니다. 일부에서는 비듬이 특별한 미생물에 의한 것이라고 주장하기도 한다.

비듬의 직접적인 원인은 상피세포의 과도한 벗겨짐이다. 각질이 제때에 떨어져 나가지 않고 두피에 축적되어 생기는 것이다. 비듬이 생기는 간접적인 원인은 순환이 잘 되지 않거나 감염, 상처, 신경 자극의 부족, 과도한 다이어트, 그리고 청결하지 못한 상태 등 두피의 상태가 나쁘기 때문이라고 할 수 있다. 또 다른 원인은 강한 샴푸의 사용과 샴푸 후의 잘못된 린스 때문이기도 하다.

비듬의 일반적인 두 가지 유형은 다음과 같다.

① 단순성 두부 비강진

건성 타입의 비듬은 혈액순환이 안 되거나 신경자극의 부족, 무리한 다이어트, 정신장애 또는 청결하지 못한 결과로서 두피에 자주 나타난다. 지속적인 두피관리, 적절한 샴푸의 선택, 정기적인 두피 마사지, 두피소독, 두피연고의 도포 등으로 개선될 수 있다.

② 지루성 비강진

기름지고 번들거리는 타입의 비듬은 표피에 비듬이 있는 상태이다. 피지가 혼합된 비듬이 딱지 형태로 두피에 붙어있다. 가려움증을 일으켜 두피를 긁는 사람도 있다. 만일 지성비듬을 떼어낸다면 피지가 흘러내리게 되며 의학적 치료를 겸해야 한다.

이러한 비듬의 두 가지 형태는 접촉 전염성이 있고, 브러시나 다른 물건을 공동으로 사용하면 전염될 수 있다. 그러므로 관리사들은 사전에 고객과 접촉될 수 있는 모든 것을 위생적으로 하기 위해 사전에 필요한 예방책을 세워두어야 한다.

(2) 식물에 의한 기생충 감염

① 백선(Tinea)

백선은 버짐의 의학적 용어이다. 백선은 식물에 기생하는 기생충에 의해 발생한다. 모든 형태가 접촉 전염성이며 다른 사람에게도 전염될 수 있다. 이 전염성은 주로 비듬이나 모발에 있는 균에 의해서 옮겨진다. 욕조, 비위생적인 물건 또한 전염의 원인이다. 백선은 작은 반점에서 시작되며 물집이 잡힌 붉은 점으로 바뀐다. 그러한 반점 자국들은 계속해서 남는다. 백선 증세가 있으면 의사의 상담을 받아야 한다.

② 두부백선(Tinea capitis)

두부백선은 두피의 백선으로 붉은 구진(여드름)이 모낭의 틈에 생기는 특징을 가지고 있다. 두부백선은 넓게 벌어진 모낭으로부터 자국을 남기며 떨어져 나가거나 없어진다. 이러한 반점들이 퍼져서 모발은 탄력성과 윤기를 잃게 된다.

③ 황색버짐선(Tinea favosa)

황색버짐은 두피에 독특한 악취를 내는 균갑판이라고 불리는 건조하고 유황색 컵모양의 부스럼이 특징이다. 황선에 의한 상처 자국은 분홍색이나 흰색 빛이 나는 벗겨진 부분이 남는다. 이는 매우 전염성이 강하여 전문의와 상담해야 한다.

(3) 동물에 의한 기생충 감염

① 개선(Scabies) 또는 양진(Itch)

개선과 양진은 전염이 매우 빠르고, 소양진드기가 원인으로 동물에 의한 기생충 감염의 피부질환이다. 소포나 농포는 기생충의 자극과 감염된 부위를 긁어서 형성될 수 있다.

② 포도상구균 감염

작은 종기 furuncle 또는 부스럼 boil은 지속적인 통증을 유발하는 모낭의 급성포도구균 감염에 의한 것이다. 이것은 제한된 부위에서 발병하고 모발에 의해 농포를 만든다.

큰 종기 carbuncle는 심각한 포도구균 감염에 의한 것이고 부스럼보다도 더 크게 발병하며 의사의 상담을 받아야 한다.

2) 탈모

(1) 탈모의 원인

탈모의 원인으로는 유전적인 요인, 스트레스, 바이러스 감염, 아토피 및 지루성 피부염을 들 수 있고, 남성 호르몬과 여성 호르몬의 불균형, 뇌하수체 기능 저하, 갑상선 기능 저하, 부갑상선 기능 저하, 당뇨병, 영양장애, 약물(항암제) 등도 영향을 미친다. 여기서 유전적이라 함은 탈모증 자체가 아니고 탈모증의 유전자를 갖고 있는 체질을 의미한다.

오스본은 5대에 걸쳐서 조사한 결과 남성형 탈모는 남성을 통해서 우성으로 나타나고 여성을 통해서는 열성으로 유전된다는 것을 밝혀냈다. 유전자 가운데 대머리의 유전자를 한 개 지니고 있을 때 그 아들은 대머리가 될 확률이 50%, 또 어머니까지 대머리의 유전자를 지니고 있으면 확률은 75%가 된다고 한다.

최근에는 스트레스로 인한 내분비의 이상조절로 탈모의 비율이 점점 높아지고 있는데, 이것은 심리적인 요인과 두피 긴장설로 신경을 지나치게 많이 써서 두개골은 성장하는 데 반해 두피가 성장하지 못함으로써 두피가 당겨 모세혈관이 압박되고 모유두의 영양 부족으로 탈모가 되는 것이다.

스트레스를 받으면 피부의 혈관이 수축되어 혈행장애가 모유두에 나타나고, 이러한 심리적 압박감으로 탈모를 유발할 수 있다. 그러므로 후진국보다는 선진국일수록 탈모의 비율이 높다고 한다.

남성 탈모의 주원인은 내분비계의 성선 호르몬 중 고환에서 생성되는 테스토스테론 때문이다. 남성호르몬인 안드로겐 androgen은 안드로스테론 androsterone과 테스토스테론 testosterone으로 분리되는데 음경, 전립선으로 남성적인 면으로 변화시킬 수 있는 것은 테스토스테론이라는 호르몬 때문이다. 그러나 남성호르몬인 안드로겐의 수용체 receptor

가 모자란 선천성 질환에서는 대머리를 발견할 수 없다. 수용체라는 것은 세포에 있는 것으로서 특정 분자와 결합하게 된다. 즉 남성 호르몬이 아무리 많아도 받아주는 수용체가 없으면 탈모와 연관이 없음이 밝혀졌다. 그러므로 남성 호르몬의 수용체는 대머리와 매우 중요한 관계가 있음을 알 수 있다. 또한 테스토스테론이라는 호르몬의 피지선이 과다 분비되면 여드름과 대머리의 원인이 될 수 있고 수염, 외모, 근육 등의 남성미를 강조하게 된다.

남성 호르몬은 신체 부위에 따라 털의 성장을 촉진시키거나 방해한다. 팔, 다리의 밑단 부위에 모낭은 안드로겐에 의존하지 않으며 안드로겐에 의하여 억제된다. 그리고 치부나 액와부의 모낭은 저농도의 안드로겐에 의해 유지되고 체간부와 안면부는 고농도의 안드로겐에 의해 유지된다. 안드로겐에 의존하여 성장하는 모발의 대표적인 것이 남성의 턱수염과 코밑수염이다. 대표적인 테스토스테론은 모낭세포 내에서 5α-reductase(5RD)라는 효소에 의해 더욱 강력한 형태인 dihydroxyltestosterone(DHT)으로 환원되어 세포 내의 수용체와 결합한다.

DHT의 양은 주로 5RD의 활성에 영향을 받지만 전구물질의 양에도 영향을 받는다.

DHT의 주된 전구물질은 남성에서는 testosterone이며, 여성에서는 dihydroepiandrosterone(DHEA)으로부터 만들어진다.

5RD는 type Ⅰ, type Ⅱ의 형태가 있고 생화학적, 약물학적 특성 · 장기에 따른 분포 등이 다르다. 피부에서는 type Ⅰ 5RD가 type Ⅱ 5RD보다 많이 분포하고 있다. 모낭에서는 type Ⅰ 5RD는 모유두를 포함한 모낭에 전반적으로 분포하나 피지선에 주로 분포한다. type Ⅱ 5RD는 외모근초, 내모근초, 모유두 등에서 발견된다. 선천적으로 type Ⅱ 5RD가 결핍되는 질환에서 혈중 테스토스테론의 양은 정상이나 DHT의 양은 감소되며, 소아일 때는 여자로 성장하다가 사춘기가 되면서 남성화되는 경향이 있다.

이와 반대로 동일한 조건에서 5RD의 활성과 DHT의 유전적인 소인이 있는 사람은 남성형 탈모를 유발하게 된다. 여성 탈모 환자도 유전적으로 남성의 안드로겐 호르몬을 지니고 있지만 남성처럼 완전 대머리는 되지 않는다. 이는 여성 호르몬인 에스트로겐이 피지 분비를 억제하는 작용을 하기 때문이다.

(2) 탈모의 증세

① 비듬

첫째로 비듬이 많아지며 머리가 가려워진다. 비듬은 두피의 표피가 각질화한 것으로서 묵은 세포가 새로운 세포에 밀려 두피에 도착하면 각질화하여 비듬이 되는데 약 4주 정도가 소요된다. 그러나 비듬이 재생되는 기간이 2주 정도로 짧아지게 되면 비듬의 양이 증가하게 된다. 이와 같이 탈모의 시작은 비듬의 변화에서 시작된다.

② 탈모 현상

굵은 모발이 가늘면서 부드러워지며 70~100개 정도인 하루 탈모량도 탈모가 시작되면 100개 이상의 모발이 빠지기 시작한다. 모발의 굵기가 가늘어지고 탈모량이 많아지면 탈모의 시작이라고 할 수 있다.

③ 탈모의 진행

남성형 탈모의 진행과정은 앞에서 뒷부분으로 넘어가면서 정수리와 탈모가 연합하는 형태를 취하게 되며, 정수리 쪽에서부터 진행될 경우는 뒷머리 정수리가 훨씬 탈모가 빨리 진행된다.

탈모의 공통점은 옆과 뒷머리는 끝까지 빠지지 않는다는 사실이다. 그 이유는 정수리 부분에는 5RD의 활성도가 높고 옆과 뒷부분에는 5RD라는 환원효소가 약하기 때문이다.

대머리는 모근의 수가 줄어드는 것이 아니라 굵었던 모발이 가늘어지면서 잔털로 변하는 것이다. 즉 경모가 연모화되는 것으로 모주기의 성장기는 점점 짧아지고 휴지기가 길어지면서 모발의 수명이 단축된다. 이러한 과정이 반복되면서 모근은 점점 위축되어 모발이 가늘게 솜털로 변하면서 마지막에는 솜털마저 없어져 대머리가 된다.

(3) 탈모 및 두피 질환의 분류

■ 발생부위에 따른 분류

- 모근에 이상이 있는 경우 : 여러 종류의 탈모증 등
- 모발구조에 이상이 있는 경우 : 염전모, 연주모 등
- 모낭에 이상이 있는 경우 : 모낭염 등

(4) 탈모의 시기에 따른 분류

① 휴지기성 탈모(자연탈모)

일상생활에서 자연적으로 빠지는 모발은 헤어 사이클에 따라 모발의 성장이 멈추고 있는 휴지기에 빠지는(50~60가닥/1일) 모발을 말한다. 휴지기 탈모의 경우에도 하루에 100가닥 이상이 빠지게 되면 병으로 간주하고 치료를 해야 한다. 남성형 탈모증이나 산후에 빠지는 모발도 대부분 휴지기 모발이 많은데 기본적으로 휴지기 모발이 빠지는 증상을 휴지기성 탈모증이라고 한다.

② 성장기성 탈모(위축모)

모발이 하루에 50~60가닥, 많게는 100가닥 이내로 탈모되는 것은 자연의 생리현상으로 크게 걱정할 필요가 없다. 그러나 헤어 사이클의 도중에 무엇인가의 원인으로 이상탈모가 일어나기도 한다. 위축모가 주로 빠지는 병의 대표적인 것이 원형 탈모증이다.

위축모는 성장기의 모근이 파괴되어 가늘게 된 모로서 원형탈모증의 대부분을 차지한다. 그러나 현대의학에서도 성장기성 탈모의 정확한 원인에 대해서는 아직까지 밝혀지지 않은 것이 많다.

③ 분만 후 탈모증, 피임약 복용 후 탈모증

여성호르몬은 피부를 촉촉이 하며 성장기 모발의 수명을 늘리는 작용을 가지고 있다. 이로 인해 임신후기, 출산이 가까워지면 여성호르몬의 분비가 증가하기 때문에 빠지는 모발은 감소한다. 이 빠지는 모발의 감소는 성장기가 끝나야 하는 모발이 성장기의 연장으로 휴지기 모발이 되지 않기 때문이다. 따라서 임신 중, 특히 임신말기에는 빠지는 모발이 적어지게 된다. 출산이 끝나면 정상적인 호르몬 상태로 되기 때문에 성장기가 연장되었던 모발이 일제히 탈모하게 된다. 탈모는 출산 후 2개월부터 시작하여 6개월 정도까지 계속되어 심한 경우에는 40%나 탈모하였다는 보고가 있다. 그러나 그 후에는 서서히 회복하여 약 1년 정도에 원래의 상태로 돌아오는 것이 보통이다. 또한 피임약은 여성호르몬과 소량의 황체호르몬을 배합한 것이어서 이것을 복용하고 있는 중에는 임신후기와 같이 탈모가 저지되지만, 복용을 중지하면 역시 분만 후 탈모증처럼 탈모 수의 증가를 볼 수 있다. 이것을 피임약 복용후 탈모증이라 한다.

④ 남성형 탈모증(청년성 탈모증, 장년성 탈모증, 청년 대머리)

이른바 청년 대머리라 불리는 탈모증은 남성형 탈모증이라 불린다. 이 증상의 대부분은 남성이지만, 소수의 여성에게서도 볼 수 있는데 여성의 경우는 남자의 탈모처럼 심하지 않고, 완전한 탈모도 일어나지 않는다.

a. 증상

전두부에서 두정부에 걸쳐 널리 퍼져 탈모되거나, 전두부가 후퇴하여 가는 것이 특징이다. 발병하는 연령은 사람에 따라 달라서 빠른 경우는 17세 정도부터 탈모하기 시작하지만, 30대 후반이 돼서부터 급격하게 탈모하는 사람, 또는 40세 전후를 지나서부터 탈모하는 사람도 있다. 탈모의 초기는 두껍고 긴 성장기 모가 휴지기 모가 되어 탈모하기 때문에 머리를 감을 때나 빗질을 할 때 등 상당한 양의 두꺼운 모가 빠진다. 그러나 탈모가 진행됨과 함께 두껍고 긴 모는 적게 되고, 점차 가늘고 부드러운 모가 되기 때문에 빠지는 모는 눈에 띄지 않게 된다. 그래서 차츰 솜털 정도의 짧은 연모(부드러운 모)만 남게 되어 두피가 보이게 된다. 이런 사람은 대부분 두피에 피지분비가 많은 것이 특징이다.

b. 원인

유전적인 요인이 탈모 발생의 큰 원인이라는 것은 오래전부터 잘 알려져 있다. 직접적인 원인은 남성호르몬의 활동에서 이것이 모근, 특히 모모세포에 작용하기 때문이라는 설과 모모세포가 아니라, 모유두에 작용하기 때문이라는 설도 있다.

⑤ 여성에 있어서의 남성형 탈모증(여성형 탈모증)

여성의 경우에도 남성형 탈모증에 아주 가까운 증상이 발견되는 경우가 있다. 그러나 남성과는 다르게 20대의 여성에게서 볼 수 있는 경우는 아주 드물며 그 대부분은 40대 전후부터 발생한다. 여성의 경우 부신에서는 남성 호르몬이 분비되는데 양적으로 여성 호르몬이 압도적으로 많기 때문에 잠정적으로 유전적 체질을 가지고 있더라도 젊을 때는 그다지 변화가 없다. 그러나 40세 전후가 되면 여성 호르몬의 분비가 서서히 쇠퇴하기 때문에 남성 호르몬과의 균형이 붕괴되어 남성형 탈모와 같은 형태로 전두부, 두정부의 모가 적어지는 경우가 있다. 게다가 연령적으로 모도 가늘게 되는 시기이므로 사람에 따라서는 이전과 비교하여 극단적으로 모량이 감소하게 된다. 이전에는 이러한 증상을 여성에 있어서의 남성형 탈모증이라고 불렀지만 여성의 경우는 남성처럼 심한 탈모는 드물기 때문에 남성과 구별하여 최근에는 여성형 탈모라고 부르기도 한다.

⑥ 지루성 탈모증

머리에는 피지선, 한선이 많기 때문에 다른 곳보다 기름기가 많아 미생물이 번식하기 쉽다. 이러한 미생물은 땀의 수분과 피지와 탈락한 각질 세포(비듬)를 먹으면서 살아간다. 머리를 3~4일 정도 감지 않으면 냄새가 나거나 가렵게 되는 경우가 있는데, 이것은 미생물의 증식, 자외선의 영향으로 변성한 화학물질 등에 인한 것이다. 이처럼 샴푸를 하지 않으면 비듬이 증가하거나 가렵게 되어 때로는 피부가 빨갛게 되고 두피에 염증이 생기기도 한다. 염증이 생기면 표피의 세포주기(28일)가 빠르게 되어 각질세포는 보통보다 빨리 떨어지게 되고 이렇게 되면 각질세포는 완전히 각화되지 않은 채로 수십 개가 덩어리 상태로 떨어지게 되는데 이것이 눈으로 볼 수 있는 병적인 비듬이다. 이와 같은 증상은 자주 남성형 탈모증의 초기에 보이며 탈모의 원인은 아마도 피지막의 변성, 부패산물 등이 모공을 통하여 모근에 작용하는 결과, 모모세포에 변화가 일어나서 성장기의 모가 휴지기 모로 변한 것이 아닌가 라고 생각된다. 그리고 두피를 잘 관찰하면 모공 자리가 빨갛게 되어 있거나 더욱 진행하면 모낭염의 형태가 되는데 이와 같은 증상을 가진 피부질환을 지루성 습진이라 부른다. 지루성 습진은 머리뿐만 아니라, 안면에서는 미관에서 코까지 양측에 걸쳐서 빨갛고 기름지게 되고, 비슷한 발진은 흉부와 등 부분의 정중앙, 겨드랑이 아래도 생길 수가 있다. 그리고 두피의 경우 이 같은 발진과 함께 휴지기모의 탈모가 많아지게 되어, 이것을 지루성 탈모증이라고 한다.

⑦ 접촉성 피부염에 의한 탈모

두피에 접촉해 있는 염모제 또는 헤어크림, 포마드 등으로 접촉성 피부염을 일으키는 경우가 있다. 이것들에 의한 염증이 가벼울 때는 탈모를 일으키지 않지만 강하게 되어 염증이 심해지면 탈모되는 경우가 있다. 염증이 나은 후 수주일이 지나 많은 곳에 휴지기성 탈모를 일으키는 경우도 있다. 중증의 경우는 성장기 모발의 탈모를 나타내는 경우도 있지만 대부분은 휴지기성 탈모증이다.

⑧ 내분비 질환(뇌하수체, 갑상선, 부갑상선, 부신 등)에 따른 탈모

호르몬의 이상은 모발 주기와 모근의 형태 두 가지에 이상을 일으키는 것이 많다. 모발은 생리적으로 호르몬의 영향을 받는 모발과 받지 않는 모발이 있다. 음모의 경우는 성호르몬의 영향을 받기 쉬운 모발이지만, 후두부의 모발 등은 성호르몬의 영향을 받지 않는 모발이다.

a. 갑상선 기능 저하증

이 증상은 권태감이나 기능 저하에 따라 머리 전체에 널리 퍼져 탈모된다. 그와 함께 각화 이상으로 인해 모발은 윤기가 없어지고 건조하여 푸석푸석하게 된다. 또 눈썹의 바깥쪽 1/3의 탈모 외에도 겨드랑이 털이나 음모의 감소도 볼 수 있다. 갑상선 호르몬은 모의 발육에 있어서 뺄 수 없는 호르몬의 종류로 탈모에 관련하고 있다고 생각할 수 있다.

b. 갑상선 기능 항진증

이 증상으로 인하여 탈모가 많다고 호소하는 사람은 갑상선기능 저하증과 비교하면 그다지 많지 않다. 탈모는 머리 전체에서 일어나며 빠지는 모는 휴지기 모로서 가늘고 부드러운 것이 대부분이다. 갑상선 호르몬이 너무 많아서 오히려 새로운 성장기 모가 발육하기 어렵기 때문이라고 알려져 있다.

c. 그 밖의 호르몬 이상에 의한 드문 질환

그 밖에도 뇌하수체기능 저하증, 부갑상선기능 저하증, 부신과 관련된 병에서도 탈모하는 경우가 있다.

⑨ 다이어트 또는 단식으로 인한 영양 장해성 탈모증

비만치료에 있어서 단식, 기아요법 또는 거식증 등에서는 피부의 건조화와 함께 탈모가 일어나는 경우가 있다. 또 아프리카 원주민의 기아상태에 있어서도 탈모가 일어난 것이 알려져 있다. 실험적으로도 단백질 섭취를 하지 않은 한 남성이 11일째부터 모가 가늘어지기 시작했지만 그때의 혈액은 아직 정상이었다고 한다. 다시 말해서 모발 성장은 영양상태에 민감하게 반응한다는 것을 나타내고 있다. 최근 우리나라에서도 비만의 치료를 위해 지방, 단백질을 극도로 억제한 저 칼로리식을 섭취하므로 피부의 건조화, 무월경, 탈모를 일으킨 사람이 있는 것으로 보고되고 있다.

⑩ 비타민A 과잉에 의한 탈모

비타민A는 정상적인 모의 발육에는 뺄 수 없는 것이다. 그러나 과잉섭취하게 되면 오히려 탈모를 일으킨다는 보고가 있다.

⑪ 약제성 탈모증

a. 항응고제

헤파린, 헤파리노이드에는 휴지기성 탈모증을 일으키는 물질이 있다고 알려져 있다.

b. 항갑상선제

갑상선 기능 항진 환자에게 갑상선의 기능을 억제하는 약을 투여하면 휴지기성 탈모를 일으키는 경우가 있다고 한다.

c. 항정신제

정신과 등에서 이용되는 트리파라놀은 모발 안의 콜레스테롤 합성을 억제하기 때문에 모발의 각화가 제대로 되지 않아 모발의 발육장해를 일으켜 휴지기성 탈모증을 일으키는 경우가 있다.

⑫ 견인성 탈모증

사고로 인하여 모발이 기계에 말려 들어가 급격히 탈모하는 경우도 있고 일반적으로는 포니테일 같은 머리형을 장기간 계속하거나, 헤어컬러로 머리를 강하게 세팅할 경우 매일의 습관에 의해 탈모하는 경우가 있는데 이것을 견인성 탈모증이라 한다.

⑬ 성장기성 탈모증

a. 원형탈모증

국부적으로 어느 특정한 부위만 탈모되는 것으로 탈모와 관련된 질환 가운데 가장 빈도가 높은 것이다. 그러나 이 원형탈모증에도 여러 가지 형태가 있어서 원인, 예방하는 방법 등을 알아야 한다.

- 증상

특별히 먼저 나타나는 증상도 없이 갑자기 원형 또는 타원형 모양의 탈모가 발생한다. 두발에 발생하는 경우가 많지만 그 외 눈썹, 턱수염, 음모 등에도 발생할 수 있다. 단발 또는 다발로 발생하고 손톱 크기에서부터 손바닥 크기까지 다양하다. 다발이 융합해 전 탈모로 미치는 것을 악성 원형탈모증이라고 한다.

- 원형탈모증의 모근상(毛根像)

원형탈모증의 모근의 특징은 위축모(영양장해모발)가 많다. 위축모발이라 하며 모근이 오그라든 것 같은 인상을 주지만 그렇지 않고 모구가 파괴되어 생기는 것이다.

– 원형탈모증의 형태

원형탈모증이라 하면 백원짜리 동전 정도의 탈모 부위가 한 곳 생기는 정도로 생각하고 있는 사람이 많으나 실제로는 다음과 같이 여러 가지 병형이 있다.

- 단발형 원형탈모증 : 병소(病巢)가 한 곳인 경우
- 다발형 원형탈모증 : 여러 곳에 병소가 있어서 그것들이 일부에서 융합한 형태
- 다발융합형 원형탈모증 : 여러 곳에 다수의 병소가 있어서 그것들이 일부에서 융합한 형태
- 전두(全頭)원형탈모증 : 머리 전체 외에 눈썹, 속눈썹, 겨드랑이 털, 음모 등의 체모까지 탈모 된 경우

– 원형탈모증의 원인

원형탈모증의 원인으로는 스트레스 등에 의한 스트레스 학설, 호르몬의 이상에 의한 호르몬 학설 등이 일반적으로 알려져 있지만 근래에는 말초신경 이상설, 자가면역설 등이 나오고 있다.

b. 압박성 탈모증

두피의 일부가 몇 시간에 걸쳐 압박을 받게 되면 일반적으로 2~3주 후에 탈모하는 경우가 있다. 이러한 탈모를 압박성 탈모증이라 한다. 일반적으로는 위축모발의 형태로 빠지지만 경증인 경우는 휴지기 모발로서 빠지는 것도 있다.

c. 약제성 탈모증

의료용의 약제를 주사하거나 내복하거나 하는 사이 탈모하는 경우를 말한다.

– 항암제

항암제 중에는 암세포의 세포분열을 억제해 치료하려는 방법이 있다. 한편 생체에는 뼈나 근육과 같이 세포분열이 적은 조직과 고환 속에서 정자를 만드는 세포나 모구의 모모세포와 같은 세포분열이 활발한 조직이 있다. 항암제를 주사하거나 복용하면 세포분열이 적은 조직에 대해서는 항암제는 거의 영향을 주지 않지만 세포분열이 활발한 고환의 세포, 모모세포 등에 대해서는 암조직에 대한 것과 같은 영향을 받게 된다. 항암제를 투약하면 모발은 모모세포가 파괴되기 때문에 위축모발을 만들게 되고 상당히 심한 성장기모성탈모를 일으킨다.

⑭ 반흔성 탈모증

모근의 파괴에 의해 일어나는 탈모증이다. 이 타입의 탈모증에는 외상, 화상에 의해 모근이 파괴되거나 피하기까지 도달한 세균감염증 등이 있다. 이것들은 반흔을 만들어 그곳에는 모발이 자랄 수 없게 된다.

⑮ 두부백선에 의한 탈모

40~50년 전까지는 백선균의 감염에 의해서 상당히 흔히 볼 수 있었던 탈모의 일종이지만 지금은 거의 볼 수 없다. 백선균은 표피의 각질층에 감염하지만 점차적으로 모공 안에 들어가기 때문에, 위축모발이 되어 탈모하거나 모발이 굽혀지거나 끊어지게 된다.

(5) 탈모와 식생활과의 관계

탈모의 주요원인은 스트레스와 유전이지만 식생활 또한 그 원인이 될 수 있다. 육류를 주식으로 하는 서양인이 채식과 곡류를 주식으로 하는 동양인보다 탈모현상이 더 많이 나타난다. 육식은 동물성 지방으로 혈중 콜레스테롤(피지선 증대)이 높아져 모근의 영양공급을 악화시켜 모발성장에 해롭기 때문이다.

탈모나 백발이 심한 20~30대 젊은층의 식생활을 보면 달고 짠 것을 즐기며 인스턴트 식품을 좋아하고 신맛을 싫어한다는 통계가 있다. 또한 여성 탈모증을 보이는 이들의 식생활을 조사한 결과 단 것을 매우 좋아한다는 것으로 나타났다.

이처럼 식생활도 탈모의 원인이 될 수 있다는 사실을 명심하고 지나치게 자극성 있는 음식을 피하고 유지류도 하루에 10~20g 정도 섭취하는 것이 적당하다.

단백질 식품이나 비타민과 요오드 등의 균형 있는 식습관이 무엇보다 필요하며 이를 통해 탈모를 예방할 수 있다.

04

탈모의 예방

1) 정신적, 육체적 스트레스 해소

• 낙천적인 성격을 갖도록 노력한다.
• 스트레스 해소를 위한 가벼운 기분전환을 한다.
• 마음을 느긋하게 갖는다.
• 미온수로 자주 목욕을 하여 혈액순환과 기분전환을 한다.
• 탈모는 끈기 있게 치료를 받아야 함을 알고 조급한 마음을 없앤다.

2) 균형 있는 식사

모발 성분의 80~90%는 케라틴이라는 단백질로 구성되어 있다. 따라서 단백질과 지방산이 다량 함유되어 있는 돼지고기, 달걀, 정어리, 콩과 미역 등의 해조류와 야채류를 많이 섭취해야 한다. 특히 미역은 모발 발육에 가장 필요한 식품이다. 미역은 갑상선 호르몬의 원료가 되는 요오드가 많이 함유되어 있는 만큼 늘 섭취하는 것이 좋다.

탈모를 유발시키는 자극성 있는 향신료나 염분은 피하는 것이 좋고, 기름진 음식이나 커피, 설탕, 담배, 술, 탄산음료 등도 지나치게 섭취하면 모발에 악영향을 미친다.

3) 모발의 청결 유지

모발은 공기 중의 중금속이나 먼지 등을 잘 흡수하여 때가 타기 쉽다. 그리고 탈모의 위험이 있는 사람은 피지의 분비량이 많아지면서 전염성 질환에 걸릴 가능성이 높고 비듬이 많으면 탈모가 촉진된다. 샴푸시 지두 부위를 이용하여 마사지 하듯이 문지른다.

4) 과다한 모발 제품(펌, 염색) 사용은 피한다

- 샴푸나 린스 사용시 남아있지 않도록 깨끗이 헹군다.
- 샴푸의 세정효과는 1번 씻을 때 72.8%, 2번 씻을 때 78.4%이다.

5) 기타

- 헤어 드라이어의 열이 두피에 닿지 않도록 한다.
- 자외선은 모발조직을 파괴한다.
- 두피 마사지를 해준다.

05 탈모의 치료

탈모치료는 질환부위에 따라 약물요법, 자외선요법, 면역요법, 심리요법, 수술요법 등이 있다.

1) 약물요법

(1) 육모제

머리에 자극을 주는 성분으로 약을 발라 머리의 혈액순환을 도와주며 머리카락에 영양을 공급해준다.

주요성분으로는 센브리, 멘톨, 칼타리스정기, D-판토테닐 알코올 등이 있다.

(2) 발모제

현재 가장 많이 사용되고 있는 발모제는 면역 조절제 역할을 하는 미녹시딜 minoxidil 이다. 이것은 모낭상피와 말초혈관에 작용해 피부의 혈류를 늘려 모발의 성장을 활성화시킨다. 약 4개월 정도를 사용해야 50%의 효과가 있다. 그러나 사용을 멈추면 오히려 증세가 악화되는 단점이 있다.

(3) 주사치료

부신피질 호르몬제인 트라암시놀론 triamcinolone: 항염증제 액을 탈모된 부위에 주사하는 방법이 있다. 보통 2~3주에 한 번 정도 주사를 맞게 되면 효과가 있지만 장시간 사용시 고혈압, 위궤양, 백내장 등의 부작용이 생길 수 있다.

2) 수술요법

탈모증의 치료는 오랜 기간이 소요되므로 정신적인 안정과 올바른 식습관을 유지하면서 자신에게 맞는 적당한 치료방법을 병행해 나가는 것이 필요하다. 즉 가발을 사용하여 탈모된 부위를 가리거나, 바를 때만 약한 효과를 보이는 발모제를 사용하거나, 모발 이식수술을 하는 등 자신의 증상과 체질에 맞는 방법을 선택하는 것이 중요하다. 이렇게 했을 때 보다 빠른 치료가 가능해진다.

수술요법은 하나하나 직접 손으로 작업을 하는 조금 복잡한 것에서부터 자동식모기계를 사용하는 간단한 것에 이르기까지 매우 다양하다.

(1) 모발 이식술(식모술)

모발이 무성한 정상적인 부위에서 자신의 모발을 원하는 두피에 뿌리째 옮기는 것을 모발 이식술, 즉 식모술이라 한다. 이 방법은 머리카락을 뿌리째 뽑아 한두 가닥에서 수십 가닥, 또는 손바닥 크기만큼 한꺼번에 탈모된 부위에 옮겨 심거나 두피 자체를 늘려 모발 부위를 확장하는 방법 등 여러 가지가 있다.

자신의 옆부분이나 뒷부분의 머리카락을 옮겨 심는 것이기 때문에 거부반응이 거의 일어나지 않고 자연스런 모습이 된다. 이 방법은 자신의 모발을 뽑아 탈모된 부위로 옮겨 온 모발이 지속적으로 자라기 때문에 치료효과는 거의 확실하다.

정상적인 사람의 모발은 약 10만개 정도이므로 탈모가 심해 머리 전체의 50%가 탈모되었다 하더라도 약 5만개의 모발은 남아있는 셈이다. 이 중 2~3천개 정도의 모발을 탈모 증상이 발생한 곳으로 옮겨 심는다 하더라도 별문제는 발생하지 않는다. 아무리 심한 남성형 탈모증이라 하더라도 머리의 옆과 뒷부분에는 이식할 만한 머리카락이 남아있기 때문에 이 방법이 가능하다. 옮겨 심은 모발은 수술을 한 지 2주 정도까지는 빠질 수 있으나 3개월 정도 지나게 되면 심은 곳에서 새로운 머리카락이 자라기 시작한다.

이때 머리카락은 머리카락을 채취한 부위의 성질을 그대로 지니게 된다. 즉 굵고 뻣뻣한 뒷 머리카락을 앞머리로 옮겨 심게 되면 옮겨 심은 머리카락은 평생 뒷머리카락의 성질을 지닌 채 똑같은 모양과 수명을 지니게 된다. 옮겨 심은 모근에서 생성된 머리카락의 생존율은 80~90%로 비교적 높다. 이 방법은 다른 수술방법과 병행하여 시술되는 경우가 있는데, 모발 이외에도 눈썹, 치모, 수염, 무모증 등 모든 부위에 적용된다.

(2) 레이저를 이용한 모발 이식술

모근을 한 가닥씩 심는 단일모 이식술과 여러 가닥의 모근을 한 곳에 이식하는 복수모 이식술이 있다. 모발이 억세고 굵은 동양인에게는 단일모 이식술, 모발이 부드럽고 가느다란 서양인에게는 복수모 이식술이 효과적이다. 단일모 이식술에는 레이저 이용법과 주사기를 닮은 침 이용법이 있다.

모근이 이식될 곳에 자그마한 구멍을 낼 때 레이저를 이용하게 되면 수술을 하는 도중 출혈은 물론이고 수술 후의 부작용 역시 적으며 일정한 깊이로 구멍을 낼 수 있다는 장점이 있다. 이식된 모발은 모두 빠져나가게 되며, 4~5개월 정도의 시일이 흐르면 새로운 모발이 자란다. 이 방법은 외상으로 인하여 부분적으로 눈썹이 소실되었거나 생식기 부위의 무모증에도 유효하다.

모발 이식술이 성공하려면 수술하기 전에 수술방법을 잘 살펴보고 수술 중에 있을 수 있는 여러 가지 상황에 대한 적절한 대응책이 필요하다.

제 7 장

비만과 건강

PART 07 비만과 건강

비만을 의미하는 Adiposity는 지방을 의미하는 라틴어 Adeps에서 유래하였고 Obesity란 과식을 의미하는 라틴어의 Obed에서 유래되었다. 비만증이라고 하는 것은 체중이 많이 나가는 것이라고 단순하게 생각하기 쉬우나 신체가 함유하고 있는 지방질의 비율이 정상보다 높은 것을 말한다. 즉 제지방lean body mass에 비해 상대적으로 피하조직 및 기타조직에 지방이 과잉축적된 상태를 의미한다.

비만이란 과잉의 지방조직 축적을 의미하지만, 과잉을 정의하기는 어렵다. 비만은 미적인 관점에서가 아니라 건강에 위험을 줄 정도로 과잉의 지방조직이 증가한 것이다.

비만은 과거에는 질병이 아닌 단순한 증상으로 이해되어 왔으나 1996년 4월 WHO에서는 비만은 치료가 필요한 질병이라고 경고하고 있으며 성인병을 유발하는 촉진제가 된다고 경고하고 있다.

01 비만의 평가

비만관리를 하려면 대상에 대해 사전에 정확한 비만평가를 하는 것이 기본원칙이다. 비만의 평가방법으로는 체중과 신장의 지표를 이용한 방법인 비만도 평가방법과 체질량지수(BMI) 평가방법이 있으며 체지방을 평가하는 방법, 지방의 분포를 측정하는 방법, 신체둘레를 측정하는 방법 등이 있다.

비만은 체지방이 증가된 상태이며 골격근이 발달된 과체중과는 구별된다. 비만을 판정하기 위해서는 체지방을 실제로 측정해야 하지만, 임상에서 간편한 방법으로 남·녀별로 키에 따른 표준 체중표를 이용하거나, 체격지수를 사용한다.

그러나 이러한 표준체중법은 체지방의 다소를 평가할 수 없기 때문에 비만의 평가에는 피하지방 두께 측정이나 체지방률 측정이 필요하다.

1) 비만도(Obesity index)에 의한 평가

비만도는 표준체중치를 기준으로 한 비만측정법이다. 표준체중치는 본인의 신장에 대한 가장 이상적인 체중으로 권장할 만한 기준 체중일 뿐 표준수치는 아니다.

Broca에 의한 표준체중 계산공식은 다음과 같다.

$$\text{표준체중} = (\text{신장}-100) \times 0.9$$

비만도는 표준체중에 대한 비율을 의미하며 비만도 계산공식은 다음과 같다.

$$\text{비만도}(\%) = (\text{실제체중}/\text{표준체중}) \times 100$$

체중이란 체단백질, 체수분, 무기질, 체지방의 무게의 총량을 말하며 정상인에게 일간 0.5kg의 체중변화가 있다. 특히 비만한 경우 변동의 폭이 크므로 이러한 영향을 최소화하기 위해 항상 동일한 시각에 동일한 조건에서 측정하도록 한다.

표준체중을 20% 이상 초과하여 비만도가 120 이상이면 비만으로 간주하며 대체로 성인보다 소아의 경우 이러한 비만도를 기준으로 하여 비만을 판정한다.

비만도에 의한 평가 ◀표 7-1

비만도(표준체중에 대한 %)	평가
80 미만	극심한 저체중
80 이상 90 미만	저체중
90 이상 110 미만	정상범위
110 이상 120 미만	과체중
120 이상 130 미만	1단계(경도)비만
130 이상	2단계(고도)비만

2) 체질량지수(Body mass index: B.M.I)에 의한 평가

체질량지수(BMI)는 신장(m)의 제곱을 분모로 하고 체중(kg)을 분자로 한 수치로서 계산공식은 다음과 같다.

$$BMI = 체중(kg)/신장(m^2)$$

신장과 체중은 그 측정이 쉽고 간편하며 피부두겹두께나 체지방량에 비해 측정시 오차가 적으므로 많이 이용된다. 특히 성인의 경우 많이 사용되며 체지방량과 높은 상관관계를 가진다는 장점이 있어 과체중 및 비만을 평가함에 있어 세계적으로 통용되는 방법이며 가장 일반적으로 쓰이는 방법이다.

그러나 이들 지표는 지방량의 증가, 근육량의 증가, 부종에 의한 체중증가를 구별하여 주지 못한다. 그 예로 체중에 근거한 체질량지수에 의해서만 비만을 판정을 할 경우, 근육질인 운동선수의 과체중이 비만으로 판정되기도 하고, 근육(체단백질)이 적고 체지방이 많은 마른 비만이 체중미달로 판정되기도 한다.

체질량지수는 그 지수가 높을수록 심혈관 질환, 암, 당뇨 등, 비만관련 질환발생률이 높아지고 조기 사망 가능성도 높아지므로 질병의 이환율 및 사망률의 상대 위험도를 예측하는 지표로 사용되고 있다.

1997년 세계보건기구(WHO)에서는 비만의 분류체계를 체질량지수를 기준으로 제시하였으며 BMI 25~30kg/㎡을 과체중, 30kg/㎡ 이상을 비만으로 분류하였다.

그러나 이러한 기준은 아시아 · 태평양 지역에 일률적으로 적용하기 어려우므로 아시아 · 태평양 지역에서는 비만의 기준을 위험인자와 유병률에 따라 유럽인과 다른 다음과 같은 기준을 적용한다.

표 7-2 아시아성인에서의 체질량지수에 의한 비만평가

BMI(kg/m2)	평가	동반질환 위험도
< 18.5	저체중	낮다
18.5~22.9	정상범위	보통
23~24.9	위험체중	증가
25~29.9	1단계(경도)비만	중등도
> 30	2단계(고도)비만	고도

* 체질량지수의 참고치는 성인에서 성별, 연령에 관계없이 일정하게 적용된다.

3) 체지방에 의한 평가

체지방은 신체무게, 즉 체중에서 체지방량이 차지하는 무게를 %로 나타낸다. 체중 중 그 구성 비율인 체지방률(%)은 성(남성, 여성)이 같고 신장과 체중이 같은 개인이라도 그 차이가 클 수 있으며 상황에 따라 변화도 심하다. 정상 성인여성의 체지방률은 체중의 13~23%, 남성의 체지방률은 8~15%로 여성이 남성에 비해 매우 높다.

체지방은 골수, 중앙신경계, 생식샘 등에 분포된 필수지방과 피하, 근육 내, 근육 사이, 복강 등에 분포된 일반적인 저장지방으로 구성되어 있다. 성인 남녀의 각 체지방의 분포비율과 일반적인 측정방법은 다음과 같다. 체지방 판정기준은 다음과 같다.

성인의 체지방 분포 ◀표 7-3

지방의 종류	남(%)	여(%)	측정방법
필수지방 (골수, 중추신경계, 생식선)	3	8~12	
저장지방 (피하, 내장, 근육내)	12	15	피하지방은 피부두겹집기로 측정, 총 체지방 예측함.
총 체지방	15	23	생체전기저항법

(1) 생체전기저항에 의한 체지방 측정

체지방 측정방법으로는 일반적으로 측정하기 간편한 생체전기저항을 이용한 체지방 측정기를 이용한다. 이들 체지방측정기 중에는 신체 구성성분을 분자수준에서 수분, 지방, 단백질, 무기질, 기타의 성분으로 나누어 보는 방법이 있으며 이 방법에 의하면 전체 구성성분에서 지방 외에 수분이 남자의 경우 약 60%, 여자의 경우 약 50~60%, 단백질은 약 10~15%, 무기질이 5~6%를 차지하게 되므로 우리 몸은 지방, 수분, 단백질, 무기질로 약 99.5%가 구성되어 있다고 알 수 있다. 체구성성분 중 체지방의 범위는 10~50%로 개인적인 차이가 심하다. 훈련을 많이 하는 운동선수는 체지방이 10% 정도만 보이는 경우도 있고 비만이 심한 경우에는 50%에 달하기도 한다.

보편적으로 관리실이나 클리닉에서 사용되는 생체전기저항법을 이용한 체지방측정기는 조사대상자가 정상적인 수분함량을 견지하고 있을 때 측정오차를 줄일 수 있다. 만약 탈수현상이 있으면 체수분량이 일시적으로 적어져 체지방이 실제보다 많이 측정

표 7-4 성인의 체지방 판정기준

비만판정	남	여
정상	20 미만	25 미만
경계비만	20~24.9	25~29.9
비만	25 이상	30 이상

된다. 따라서 측정 전날 충분한 양의 수분을 섭취하도록 하며 측정하기 12시간 전 이후에는 과다한 운동 및, 알코올, 카페인 음료의 섭취를 금하는 것이 정확한 체지방량을 측정하는 데 중요하다.

(2) 피부두겹집기에 의한 체지방 측정

관리실에서 간편하게 실시할 수 있는 방법으로 캘리퍼라는 기구를 이용하여 상완, 견갑골, 장골위, 복부, 대퇴부의 신체부위의 피하지방두께(피부두겹두께)를 측정하여 체지방의 분포와 체지방량을 추정, 평가할 수 있다.

피부두겹두께를 이용한 체지방의 추정은 다음 2가지 전제를 가정하여 이루어지는데 첫째는 피하지방두께가 체지방의 비율을 반영한다는 것과 측정된 피하지방두께가 전체 피하지방조직의 평균 두께를 반영한다는 것이다. 그러나 실제로 신체부위마다 피하지방의 두께가 달라 전신에 일정하게 지방이 분포되어 있지 않는 데에 따른 오차가 생길 수 있다. 따라서 신체의 여러 부위에서, 즉 최소 3부위에서 피부두겹두께를 실시하는 것이 바람직하다.

일반적으로 남자의 경우 가슴부위, 허벅지 중간부위, 복부부위에서, 여성의 경우 삼두근, 장골위부위, 허벅지 중간부위를 측정하여 그 합으로부터 공식을 통해 체지방 함량을 산정해 내기도 하나 내장지방량이 많은 복부비만자의 경우 내장지방이 충분히 반영되지 않아 체지방 함량이 과소평가되는 경향이 있다. 피부두겹두께에 의한 측정치는 부위별 피하지방량을 기준치와 비교, 판정, 상대적인 평가를 할 수 있고 또한 개인의 비만관리에 따른 시기별 피하지방층 감소효과를 측정하는 데 유리하다.

기준치의 예로 한국인의 삼두근 피부두겹두께의 기준치는 20대의 경우 남자는 9.5mm 여자는 18.1mm, 30대의 경우 남자는 9.5mm 여자는 19.8mm, 40대의 경우 8.7mm, 21.6mm로 여자가 2배 정도 피하지방층 두께가 두껍다는 것을 알 수 있다.

피부두겹두께 측정시에는 피하지방층만의 두께를 측정해야 하므로 피부를 길게 잡

그림 7-1 피부두겹두께 측정방법

아 당겨 늘어나는 부분만 측정한다. 숙련되지 않은 경우 근육의 두께까지 측정되기가 쉽다. 초보자의 경우 측정방법에 따라 오차가 심하므로 사전에 정확한 측정요령을 습득하여야 하며 정확한 평가를 위해서 동일인이 측정해야 한다.

(3) 기타 방법들에 의한 체지방 측정

체지방의 분포를 정확히 보기 위해서는 자기공명영상(MRI), 컴퓨터 단층촬영(CT)에서 내장지방과 피하지방의 면적을 파악할 수 있다.

4) 신체둘레에 의한 평가

신체둘레를 측정하여 비만상태를 판정하는 것은 조사 대상자에게 부담을 주지 않고 간편하며, 피하지방 두께의 측정보다 측정치 간의 오차가 적고 비만의 상태를 잘 반영해 주는 장점이 있다. 신체둘레의 측정은 팔 중간부위, 가슴부위, 허리부위, 엉덩이부위, 허벅지 중앙부위 등을 측정하여 수치의 증감을 비만관리에 이용한다.

엉덩이둘레에 대한 허리둘레의 비는 WHR waist hip ratio이라고 한다. 이는 체지방의 국부적인 분포상태를 볼 수 있는 지수로서 건강의 위험도를 평가해 볼 수 있는 좋은 자료를 제공한다. WHR이 남녀 각각 0.95, 0.85 이상 또는 허리둘레가 남녀 각각 90cm, 80cm 이상일 경우 중심성 비만(복부비만, 상체비만)으로 판정하는데, 이 수치를 대사성 질환을 예견하는 지표로 사용하고 있다.

동맥경화성 심혈관질환, 유방암, 고혈압, 고지혈증, 당뇨병, 뇌졸중 등의 발현은 복부비만과 상관관계가 높고 사지비만(하체비만, 말초형 비만)과는 상관관계가 낮다. WHR이 남녀 각각 0.85, 0.75 미만일 때는 사지비만으로 분류한다.

특히 중년 여성들은 여러 번의 출산을 거치며 복부비만의 경우가 매우 많은데, 이 경우 당뇨병 등 기타 대사 증후군의 발현율이 동시에 높아질 확률이 매우 높다.

측정할 때에는 피검자의 양팔은 측면에 두고 발을 모으고 곧바로 서게 한 후 측정자는 피검자의 정면에 서서 줄자를 피검자의 상체 중 가장 좁은 부위인 허리에 감는다. 이때 줄자가 수평면을 이루도록 한다. 평상적인 호기의 마지막 단계에 허리의 좁은 부위를 가려내기가 어려운데, 이때는 늑골과 장골능선(iliac crest) 사이에서의 가장 작은 둘레를 측정한다.

02 비만평가에 따른 관리, 치료법

현재 학문적으로 입증된 비만의 관리 및 치료방법으로는 경증의 경우, 식사요법, 운동요법, 행동요법이 제시되며, 중증의 경우는 여기에 약물요법, 수술요법 등이 추가적으로 제시되고 있다. 현실적으로는 이외에도 한방요법, 피부, 비만관리실에서의 마사지요법 등 다양한 요법이 시도되고 있으며, 특정 아로마 오일 및 슬리밍 전문제품을 이용하거나 림프드레나쥐하는 방법은 신진대사를 촉진시키고 순환계에 영향을 미침으로써 체지방의 배설에 도움을 준다는 임상연구가 있다.

그러나 에너지섭취에 비해 에너지소모량이 증가하거나 에너지소모량에 비해 에너지섭취량이 적어 체지방이 감소되는 것이 아니므로 비만치료나 관리에 보조요법으로 사용함으로써 그 상승효과를 기대해 볼 수 있으며 학문적으로는 아직 연구해야 할 과제로 남아 있다.

이상적인 비만관리는 체중과 체지방을 모두 줄이고 제지방(체중에서 체지방을 제한 부분)을 유지하는 것이다. 이를 위해서는 피부, 비만관리실에서 지나치게 마사지에만 의존하지 말고 식사요법, 운동요법, 행동요법을 기본으로 한 과학적인 통합관리를 하여야 할 것이다.

운동요법을 전혀 행하지 않고 극단적인 초저열량식이나 단식, 특정식품만 섭취하는 식사요법은 일시적으로는 체지방이 감소하나 건강상 제지방이 많이 감소하면서 위험한 결과를 초래할 수 있고, 초저열량식이요법을 중단했을 경우 감소된 체중이 환원되면서 오히려 전보다 체지방이 늘어나 평생비만체질로 점점 변하게 된다.

다음 그림은 기본적으로 실시되는 식이요법과 운동요법의 효과를 나타낸 것이다.

그림 7-2 식이요법, 운동요법, 병행요법의 효과

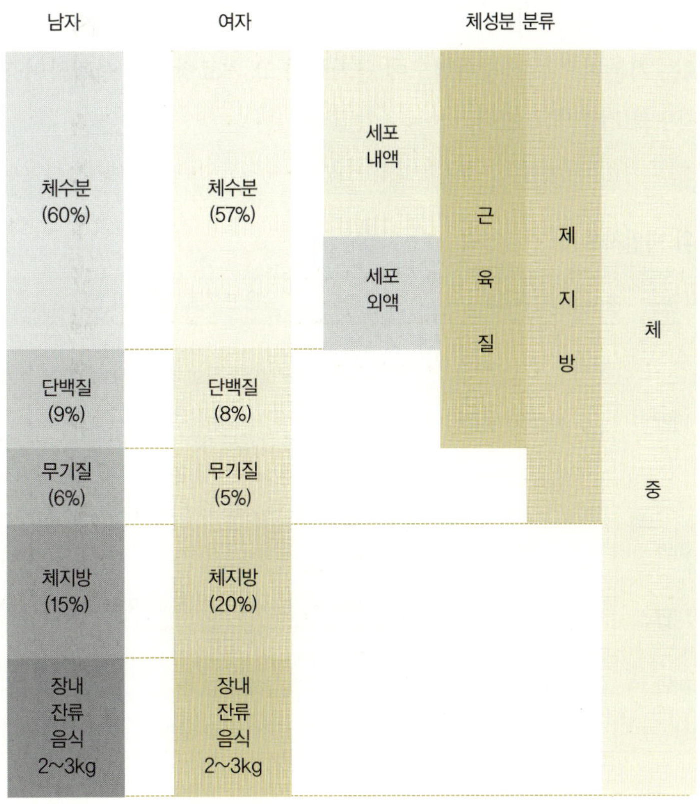

그림에서 제지방량은 체중에서 체지방량을 뺀 나머지 무게, 즉 근육과 뼈 등의 무게에 속한다. 식이요법만을 실시했을 경우 체지방과 제지방이 동시에 줄어 체중이 그 합한 양만큼 체중이 감소되었다.

운동요법만을 실시했을 경우는 체지방량은 식이요법시보다 많이 줄었으나 제지방이 많이 늘어 체중은 식이요법시보다 적게 감소되었다. 병행요법을 실시했을 경우는 운동요법만 실시했을 경우보다 체지방이 조금 많이 줄었으며 제지방은 조금 증가했고 전체적 체중은 운동요법만 실시했을 때보다 많이 감소되었고 식이요법만 실시했을 때보다는 적게 감소했다. 체중에 감소효과가 있다 해도 근육이 손실되어 제지방이 감소된다면 건강상 바람직하지 못하기 때문에 일반적으로 병행요법이 가장 이상적이라 할 수 있다.

그러나 계속적인 운동으로 근육형 비만체질이라면 식이요법에 비중을 두는 관리법을 실시하면 근육량(제지방과 관련)과 체지방량이 동시에 감소되어 체중에 빠른 변화를 가져올 수 있다. 반대로 체지방이 많고 근육량이 많지 않은 마른 비만체질이라면 운동요법에 비중을 두는 관리를 실시하면 체지방은 감소되나 제지방은 유지될 수 있는 이상적인 관리를 할 수 있다.

비만치료는 기본적으로 건강위험도에 근거하여 그 치료방법을 선택하며 건강위험도는 체질량지수를 기준으로 한다.

표 7-5 체질량지수와 비만치료 및 관리전략

체질량지수	건강위험도	유용한 치료 및 관리 선택
BMI 25 미만	최소 및 낮음	■ 보통의 경우 - 체중증가 예방차원의 절식, 신체활동량 증가 ■ 아래 위험인자가 있을 때 - 허리둘레 증가시 식이, 운동요법으로 허리둘레 줄임. - 고혈압, 당뇨가 있을 경우 식이, 운동요법으로 체중유지 - 고지혈증이 있을 경우 식이요법
25~30 미만	중등도	저열량식이, 운동요법추가
30~35 미만	높음	허리둘레증가, 고혈압, 당뇨 등의 위험인자가 지속되면 초저열량식이, 약물요법 고려
35~40 미만	매우 높음	초저열량식이, 약물요법 추가
40 이상	극도로 높음	수술요법추가, 격리치료 고려

03 비만의 원인

1) 에너지 불균형

비만의 발생은 체내에 필요한 에너지보다 과다하게 섭취하거나 섭취된 에너지보다 과다하게 섭취되거나 섭취된 에너지보다 소비가 부족하여 초래되는 에너지 불균형의 상태이며 여분의 에너지가 지방의 형태로 저장된 상태이다. 에너지 균형공식은 다음과 같이 표현되며 에너지와 관련되어 비만이 발생되는 기전은 식이섭취설과 열량소비 결함설이 있다.

저장에너지 = 섭취에너지 − 소비에너지

(1) 식이섭취설(Dietary theory)

음식으로 필요 이상의 에너지를 과다 섭취하기 때문에 비만이 유발된다는 이론이다. 에너지 섭취는 탄수화물, 단백질, 지방, 알코올로 구성되며 탄수화물과 단백질은 1g당 9kcal, 알코올은 1g당 7kcal의 열량을 함유하고 있다. 만복감을 주는 정도는 단백질이 가장 크며 탄수화물, 지방의 순서로 나타난다.

지방은 자가산화작용이 적어 효율적으로 저장되며, 탄수화물도 지나치게 많이 섭취하게 되면 지방의 형태로 축적이 되는 반면 섬유질은 대장에서 박테리아의 분해를 받아 천천히 흡수된다.

에너지 영양소의 칼로리와 저장능력 ◀표 7-6

영양소	Caloric Value(kcal/g)	Storage Capacity(kg)
당질	4.0	0.150
단백질	4.0	>10
지방	9.2	>100
알코올	7.1	0

알코올은 섭취가 많지 않을 경우 alcohol dehydrogenase에 의해 분해되지만 단위당 열량이 많고 효율적으로 흡수가 되며, 에너지요구량의 25% 이상 섭취시 지방산화 억제, 지방저장 증가 및 지방합성의 전구물질로 작용하여 비만을 초래하게 된다. 특히 알코올 섭취시 기름진 음식도 많이 먹게 되기 때문에 음주는 비만을 조장하게 된다.

식이섭취는 중추신경뿐만 아니라 말초신경, 자율신경에 의해 조절이 되는데, 비만인은 음식섭취를 유발하는 자극에 민감하게 반응을 나타나게 된다. 시상하부의 배외측 ventrolateral portion에 섭식중추가 있고 배내측 ventromedial portion에 포만중추가 있는데, 포만중추의 기능이 저하되고 섭식중추의 기능이 활발해지면 음식을 많이 먹게 되고, 반대로 섭식중추가 기능을 상실하고 포만중추가 기능을 한다면 식욕이 떨어지고 식이섭취가 줄어드는 것이다. 많은 환경적 요인이 시각, 후각, 미각을 자극하여 중추신경에 신호를 보내게 되며 이를 통해 식이조절을 나타내게 된다.

고지방식사가 비만을 유발할 수 있다는 기전의 하나로 식사섭취량은 인체 내 글리코겐 양을 일정하게 조절하기 위해 조절된다는 것이다. 포도당은 체내에서 글리코겐으로 저장되기 때문에 하루에 섭취하는 탄수화물의 양은 글리코겐 저장량의 중요 결정인자가 된다.

고지방 저탄수화물 식사를 하게 되면 글리코겐 저장량을 일정하게 하기 위해 탄수화물을 추가로 섭취하게 되어 일일 총열량섭취가 증가하게 된다. 따라서 고지방식사는 만성적 과다 에너지섭취를 유도하여 비만을 유발하게 된다.

(2) 열량소비 결함설(Energy expenditure defect theory)

비만인은 섭취한 만큼 소모가 안 돼 에너지 축적이 잘된다는 이론이다. 섭취된 에너지는 소비된 후 나머지는 체내에 축적이 되는데 열량소모에는 교감신경과 갑상선 호르몬이 관여한다. 에너지 소비과정에 교감신경 중 β-addrenoreceptor가 작용하게 되며 비만인에게서는 이 교감신경의 작용이 둔화하여 소비가 잘 안 되고 축적이 잘 된다. 과식을 하면 정상적으로 말초조직에서 T_4가 T_3로 전환되고 norepinphrine의 순환을 증가시키며 기초대사율이 늘어나게 되며 지방조직에 과도한 에너지가 저장되지 않도록 하는 방어작용이 존재하지만 비만인에서는 과식을 해도 이러한 작용기전이 잘 작용하지 않는다. 에너지 소비를 구성하는 요소로는 기초대사량, 식사에 의한 에너지 소모, 활동에 의한 에너지 소모, 적응시의 에너지 소모가 있다.

① 기초대사량(Basal metabolic rate: BMR)

기초대사란 인체가 생명현상을 유지하기 위해 무의식적으로 일어나는 불수의적 활동의 대사작용에 필요한 열량을 말한다. 이는 정상적인 신체기능을 유지하고 체내 항상성 보존을 위해 인체가 필요한 최소량의 열량으로 근육의 활동, 소화작용, 식품의 특이동적 작용을 제외하고 오로지 생명체의 기본활동인 심장근육의 활동, 혈액순환작용의 계속성, 호흡작용, 신장기능의 작용, 간의 활동, 기타 세포의 계속적인 대사작용, 특히 근육의 긴장의 유지, 내분비선의 분비, 자율신경계의 활동, 체온조절 등에 필요한 열량을 말한다.

기초대사에 의해 소모되는 열량은 아무런 활동을 하지 않은 상태에서 소비되는 열량으로 비교적 일정하다. 하루에 소모되는 총 열량 중 가장 큰 비중을 차지하는데 60~70% 정도에 해당하며 휴식시에 각 장기에서 소비되는 열량비는 근육에서 26%, 간에서 26%, 뇌에서 18%, 심장에서 9%, 신장에서 7%, 기타 부위에서 14%이다. 12~14시간 공복 후 식사하기 전에 눕거나 앉아서 움직이지 않는 채로 측정할 수 있다.

임상적으로 기초대사는 질환의 판정 기준으로 중요한 위치를 차지하고 있는데, 갑상선기능저하증 hypothyroidism인 경우 기초대사량이 정상치보다 30~40% 저하가 되고 갑상선기능항진증 hyperthyroidism의 경우는 80~100%까지 증가를 보인다.

기초대사율에 영향을 주는 조건은 매우 다양하다. 신체의 크기, 신체의 구성분, 성별, 나이, 건강상태, 기후, 내분비, 임신기, 성장기 등으로 개인의 BMR은 달라질 수 있는 요인을 많이 가지고 있다.

신체의 크기 체표면적이 넓으면 기초대사는 높다. 신장이 다르고 같은 체중을 가진 경우 신장이 큰 사람이 체표면적이 넓으며, 신장이 같고 체중이 다른 경우 체중이 많이 나가는 사람이 체표면적이 넓다. 즉 기초대사량은 단위체표면적에 비례하는데 이는 체표면적이 넓을수록 피부표면을 통해서 발산되는 열량이 많아지기 때문이다.

체구성 성분 근육조직은 산화가 일어나고 있으므로 지방조직에 비해 에너지의 소모가 크다. 근육조직이 발달된 운동선수는 일반인에 비해 기초대사량이 크며 일반적으로 남자는 여자에 비해 5% 정도 근육조직이 많으므로 기초대사량이 크다. 이는 체중관리 프로그램의 운영시 가장 핵심적인 관리의 목표가 되어야 할 부분이기도 하다. 지속적인 근지구력 운동은 신체의 근육조직을 증가시키는 데 가장 효과적이고 확실한 방법이기 때문이다. 또한 기초대사량의 70~80%가 체지방량에 의존하고 있고 대사활동이 많은 조직인 심장, 근육, 간, 뇌, 신장 등이 제지방에 포함되기 때문에 이들 조직에 의해 소모되는 열량이 많은 부분을 차지한다.

성별 여자는 같은 신장과 연령대의 남자에 비해 6~10% 낮은 기초대사율을 나타낸다. 이는 체구성 성분과 성호르몬의 차이 때문으로 해석되는데, 여성호르몬에 의한 적당한 지방을 함유한 여성적인 체형은 미용적인 관점에서도 매우 바람직하지만, 체중관리에서는 지나친 체지방은 건강하고 균형 있는 몸매와는 거리가 먼 허약하고 탄력이 없는 몸매만을 만들게 된다.

나이 생후 1~2년 동안은 일생을 통하여 기초대사가 가장 높은 시기이고 그 이후에는 계속 감소되다가 사춘기에 약간의 상승을 보이고 지속적으로 완만한 하향 곡선을 나타내며 감소한다. 이는 노년기로 갈수록 근육의 긴장도가 일반적으로 줄어들고 체지방이 증가하는 것이 주된 요인인 것으로 해석되고 있다.

건강상태 영양 상태가 저하되면 기초대사도 저하되는데 기아상태에 이르면 50%까지 낮아지며 이는 조직활동의 저하가 주된 원인이다. 이는 신체가 영양소 섭취가 부족한 상황에 적응하기 위한 자연스러운 방어체제에 돌입하기 때문인데, 체중관리를 위해 식사량을 줄이는 경우에도 신체가 같은 반응을 하여 기초대사량을 줄이므로, 체중관리가 끝난 뒤 식사량이 조금만 증가되어도 연이어 요요현상이 나타나게 되는 주된 요인이 되기도 한다. 열을 동반하는 감염성 질환은 기초대사의 상승을 초래하는데 정상체온에서 1도 상승시 13%의 증가를 나타낸다.

기후 기온이 낮으면 무의식적인 반사작용의 결과로 수의 및 불수의근의 활동이 증가되고 체온을 일정하게 유지하기 위하여 기초대사량이 상승한다. 따라서 같은 지역에 사는 사람들도 여름에 비해 겨울의 기초대사량이 약 10% 정도 높아지며, 한대지방의 에스키모인에 비해 열대지방인 하와이 사람들은 기초대사율이 10~20% 가량 더 낮고 1일 소비열량도 적어서 대체로 비만한 체형이 많은 경향을 보인다.

내분비 내분비선의 분비도 기초대사율의 조절에 중요한 임상적인 요인으로 작용하는 데 전술한 바와 같이 갑상선호르몬인 티록신thyroxine의 분비 저하와 상승시 BMR이 각각 30~50%, 80~100% 저하와 상승을 초래하였다. 남성호르몬의 분비는 BMR을 10~15%까지 증진시키며 여성호르몬은 약간 저하시킨다. 스트레스시 분비되는 부신호르몬인 에피네프린epinephrine은 BMR을 증가시킨다.

임신, 수유기 임신기, 수유기에는 태아의 성장과 유선의 활동에 의한 제반 역할에 의해 기초대사율이 상승하며 여성의 경우 월경기 전에는 일시적으로 증가하였다가 월경이 시작되면 감소한다.

수면 수면을 취하고 있는 상태에서는 깨어있을 때보다 BMR이 10~15% 낮다. 이는 수면시 근육이 이완된 상태이고 교감신경계의 활동이 저하되고 있기 때문으로 본다. 곧 잠을 많이 자면 살이 찌는 것은 활동의 저하도 있지만 수면 자체에 의한 BMR의 감소도 한 요인으로 작용한 것이다.

두뇌활동 장시간 근육의 긴장을 동반한 두뇌활동을 하지 않는 한 활발한 사고나 공부를 한다고 하여 BMR이 증가하지는 않는다.

기초대사율의 간이 계산법

건강한 개인의 기초대사량은 비교적 일정하며 일반적으로 정상 성인 1일의 기초대사량은 1,200~1,800kcal이다. 다음은 성별과 체성분에 따른 기초대사의 간이계산법이다. 이는 성별과 체성분에 따른 기초대사의 차이를 알 수 있는 계산 방식으로 체지방의 함량이 높은 신체는 기초대사가 낮게 나오는 것을 알 수 있다.

a. 성별에 의한계산

- 여자의 BMR/일 : 1kcal/kg/h × 체중(kg) × 24시간
- 남자의 BMR/일 : 0.9kcal/kg/h × 체중(kg) × 24시간

b. 체성분에 의한계산

- BMR : 1.3kcal/hr/kg lean body mass(제지방)
  인체의 제지방은 체중에서 지방을 제외한 근육과 골격 성분으로 근육이 많으면 기초대사가 높게 산출된다.

② 활동대사(Thermic effect of exercise, TEE)

에너지 소모량 중 기초대사량 다음으로 많은 열량소모량을 차지하는 것으로 기본적인 활동과 운동과 같은 신체활동에 의해 소비되는 열량을 말한다. 활동을 위한 에너지 소모량은 활동의 종류, 활동강도, 활동시간, 체중에 따라 개인차가 심하다. 개인의 활동대사는 매일 다르게 나타나는데 중등도 활동을 하는 사람의 활동에너지소모량은 일반적으로 하루 필요 에너지의 약 15~30%를 차지한다. 활동대사량은 쉬고 있는 상태에 비해 운전시는 1.4배, 사무실 근무 수준의 가벼운 활동은 1.7배, 가사노동은 3.4배, 농사일은 6.0배로 나타났다. 이처럼 걷는 시간이 적고, 활동량과 활동강도가 낮은 현대인

표 7-7 활동상태에 따른 활동대사량

급	활동 상태	㎉/kg/hr
A	하루 종일 휴식하고 있는 상태 : 주로 앉아서 책을 읽거나, 바느질을 하거나, 약간 걷거나, 서 있는 종류	0.50
B	아주 가벼운 노동(활동) : 주로 앉아서 하루 종일 일하거나, 약 2시간쯤 걷거나 서 있는 종류	0.59
C	가벼운 노동(활동) : 앉아서 타이프 치고, 실험실 등에서 서 있거나, 걸어 다니는 일의 종류	0.79
D	중간 노동(활동) : 서 있거나, 걸어다니면서, 집안 일을 주로 하고, 때때로 마당 손질하기	1.10
E	심한 노동(활동) : 서 있거나, 걷거나 또는 운동, 춤 등의 활동을 하며, 별로 앉아 있지 않는 상태	1.69
F	격심한 노동(활동) : 심한 운동으로 수영, 정구, 농구, 배구, 달리기 등의 운동을 많이 하는 사람	2.40

은 소모열량이 적을 수밖에 없다.

최근 일상적인 활동량의 부족으로 건강에 문제가 생기는 경우가 많아짐에 따라 다양한 운동이나 여가 활동으로 활동량을 증가시키려는 사람들이 늘고 있다. 특히 비만인구의 급증에 동반하여 이에 대한 수요가 증가하고 있다. 그러나 현대인들은 운동할 시간을 내기 어렵기 때문에 실제 생활 속에서 생활습관을 수정하여, 서서 일하기, 가까운 거리는 걷기, 계단 이용하기, TV 시청시 가벼운 운동하기 등으로 운동량을 증가시킬 수 있는 방법을 모색해 보는 것도 권장할 만하다. 신체는 움직이고 관리하는 만큼 정직하게 단련되고 건강해진다.

③ 식품 이용을 위한 에너지 소모량(Thermic effect of food: TEF)

식품 이용을 위한 에너지 소모량은 식품을 섭취 후 소화, 흡수, 대사, 이동, 저장에 필요한 에너지를 말한다. 과거에는 식품의 특이동적작용 specific dynamic action of food: SDA 이라고 표현하였으나 최근에는 식사성 열발생이라는 표현을 쓰기도 하며 전체 열량소모의 10~15%를 차지한다.

이는 식품이 체내에서 대사되는 과정 중에 자신의 생리적 열량가를 완전히 공급받는 것이 아니고 일부는 식품 자체의 대사 과정에 이용되는 것을 의미한다.

유전, 음식물의 종류, 음식물의 양, 체지방, 체력상태, 일일 생체주기에 따라 영향을 받는다. 소아 때부터 비만했던 사람은 정상인보다 TEF가 약 40% 정도 낮다. 식사를 하게 되면 열생산이 증가하는데 섭취 영양소의 종류에 따라 차이가 있어 단백질의 대사 효과가 가장 크고 탄수화물, 지방의 순서로 나타난다.

일반적으로 혼합식이를 섭취시 총 섭취에너지의 10% 정도, 단백질식만을 했을 때는 TEF가 섭취 열량의 15~30%, 당질식은 10~15%, 지방식은 3~4% 정도로 열발생으로 소모된다. 즉 식사의 에너지 함량과 구성성분의 비율 등에 따라 지방이 많은 음식은 식사에 의한 열발생도 낮다.

많은 양의 식사를 한꺼번에 한 경우보다 적은 양으로 몇 회로 나누어 섭취하는 것이 TEF가 높게 나타났으며, TEF는 식후 60~90분 후에 가장 높고 저녁에 낮기 때문에 식사 분배를 아침에 많이 하는 것이 좋다. 중등도의 운동은 TEF를 증가시킬 수 있으며 식전에 운동을 하면 TEF가 식후 3시간 동안 정상의 2배로 늘어난 채로 유지된다.

식사량이 많으면 TEF는 높고 식사량이 적으면 TEF가 적기 때문에 비만한 사람이 체중 감량을 한 후에는 RMR, TEF 역시 줄어들어 감량된 체중을 유지하려면 에너지소비량 을 더욱 늘려야 한다.

1일 총에너지 소요량

신장 160cm, 체중 54kg, 22세, 중등도 활동의 여자 대학생의 1일 에너지 요구량을 산출해보면 다음과 같다.

산출 예

a. 기초대사량

54kg×0.9kcal/kg/hr×24/hr/day=1166 kcal/day

54kg×0.1×8=43.2kcal : 수면에 의한 10% 공제

남성 : 1.0kcal/kg/day, 여성 : 0.9 kcal/kg/day

수면시간은 8시간/일

b. 활동대사량

1일 전체적인 활동강도에 따라 활동지수를 곱한다.

54kg×0.79kcal/kg×16=656.6kcal (표 7-3 참고)

수면은 8시간/일이어서 활동시간은 1일 16시간으로 계산한다.

c. 식품이용을 위한 에너지 소모량

(기초대사량+활동대사량)의 10%를 적용한다.

[(1166kcal−43.2kcal)+656.6kcal]×0.1=177.9kcal

d. 총 에너지 소요량 산출:

1일 총 에너지 소모량

=기초대사량+활동대사량+식품 이용을 위한 에너지 소모량

=1122.8kcal+656.6kcal+177.9kcal=1957.3kcal

④ 적응시의 에너지 소모량(Adaptive Thermogenesis: AT)

신체가 어떤 외부의 스트레스, 예를 들면 추운 환경에 노출되거나, 지나친 과식을 했을 때, 감정변화가 심할 때 등 큰 환경변화가 있을 때 적응하기 위해 소비되는 열량이다. 자율신경, 호르몬에 의한 영향으로 개개인에 있어서 그 양이 어느 정도 되는지는 파악하기 어렵다.

과식을 했을 때 지방세포에서 과잉의 열량축적을 막기 위해 교감신경의 기능이 활발해져 열량 소모가 많이 되는 현상 등을 들 수 있다. 급격하게 에너지 섭취를 줄이면 교감신경의 작용이 감소되어 식이에 의한 열발생이 저하되고, 에너지 섭취가 많으면 교감신경의 작용이 항진되어 열소모도 증가하는데 비만인에서는 이러한 대사 변화에 대한 반응이 둔감하다.

카페인, 니코틴 물질 투여시에도 교감신경 자극을 자극하여 에너지 소비량이 증가되었다는 보고가 있다. 이러한 적응시의 에너지 소모는 골격근과 갈색지방조직에서 일어나는데 저온에서 체중을 조절하기 위해 골격근이 오한 shivering을 통해 열을 발생시킨다면 갈색지방조직은 비오한 nonshivering을 통해 열을 발생시킨다. 열생산을 위해 갈색지방조직 brown adipose tissue이 관여하게 되는 것은 백색지방조직 white adipose tissue이 에너지 축적에 관여하는 것과는 대조적이다.

갈색지방조직이 과거에는 동면하는 동물에게서 저온상태에서 생명을 유지하기 위해 존재하는 것으로 여겨져 왔으나 사람에게도 양은 적지만 액와부 등에 분포하고 있다고 알려져 있다. 그러나 비만한 사람은 불행하게도 과식시 열발생이 많지 않기 때문에 정상인보다 소비가 적게 되고 축적이 잘되는 것이며 갈색지방조직의 기능에 결함이 있는 것으로 여겨지고 있다.

2) 유전

비만에 유전이 관여한다는 근거는 비만이 가족성으로 집중 발생한다던가, 일란성 쌍생아 연구 결과에 의해 찾아볼 수 있다. 특정 가족이나 인종에서 비만율이 높다는 사실은 유전적 요인이 에너지 균형에 영향을 준다는 사실을 뒷받침한다. 일란성 쌍생아는 다른 환경에서 자라도 체중증가의 형태나 체지방의 분포형태(상체비만 혹은 하체비만)가 비슷하다.

통계에 의하면 부모의 양쪽이 모두 비만인 경우 60~80%의 비만일 확률이 있고 부모 중 어느 한쪽이 비만일 경우 40~50%, 부모가 모두 정상일 경우 약 10%일 확률이 있다. 이는 비만이 주로 유전적인 요인에 의해 생기고, 이런 사람들은 체질적으로 효율이 높은 대사를 가지고 태어나기 때문이다. 같은 양의 에너지를 섭취하더라도 대사효율이 높은 사람은 보통사람에 비해 더 쉽게 체지방이 증가하게 된다. 이들 중 많은 사람은 에너지가 필요할 때 지방을 사용하는 능력이 낮은데, 이는 부분적으로는 호르몬에 대한 지방세포수의 수용체가 비정상적으로 변화한 것에 기안한다고 한다. 그리하여 섭취된 지방은 에너지로 쓰이기보다는 대개가 지방조직에 축적된다.

체중이나 체지방량이 개인마다 유전적으로 정해져 있어서 신체가 그 수치를 유지하고자 식행동과 대사율을 변화시킨다는 이론이 일정 체중유지 이론이다. 이 이론을 에너지 섭취량이 상당히 변화함에도 불구하고 오랫동안 안정된 체중이 유지되는 현상을 설명한다. 최근에는 렙틴이라는 단백질이 발견되었는데, 이것이 중추신경망과 지방조직 사이를 연결하는 의사전달매체로 작용하는 것으로 알려져 많은 연구가 진행 중이다.

3) 중추신경계 이상

뇌의 시상하부에 존재하는 식욕조절중추는 식욕조절의 중추적인 역할을 담당하고 있다. 복측정중의 시상하부에 손상이 생기면 미주신경을 통한 인슐린분비항진증 hypoinsulinemia을 초래하여 비만증이 발생하고 복측외측의 시상하부에 손상을 주면 식욕감퇴를 초래하여 체중이 저하된다. 또한 시상하부에 종양, 감염, 외상 등이 있으면 식욕이 증가된다.

교감신경계의 활동성이 저하되면 식욕항진을 보이며 비만을 초래하게 된다. 이는 교감신경계의 활동성은 식품 섭취와 반비례 관계에 있음을 보여주는 결과이다. 이와 같은 시상하부 질환 hypothalmus disorder으로 인한 섭식장애가 원인인 비만을 중추형 비만이라고 한다. 비만증에 대한 생물학적인 견해 중 대사 균형을 유지하는 조직들과 체세포들의 복합적인 상호작용에 문제가 발생한 경우를 지적하는 학설도 있는데 공복감과 만복감을 감지하는 생화학적인 기전들에 이상이 발생하면 비만인들이 식욕을 자극하는 요인들에 대하여 더욱 신속히 반응하리라는 것이다. 그러나 아직 섭식태도에 대한 완전한 학설은 없다.

4) 내분비 불균형

내분비성 비만의 원인이 되는 질환으로는 쿠싱증후군, 갑상선기능 저하증, 다낭성 난소질환, 성호르몬 결핍증, 성장호르몬 결핍증, 인슐린 종양이 있으며, 이러한 내분비성 비만의 빈도는 적지만 원인이 되는 질환을 치료함으로써 비만증을 치료할 수 있다.

소아비만의 경우 극히 일부분(0.1% 미만)이 내분비 대사장해나 특수질환으로 인한 비만으로 나타나고 있는데, 내분비나 대사장애로 인한 비만인 경우 키가 5th percentile 미만으로 정상보다 작고 골연령이 낮은 데 비해서 단순성 비만인 경우는 키가 50th percentile보다 크고 골연령도 정상 혹은 앞서 있다. 뇌하수체 또는 부신피질에 종양이 있거나 스테로이드 호르몬을 장기간 복용하면 쿠싱증후군cushing syndrome이 발생하게 된다. 이 경우 중심부위의 지방축적과는 대조적으로 팔다리는 피하지방의 감소와 근육의 위축으로 가늘어지는 특징을 가진 중심성 비만으로 나타나며, 고혈압, 당뇨병, 골다공증도 발생한다.

갑상선 기능저하증hypothyroidism은 기초대사가 30~50% 정도 저하되면서 열량소모량의 감소를 초래하여 체중증가를 유발하게 된다. 갑상선기능 저하증은 갑상선 호르몬의 결핍으로 인하여 전신의 대사과정이 느려져서 나타나는 임상증후군이다. 성인에게 가장 흔한 원인은 자가 면역성 갑상선염으로 하시모토 갑상선염이 대부분이다. 주로 20~40대 여성에게 발생하며 갑상선종을 동반하게 된다.

성장호르몬의 결핍시에도 비만증이 발생하는 것으로 나타났다. 성인 성장호르몬 결핍증 환자는 특히 내장지방량이 증가하여 이로 인한 심혈관계질환으로 이환율 및 사망률의 증가가 보고되어 왔다. 성장호르몬은 지방조직에서의 hormone sensitive lipoprotein lipase의 활성도를 증가시켜 지방분해를 촉진시킨다. 성인 성장호르몬 결핍증 환자에게 성장호르몬의 보충은 체지방량을 감소시키고 근육량의 증가를 유도하여 정상적 인체구성을 유지할 수 있게 해준다.

정상 성인남자의 혈중 테스토스테론의 농도는 체지방량과 반비례한다고 보고되어 왔다. 지방세포에는 안드로겐의 수용체가 있어서 테스토스테론은 지방분해에 영향을 주는데 특히 테스토스테론은 대퇴부 지방조직보다는 특히 복부지방에서 중성지방의 분해를 증가시킨다. 따라서 테스토스테론 결핍 환자에게는 흔히 복부비만이 동반된다. 이러한 후천적 성호르몬 결핍증을 가진 환자에게 안드로겐 보충요법은 체지방량을 감소시키고 근육 및 뼈를 증가시킨다. 폐경 후 여자에게 호르몬보충요법은 체중의 증가를 둔화시키며, 남성형 비만 형태로의 변화를 예방할 수 있다는 보고가 있다.

인슐린종이 비만의 원인으로 작용할 수 있다. 인슐린종은 인슐린 분비종양으로 혈당이 낮아도 지속적으로 인슐린을 분비하여 공복시 저혈당을 유발하게 된다. 대개 공복시 반복되는 저혈당 증세 즉 발한, 심계항진, 무기력감이 나타난다. 비만증은 30% 정도 나타나는데 인슐린의 증가에 의한 것이라기보다는 환자가 음식을 자주 섭취함으로써 증상을 예방할 수 있는 것을 경험에 의해 알게 되어 음식의 섭취가 나타난다고 알려져 있다. 외과적 수술 방법으로 치료된다.

난소 적출술을 실시한 경우 식욕이 항진되면서 고지방식에 대한 기호가 증가하는 것으로 나타났다.

남성에 비해 여성들은 성호르몬의 분비 변화로 일생 동안 비만에 노출될 위험이 매우 높다. 사춘기에 시작되는 초경은 체지방의 축적상태에 비례해 조기에 나타나기도 하는데, 초경이 시작된 후 소녀들의 체지방 증가가 두드러지게 증가하게 되며 증가된 체지방은 여성다운 몸매로 만들어주는 역할을 한다. 임신기 동안 태아를 보호하고 출산 후 수유를 위한 체지방 축적을 유도하는 호르몬의 변화가 있고, 폐경 후 다시 한 번 호르몬의 변화를 겪게 된다. 그리하여 여성은 초경, 임신, 출산, 폐경을 거치면서 호르몬의 변화에 맞추어 체성분의 변화가 나타나므로 식이와 활동량을 신중히 조절할 필요가 있다. 결혼 후 비만해진 여성의 80% 이상이 임신과 출산을 거치며 체중관리에 실패한 경우이다.

5) 약물 부작용

스테로이드 호르몬제, 항히스타민제, 피임제 등의 호르몬계 약물 및 신경안정제, 항경련제, 세로토닌 길항제, 감기약, 당뇨병 약물인 인슐린 등의 부작용으로 인해 몸이 붓고 살이 찌는 현상이 나타날 수 있다.

세로토닌은 중추신경계를 비롯한 많은 체조직 내에 존재하는 중추성 신경전달물질로 혈관수축 등 많은 생리적 작용을 한다. 비만치료제로 세로토닌 분비를 증가시키는 약물을 사용하기도 한다.

04 비만과 질병

신체의 생리적 기능이 최적의 상태를 유지하고 활력이 있으며 질병에 대한 최적의 방어력을 지니기 위해서는 체구성분으로서 적당한 영양소가 존재해야 한다. 비만인과 날씬한 사람이 80세까지 생존할 확률은 1 : 3으로 나타났다.

비만이 수명을 단축시키는 것은 비만과 동시에 나타나는 합병증이 주원인이다. 비만인 사람들은 특별한 병이 없어도 심장, 폐, 간, 신장 등의 장기의 움직임에 과다한 체중과 체지방이 부담을 주어 내장의 움직임에 무리가 가고 내장기능의 장애가 초래된다.

그림 7-3 비만과 관련된 질환

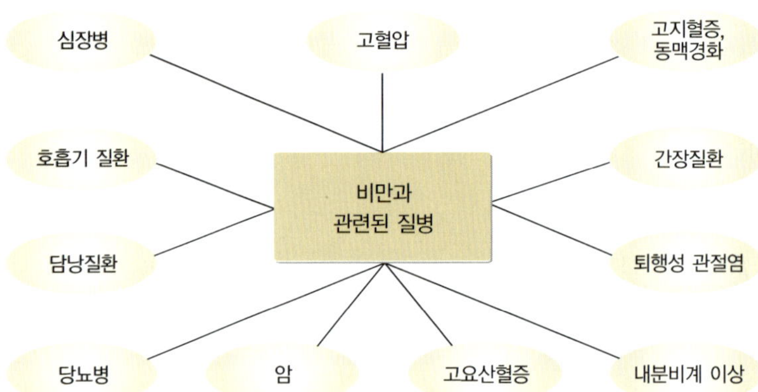

표 7-8 선진국에서 비만에 동반된 건강의 상대위험도

매우 증가(>3)	중등도 증가(2~3)	약간 증가(1~2)
당뇨병	관상동맥질환	암(유장, 자궁내막, 대장)
담낭질환	골관절염(무릎)	생식호르몬 이상
고혈압	고요산혈증과 통풍	다낭포난소 증후군
인슐린저항성		불임
호흡곤란		요통
수면무호흡		마취 위험증가 모체에서 태아 이상

1) 심장병

심장은 몸 전체에 필요한 혈액을 공급해주는 펌프역할을 한다. 체중의 증가에 따라 심장의 중량도 증가한다. 그러나 전체 체중에 대한 심장중량의 비는 정상인보다 낮으며, 초과한 체중을 감당하기 위하여 심장이 과도한 부담을 받게 된다. 이는 심근증과 심부전을 유도할 확률이 높고 혈중지질의 상승에 의한 관상동맥경화증의 위험이 크다.

연구에 의하면 BMI 26kg/㎡ 이상인 남성은 22.5kg/㎡ 미만인 경우보다 심혈관질환으로 인한 사망률이 2.5배 높으며, BMI 29kg/㎡ 이상인 30~55세의 여성은 21kg/㎡ 미만인 경우보다 약 4배나 심혈관질환 사망률이 증가했다고 한다.

체지방의 분포양상도 심혈관질환과 중요한 관련성이 있으며 복부비만인 경우 심혈관질환의 이환율 및 사망률이 증가한다.

심근경색증이나 협심증의 병력이 있는 경우, 비만관리를 할 때 운동보다는 식사요법에 주안점을 두도록 한다. 운동은 매우 조심스럽고 신중하게 지도되어야 하며 걷기나 산책 등의 전혀 부담이 되지 않는 운동을 하도록 한다.

2) 고혈압

비만하면 몸 안의 필요없는 지방을 유지하기 위해 인체조직에서 산소의 필요량이 증가하게 된다. 이 산소를 공급하기 위해 몸 속을 순환하는 혈액의 양이 늘게 되고 말초혈관의 저항이 커져 혈압이 상승하게 된다. 비만도의 증가와 함께 고혈압의 빈도는 높아지고 정상인에 비해 남자는 2~3배, 여자는 8배 정도 고혈압 합병률이 높다. 특히 복부비만인 사람은 내장지방세포에서 혈압에 영향을 미치는 호르몬과 여러 가지 물질을 분비하여 혈압을 상승시킨다.

비만과 고혈압은 모두 심장기능에 영향을 미친다. 비만과 고혈압이 동시에 작용하면 심근의 비후와 심장이완으로 심부전의 위험이 높아진다.

체중감량은 그 자체만으로도 많은 비만환자의 혈압을 감소시킨다. 비만한 고혈압환자가 4.5kg 정도만 체중감량해도 혈압을 감소시키고 항고혈압제의 효과를 배가시킨다. 이러한 체중감량은 식이의 제한과 신체적 운동, 약물 혹은 수술적 요법에 의하여 이루어질 수 있다. 체중감량을 위한 식이로써 저열량식사를 하면서 염분함량을 적게 섭취해야 한다. 또한 지속적인 유산소 운동은 혈압을 저하시키는 데 매우 효과적이나 운동과다로 인하여 혈압이 상승되지 않도록 하여야 하며 특히 웨이트 트레이닝과 같은 저항운동을 할 때에는 혈압이 상승될 우려가 있으므로 주의가 요구된다.

체중감량을 위한 약제로는 현재 orlistat와 sibutramine이 공인되어 처방될 수 있다. orlistat는 고위험도의 고혈압환자에게서 비만치료제로서 사용이 가능하다고 생각되며, sibutramine은 체중조절이 이 약제로 잘 반응하거나 다른 항고혈압제로 혈압이 안정된 사람에 국한해서 사용되어야 하며, 정기적인 혈압 및 맥박의 측정이 필요할 수 있다. 비만치료를 위한 수술요법은 치명적 비만근래의 보고에 의하면 이러한 수술요법으로 단기적 효과는 있으나 장기적인 혈압 강화 효과는 불명확하다고 알려져 있다.

3) 고지혈증

비만증에는 지단백 대사의 이상으로 고지혈증이 흔히 동반된다. 체지방의 과다는 중성지방과 저밀도 콜레스테롤(LDL)의 증가와 고밀도 콜레스테롤(HDL)의 감소를 동반하고, 이로 인하여 심혈관질환이나 뇌졸중의 중요한 원인이 되고 있다.

이 중 고중성지방혈증은 비만증에서 가장 흔히 동반되는 지질대사 이상으로 포도당, 글리세롤과 지방산이 간으로 유입되는 것이 증가하는 것과 비만증에서 보이는 고인슐린혈증으로 인하여 간에서 초밀도지단백(VLDL)의 생성이 증가하는 것이 원인이다. 인슐린저항성이란 생리적인 인슐린 농도에서 인슐린에 대한 반응이 정상보다 감소되어 있는 상태를 말한다. 인슐린은 다양한 생리적인 기능을 갖고 있지만, 일반적으로 인슐린저항성은 포도당 대사에 대한 인슐린 작용이 감소된 상태를 말한다. 인슐린은 간에서 포도당 생성을 억제하며 말초조직의 포도당 이용을 증가시킨다. 따라서 인슐린저항성은 간의 포도당 생성억제 장애와 말초조직의 포도당 이용감소로 나타난다.

지방세포에 지방이 축척되는 것은 중성지방을 합성하고 분해하는 과정에 의하여 결정된다. 음식물에 포함된 중성지방은 소장에서 흡수되어 킬로미크론의 형태로 혈액으로 순환되는데 혈관내피세포에 있는 지단백리파제 lipoprotein lipase에 의하여 가수분해되어 유리지방산과 글리세롤로 분해된 후 지방세포로 이동, 다시 중성지방으로 합성되어 저장된다. 간에 있는 지방산에서 초밀도지단백이 생성되는데 이는 주로 중성지방으로 이루어져 있다. 지질대사는 지단백리파제가 중요한 역할을 하는데 비만증과 함께 동반되는 인슐린저항성에 의하여 이 효소의 작용이 억제되어 지질대사의 이상을 초래하게 된다.

비만에 의하여 발생한 고지혈증은 체중감량으로 개선을 기대할 수 있다. 실제로 체중이 5~10% 감소하여도 중성지방과 LDL이 감소하고 HDL의 증가를 볼 수 있다. 식사요법과 운동요법이 필요하며 이러한 생활양식 개선 방법을 1~3개월간 시도한다. 지방의 섭취 비율을 총 칼로리의 25~30%로 제한하고 이중포화지방산의 7% 이내로 제한하고 불포화지방산의 비율은 10% 이상으로 늘린다. 또한 식이섬유와 콩류의 섭취를 증가한다.

중성지방과 콜레스테롤의 저하를 위해서 다양한 약제가 있으며 고지혈증의 분류와 부작용에 유의하여 약제를 선택한다. 또한 체중감량을 위한 생활양식의 변화, 규칙적인 유산소운동, 적절한 식사요법, 즉 일일 섭취열량 및 포화지방 섭취의 감소, 식이성 섬유 섭취 증가 등의 비약물요법이 필요하다.

4) 동맥경화증

비만으로 인한 혈청지질의 상승은 동맥내막에 과한 지질의 축적을 유발하게 되고, 이는 동맥의 경화를 초래하게 된다. 특히 뇌를 비롯한 각종 장기의 혈관에 동맥경화가 초래되므로 혈관계 질환의 주요 위험요인이 된다.

5) 당뇨병

비만인은 인슐린의 분비에 장애를 초래하여 2형 당뇨병을 유발시킬 확률이 높으며 특히 복부비만은 당뇨병으로 진전될 가능성을 상승시킨다.

2형 당뇨병은 모든 성별과 인종에서 비만과 강력한 관련이 있다. 비만의 정도와 기간이 클수록 2형 당뇨병의 위험은 증가하며. 특히 복부 비만에서 현저하다. BMI 증가에 따라 당뇨병 발생은 증가한다. BMI 24kg/㎡ 미만에서 당뇨병의 위험도는 작았으나, 상대 위험도는 40배, 즉 4000% 증가하였다. 여성을 대상으로 한 간호사 건강연구에서도 유사한 결과였으나, 위험도가 가장 낮은 BMI는 22kg/㎡로 건강전문가 연구에서 보다 낮았다. 그러나 BMI는 35kg/㎡ 이상에서 당뇨병의 상대 위험도는 60.9배로 6000% 이상이었다.

당뇨병 합병증이 있는 경우, 비만관리를 할 때에는 운동은 식사 후에 하는 것을 원칙으로 하되 너무 과다하게 하여 저혈당에 빠지지 않도록 주의해야 한다. 적당한 운동을 수반한 식이 조절은 체중 감량과 동시에 혈당치를 현저히 저하시키는 효과가 있다.

6) 암

암의 종류에 따라 비만한 사람에게 유의하게 증가하게 된다. 비만한 사람에게서 흔히 발생하는 암은, 남성은 대장암, 직장암, 전립선암이며, 여성은 생식기계의 암과 담낭암이다.

비만한 폐경여성은 혈청 에스트로겐 농도가 높아져 이로 인한 자궁내막암의 위험이 정상체중 여성에 비하여 2~10배 증가하며 폐경여성이 체중을 감소시키면 자궁내막암의 위험이 낮아진다고 보고되고 있다. 비만한 여성에게서 자궁내막암의 위험이 높은 이유는 지방조직에서 혈청 에스트로겐 생산이 증가하기 때문이며, 폐경 후 여성의 지방조직 증가와 관련이 있다. 유방암은 총 체지방보다 복부지방량과 관련이 높으며, 컴퓨터 촬영으로 측정한 복부지방의 증가량과 유방암 위험도는 유의한 상관이 있었다.

7) 간장질환

비만인은 지방간의 발병률이 높고 간경화의 발현율도 동시에 높아진다. 비만증 환자의 간조직 검사상 60~70% 정도에서 지방간 Fatty liver 이 확인됨으로써 비만은 지방간을 일으키는 중요한 원인으로 알려져 있다.

지방간은 간 중량의 5% 이상이 지방, 특히 중성지방으로 구성된 상태로 정의되나 환자들의 간에서 지방량을 정확히 정량하기 힘들고 특이적 증상이 없으므로 진단이 용이하지 않다. 지방간은 간에서의 지방합성의 증가 및 지방분해 감소, 말초에서 간으로의 지방이동 증가 등에 기인한다.

비만과 간 손상의 연관성은 비알코올성 간염에 대한 연구가 진행되면서 비교적 최근에 제기되었으며 일부의 연구에서는 둘 사이의 원인적 연관성이 부정되기도 하였다.

그러나 음주를 전혀 하지 않는 환자군에서 비만환자 체중감량을 시행한 결과 간조직 소견과 간 기능이 호전되었음을 관찰한 연구들은 비만이 지방간의 원인요인임을 강력하게 시사하고 있다. 비만에 의한 지방간의 경우 저열량식이를 하면 지방침착도 감소될 뿐 아니라 생화학적 검사값도 호전됨이 관찰되고 있다.

8) 담낭질환

비만으로 담낭이 압박을 받으며 담즙의 흐름이 원활하지 못하여 담낭염, 담석증의 발현도 증가하는데 이는 복부비만의 경우 더욱 위험하다. 담낭의 수술시에도 복부지방은 큰 장해로 작용한다. 비만증의 경우 정상인보다 담석증 및 담낭질환의 빈도가 높은 것으로 알려져 있는데 이는 남자보다 여자에게서 더욱 뚜렷하다.

담석 발생 증가 이유의 하나로 체내 전체지방에 비해 콜레스테롤 대사가 증가하기 때문이라고 한다. 담즙 내에 담즙산 및 인지질에 비해 콜레스테롤 농도가 상대적으로 높으면 콜레스테롤 담석 발생 가능성이 높아진다.

Suminori의 연구에 의하면 담석증은 비만, 흡연, 음주, 당내성 장애와 연관성이 있으나 이 중 비만이 가장 큰 연관성이 있다고 보고하였다.

9) 호흡기질환

중증 비만에서 폐기능의 변화가 일어난다. 이것은 복압의 증가로 횡경막을 눌러 잔류 폐용적residual lung volume이 감소되기 때문이다. 남성에게서 총 체지방과 관계없이 복부 내장지방의 증가는 환기능력에 영향을 준다.

비만에 동반된 수면 무호흡증은 심각한 문제이며, 수면 무호흡증은 남성에게서 흔하고, 코골이 지수나 최대 야간 소음강도와 관계가 있다. 목둘레가 넓고 인두 주위에 지방 분포가 많으면 중증 무호흡증이 발생한다.

10) 내분비 변화

비만에 동반된 내분비계의 변화에서 가장 중요한 것은 생식기계의 변화이다. 여성에게서 월경이 불규칙해지고, 무배란 주기가 증가하며, 임신능력이 떨어진다. 임신 중 임신 중독증 발생이 증가하며, 고혈압과 제왕절개술의 빈도도 높다.

표 7-9 비만에 동반된 내분비 이상

● 코르티솔 생산증가	● 여성에게서 프로게스테론 감소
● 인슐린 저항성	● 남성에게서 테스토스테론 감소
● 여성에게서 성호르몬 결합글로블린 감소	● 성장호르몬 생산 감소

11) 관절계통 질환

비만으로 인한 과다한 체중은 하지의 주관절에 과한 부담을 주어 각종 관절계통의 이상을 초래하는 것으로 밝혀졌다. 특히 중년의 비만 여성들은 관절계 질환이 심각한 수준인 것으로 나타났으며, 체중을 감량하면 관절계 질환이 뚜렷하게 호전됨을 알 수 있다.

체중감량을 위하여 운동을 해야 하지만 통증 때문에 운동에 제한을 주게 되며 무릎, 발목 등 체중이 실리는 관절의 통증으로 걷기, 산책이 어려운 경우는 수영, 물 속에서 걷기 등을 한다.

12) 피부질환

비만으로 피부선조Striae가 흔히 발생하며 이는 지방축적의 증가압력을 이기지 못해 나타나는 피부의 변화이다. 비만여성에게서 성선호르몬의 변화로 다모증이 발생하기도 한다.

체중이 줄고 나서 피부질환이 호전되는 경우는 매우 일반적이다. 특히 여드름은 뚜렷한 호전을 보이는데 이는 식사의 섭취형태가 건강식으로 전환되면서 수반되는 증상으로 알려져 있다.

13) 사고사

비만은 기초체력의 저하를 가져온다. 민첩성, 평형성, 순발력, 심폐지구력, 근력, 유연성의 저하로 위험한 상황에서 순간적으로 대처하는 방어체력이 떨어져 교통사고, 낙상 등의 각종 사고를 당할 수 있다. 기초체력 향상에 초점을 맞추면 비만인이 무리 없이 운동을 수용할 수 있다.

05 비만과 여성건강

최근 국민건강영양조사결과 BMI가 25 이상인 비만유병률이 남성의 경우 40대와 50대에는 41.2%, 41.1% 여성의 경우 60대에 46.7%로 가장 많았고, 이 시기까지 연령이 증가할수록 비만유병률이 증가하고 그 이후에는 감소추세를 보였다. 이러한 결과는 우리나라 성인여성에게서 연령이 증가할수록 비만에 따른 건강문제가 심각하게 대두되고 있음을 시사하고 있다.

여성의 비만은 당뇨병, 골관절염, 심혈관질환 등의 발생 위험을 증가시킬 뿐만 아니라 여성 특유의 생식생리에 영향을 미쳐 월경장애, 불임을 초래하고 임신 중 산모 및 태아에게 영향을 미친다. 또한 유방암, 자궁암 발생의 위험도를 증가시킨다. 비만이 특히 여성에게 미치는 영향은 다음과 같다.

1) 비만과 생식생리

체질량지수와 초경은 상관관계가 있어 비만할수록 초경연령이 빠르다는 것이 확인되었다.

과도한 체지방 축적은 배란장애를 유발하여 무월경이나 불임을 초래할 수 있다. 지방세포들은 에스트로겐을 생성하기 때문에 비만여성은 정상체중의 여성에 비해 에스트로겐 분비량이 훨씬 커진다. 고도의 비만은 에스트로겐 농도의 증가로 인해 정상적인 내분비기전이 방해를 받는다. 즉 뇌하수체와 난소 사이의 신호전달체계에 이상을 일으켜 난소 자체의 초자화, 퇴화난포가 증가하는데, 비만여성의 월경장애의 위험도는 정상체중 여성에 비하여 3.1배 높다.

무배란 불임환자에게 치료로 배란유도제를 투여할 경우 비만여성은 정상체중인 여성에 비해 치료효과 즉 배란되는 확률도 낮다고 한다.

2) 비만과 임신

비만여성은 임신성 당뇨, 임신성 고혈압, 혈전 정맥염, 분만이상, 제왕절개 분만의 위험이 증가하고, 수술시 출혈량도 많고, 수술 후 감염의 위험도 증가한다.

또한 자궁 내 태아 사망의 위험도 증가하고, 조산으로 인한 신생아 사망의 위험도 증가한다. 그러나 이러한 영향은 임신 전 비만도와 관련되어 있고, 임신 중의 체중 증가와는 무관하다.

임신 전 비만여성에서 임신성 고혈압의 위험은 마른 여성에 비하여 3.6배 증가한다. 비만산모에게서 임신성 당뇨병의 빈도가 증가한다는 사실은 대부분의 연구에서 동일한 의견이 제시되었으며 정상체중 여성에게서의 빈도는 0~2.7%이며 비만여성에게서는 7.1~44.8%에서 동반된다고 하였다.

비만산모는 옥시토신 사용 등에 의한 유도분만의 빈도가 높다. 비만산모는 거대아의 빈도가 증가하고 거대아 분만에 따른 위험, 즉 견갑난산, 외음부, 회음부 열상의 위험이 증가하며 분만시 출혈의 위험도 2배 증가한다. 제왕절개 분만의 빈도는 정상체중 산모에 비하여 3배 증가한다. 비만산모에게서 제왕절개 분만된 주된 적응증은 자궁경부의 개대부전, 태아가사상태, 유도분만 실패이다.

3) 비만과 폐경

폐경이행기(갱년기)에 1년에 평균 800g의 체중이 증가하며, 에스트로겐의 결핍으로 특히 남성형의 지방축적, 즉 복부에 지방이 축적되며 골격근의 질량은 변화가 없다.

폐경기에는 비만과 함께 골다공증 및 인슐린저항성이 발생하며, 결과적으로 심혈관 질환의 위험이 증가한다. 특히 심혈관질환은 서양의 폐경여성뿐만 아니라 우리나라 폐경여성의 주된 사망원인으로 대두되고 있다.

06

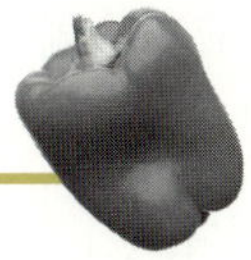

비만관리법

1) 식이요법

비만식이는 열량의 감소와 잘못된 식습관을 수정한다는 두 가지 목적으로 과학적으로 수행해야 한다. 식습관 조사표에 의해 본인의 잘못된 식습관을 점검해 보는 것이 비만식이요법의 시작이며 기본이다.

(1) 식사평가

일반적으로 비만인 사람은 정상인에 비해 칼로리 섭취량이 상당히 많은 것으로 생각하기 쉽다. 많은 경우에서 비만환자의 칼로리 섭취량이 높음을 확인할 수 있지만, 활동량이 적은 경우, 칼로리 섭취량이 많지 않다 하더라도 체중이 증가할 수 있다.

또한 일부 비만환자의 경우 지나치게 칼로리가 적은 식사를 하거나 불규칙적인 식사를 하면, 체내에너지 기초대사율이 감소되어 열량이 그리 높지 않은 식사를 함에도 불구하고 체중 증가가 가속화되기 쉽다. 따라서 상담대상자의 식사력 조사결과를 토대로 환자의 칼로리 섭취상태를 면밀히 체크하는 것이 중요하다.

칼로리와 전체적인 영양소 섭취상태를 알아보기 위해서는 식사일기, 24시간 회상법, 평소 섭취량 조사법, 식품섭취빈도 조사법 등이 이용된다. 이 중 손쉽게 할 수 있는 방법은 식사일지, 24시간 회상법이다.

식사일지는 일주일의 식사 중 주말을 1일 포함한 3일 식사를 아침, 점심, 저녁, 간식으로 나누어 빠짐없이 섭취한 식품의 종류와 분량을 그때그때 기록하게 한 후 눈대중 열량환산표로 열량을 환산해 보거나 컴퓨터 프로그램을 통해 1일 평균 칼로리와 영양소 섭취량을 평가하는 방법이다. 24시간 화상법은 그 전날 섭취한 식품들을 회상하게 하여 1일, 또는 3일 반복, 기록한 후 1일 평균 섭취량을 평가한다.

식사섭취량 평가를 위해서는 최소한 식품의 열량환산표, 식품성분표가 구비되어 있어야 하며 평가 후 열량, 지방섭취량 등을 제한하는 등 식품선택과 식사방법에 관한 상담에 임한다.

성인 비만인의 경우 식사섭취량보다 식사습관이 문제가 되는 경우가 많다.

또한 식사 섭취량을 조정하기 위해서는 식사습관 및 생활습관의 교정이 매우 중요하므로 이에 대한 정확한 평가가 요구된다.

아래 표는 손쉽게 진단할 수 있는 비만인을 위한 식습관 진단표이다.

표 7-10▶ 비만인 대상 식습관 진단표

총점은 100점 만점이며 1, 2, 3단계에 걸쳐 평가하여 식습관이 개선되도록 한다.

	항 목	제1단계 월 일	제2단계 월 일	제3단계 월 일
1	보통 결식할 때가 많다.(1일 3식 기준으로)			
2	식사시간은 불규칙할 때가 많다.			
3	식사시간을 할애하지 않고 빨리 먹을 때가 많다.(10분 이내)			
4	음식물에 대한 편식 심한 편이다.			
5	간식은 거의 매일 먹는다.			
6	저녁식사 후 취침 사이에 야식을 잘 먹는다.			
7	과식할 때가 많다.			
8	배 부를 때까지 먹는다.			
9	과음할 때가 많다.			
10	과자나 단 음식을 잘 먹는다.			
11	커피, 홍차(설탕 포함)는 매일 3잔 이상 먹는다.			
12	음식물은 잘 씹지 않고 먹는 편이다.			
13	가공식품(라면, 소시지 등)을 자주 먹는다.			
14	우유는 거의 마시지 않는다.			
15	당근, 시금치 등 녹황색 야채는 잘 먹지 않는다.			
16	과일은 별로 좋아하지 않아서 안 먹는다.			
17	다시마, 미역, 김 등 해조류는 거의 먹지 않는다.			
18	육류를 좋아해서 자주 먹는다.			
19	반찬은 기름지게 조미된 것을 좋아한다.			
20	연회 등에서 차린 음식을 먹을 기회가 많다.			
총계	× : 5점 (1문항당) △ : 3점 (1문항당) ○ : 1점 (1문항당)			

(2) 식사상담

① 일상생활에서 실천할 수 있는 식습관 조절방법

- 배고플 때는 20분 정도 기다린다.
- 종종 갈증이 나거나 뭔가 먹고 싶을 때 칼로리 있는 음식을 먹기 전에 녹차나 생수를 마신다.
- 고칼로리 음식이 먹고 싶을 때 너무 참기만 하지 말고 조금 먹는다. 조금 먹을 자신이 없을 때는 먹지 않는 것이 좋다.
- 먼저 채소를 먹는다.
- 식사계획시 부피면에서 큰 섬유질 식품, 즉 곡식이나 채소, 과일이나 지방, 설탕, 단백질이 주성분으로 구성된 음식보다 포만감을 오래 지속시켜준다. 질감면에서 수분이 많고 씹히는 맛이 있으며 부드러운 것이 좋다.
- 같은 음식도 양이 많아 보이게 담는다.
- 물을 하루 8컵 이상 마신다. 노폐물 배설, 소화, 변비예방에 좋으며 포만감을 줄 수 있다.
- 1인분을 조절하여 담는다.
- 식사시간을 지킨다.
- 하루 3끼 먹는다.
- 천천히 먹는다.
- 식사시간을 조절하여 지나치게 허기질 때 먹지 않도록 한다.
- TV보면서 식사하지 않는다.
- 냉장고 음식 재정리한다.
- 외식하기 전 미리 계획한다.
- 간식과 야식 유의한다.
- 빈속으로 쇼핑하지 않는다.
- 먹고 싶은 욕망은 잠시 기다려보거나 기분전환 방법, 또는 칼로리 적으면서 만복감을 줄 수 있는 대체음식 찾기

② 영양소의 필요량

• 칼로리

칼로리 처방은 적정체중을 달성하고 유지할 수 있는 수준으로 결정하게 된다. 지방조직은 0.45kg당 약 3,500kcal를 포함하고 있으므로 1주일에 약 0.5kg의 체중감소를 위해서는 1주일에 약 3,500kcal, 즉 1일 500kcal의 감소가 요구된다. 식사요법의 종류에 따라 실제로 처방되는 칼로리에 차이가 있기는 하지만 초저열량식을 이용하는 경우를 제외하고는 최저수준은 남자의 경우 1,500kcal, 여자의 경우 1,200kcal를 유지하도록 권장한다.

아래 외식의 열량표는 저열량균형식을 계획, 상담시 사용한다. 저열량균형식을 할 때 1,200kcal 식단이라면 1끼에 약 400kcal를 섭취해야 하는 셈이며, 밥 1공기는 300kcal이므로 1끼에 밥 1공기를 먹는다면 1끼 500kcal를 초과하기 십상이다. 때문에 밥은 1끼당 1/2~2/3공기 정도의 분량을 먹어야 한다.

표 7-11 외식의 열량

한식

음식명	제공형태 제공량	주내용물	열량 (칼로리)
갈비탕	400g(국물포함)	소갈비, 양지고기, 당면	280
	밥 210g	밥 1공기	300
갈비구이(1인분)	250g(양념포함)	소갈비, 양파, 간장, 배, 설탕, 참기름	560
김치찌개	400g(국물포함)	김치, 돼지고기, 두부	150
	밥 210g	밥 1공기	300
물냉면	냉면사리300g 정도, 육수 400ml	냉면, 양지고기, 무, 오이, 달걀1/2개	450
된장찌개	뚝배기(소)	감자, 호박, 두부, 바지락	110
	밥 210g	밥 1공기	300
불고기(1인분)	200g(양념포함)	소고기, 배, 양파, 설탕, 간장	310
비빔밥	200g 정도	소고기, 달걀, 고사리, 당근, 무, 시금치, 콩나물, 고추장, 설탕	280
	밥 210g	밥 1공기	300
설렁탕	소고기 50g, 당면 15g	양지고기, 사골, 당면	170
	밥 210g	밥 1공기	300
육개장	500g 정도(국물포함)	양지고기, 고사리, 대파, 달걀	190
	밥 210g	밥 1공기	300

일식

음식명	제공형태 제공량	주내용물	열량 (칼로리)
대구 매운탕	뚝배기(대)	대구, 콩나물, 양파, 쑥갓, 무	210
	밥 210g	밥 1공기	300
메밀국수	삶은면 350g 정도, 국물 250cc	메밀국수, 간장, 무즙, 가다랭이 국물	450
유부초밥	300g(10개)	유부, 밥, 설탕	500
김초밥	300g	김, 맛살, 오이, 우엉, 달걀, 밥, 설탕	360

중식

음식명	제공형태 제공량	주내용물	열량 (칼로리)
자장면	한 그릇 580g	국수, 양배추, 쇼트닝, 돼지고기, 양파, 오이, 호박	670
짬뽕	한 그릇 980g	국수, 양배추, 바지락, 물오징어, 호박, 양파, 당근	540
볶음밥	볶음밥 350g, 자장소스 100g	밥, 돼지고기, 양파, 당근, 달걀, 춘장	730

양식

음식명	제공형태 제공량	주내용물	열량 (칼로리)
돈가스	돼지고기 커틀렛 120g	돼지고기, 달걀, 빵가루, 곁들이는 채소, 채소샐러드, 밥 1접시, 크림수프	980
함박스테이크	고기(patty) 180g	소고기, 돼지고기, 빵가루, 달걀, 양파, 곁들이는 채소, 채소샐러드, 밥, 크림수프	890
카레라이스	밥 250g, 돼지고기 40g	돼지고기, 양파, 감자, 당근, 샐러리, 카레, 밥	600
피자	regular 480g	밀가루, 토핑(양파,피망,페파로니,소고기,햄,양송이), 모짜렐라치즈, 피자소스	1160(1조각/190칼로리)
스파게티	650g 정도	스파게티국수, 양파, 당근, 소고기, 토마토, 버터	580

기타

식품명	어림치	중량(g)	열량 (칼로리)
라면	1개	120	500
컵라면	1개	65	300
찹쌀떡	1개	70	160
소보로빵	1개	60	200
햄버거(맥도날드)	1개	100	260
아이스크림	1개	60	100

표 7-12 날씬해지는 식품 고르기

식이 종류	자주 섭취해야 할 식품(저지방다이어트식품)	가끔 섭취해도 무방한 식품	되도록 피해야 할 식품
동물성 단백질 급원	순살코기, 참치통조림, 게, 껍질 벗긴 닭고기, 계란	껍질째 요리한 닭고기, 새우	삼겹살 등 기름진 육류, 내장고기, 베이컨, 런천미트, 닭 · 새우튀김, 포크커틀렛
식물성 단백질 급원	두류, 두부	땅콩버터, 볶은 땅콩	기름에 볶은 견과류
유제품	탈지분유, 탈지분유로 만든 요구르트나 냉동 요구르트	저지방 우유	전지유, 아이스크림, 크림, 전지유로 만든 치즈
곡류	현미, 잡곡, 떡, 시리얼, 통밀빵, 보리빵, 크래커	백미, 흰빵, 과자	과자, 파이, 단 시리얼, 각종 스낵류, 도넛, 크림이 든 과자
채소	생채, 숙채	채소통조림	마요네즈가 풍부한 샐러드, 야채튀김, 프렌치프라이
과일	신선한 생과일	과일통조림	아보카도, 단 과즙음료, 시럽에 담근 과일통조림

• 당질

비만인 중 탄수화물의 섭취가 과한 경우는 주로 국수류, 빵류, 과자류 등의 섭취가 과잉인 경우가 많다. 동시에 과일류의 섭취와 단순 당을 이용한 음료수의 섭취가 증가하면서 비만의 형성에 기여하고 있다. 일단 복합당질인 곡류를 주식으로 한 식사를 규칙적으로 해야 한다.

당질의 섭취를 1일 최소 100g 이상 섭취해야 한다. 100g 또는 50g 미만으로 제한할 경우 뇌신경계의 기능장애를 초래한다. 어지러움, 무기력, 현기증, 변비, 월경불순, 두통, 신경과민, 정서불안, 무감각증 등이 나타날 수 있다.

비만관리시 섬유소의 섭취는 최대의 관건으로 작용하는데 갖은 채소류를 다양한 방법을 사용하여 섭취하도록 유도한다. 비만인들의 식습관을 수정하는 데 있어 가장 큰 난점은 채소류의 섭취를 늘리는 일이다. 정상적인 위장기능을 유지하려면 1일 최소 30g 이상의 섬유소를 섭취하는 것이 좋다. 그러나 과일류에 의한 섬유소의 섭취는 단순당의 섭취를 초래하므로 주의해야 한다.

• 단백질

체지방의 감소를 유도하기 위해서 열량대사를 활성화시키는 단백질은 계속 증가되며 유지되어야 하므로 소홀히 하지 말고 저지방의 단백질 식품의 섭취에 유의해야 한다. 단백질의 공급은 체중 kg당 1~1.5g으로 부족하지 않도록 유의한다. 저지방 육류, 껍질을 제거한 닭고기, 생선류, 두류, 난류, 조개류 등을 기름을 사용하지 않고 조리하여 섭취한다.

• 지방

지방섭취는 총열량 섭취의 20~25%를 넘지 않는 것이 원칙이다. 식품의 조리시 지방의 사용을 줄이고 찌거나 조리거나 삶는 방법을 많이 이용하여 음식을 요리한다. 지방섭취가 많은 경우 고지방음식을 저지방음식으로 대체하며, 육류의 섭취가 많은 경우는 육류를 줄이고 생선의 섭취를 늘인다.

• 무기질 및 비타민

1,200kcal 이하의 식사를 하는 경우 식사만으로는 권장량을 충족시키기 어려우므로 이 경우 별도의 보충이 필요하다. 감량식사를 할 때 어육류, 저지방우유, 채소, 과일류 등의 다양한 식품을 균일하게 섭취하여 비타민 , 칼슘, 철 등 부족되기 쉬운 무기질의 섭취에 불균형이 초래되지 않도록 한다.

• 수분

정상적인 식사를 하는 경우와 마찬가지로 1일 1리터 이상의 수분이 요구된다.

식품에 함유된 수분함량은 열량에 반비례한다고도 할 수 있다. 일반적으로 중량이 동일하다면 수분 함량이 많은 식품은 열량이 적고 수분 함량이 적은 식품은 열량이 많다.

③ 식사구성에 따른 식이요법의 분류

모든 식사요법은 아무리 저열량식사라도 1일 3끼로 나누어 실시해야 하며, 1끼는 최소 200kcal 이상 섭취해야만 요요현상을 방지할 수 있다.

• 상업적 조제식만을 이용하는 식이요법

일반적인 식이요법에 실패했거나 BMI가 30 이상인 고도비만자인 경우 단기간에 빠른 체중 감소가 이루어지도록 하기 위해 사용한다. 상업적 조제식의 각종 영양소함량이 적절한지 검토하여 영양적 문제가 초래되지 않도록 하며 4주 이상은 초과되지 않도록 한다.

800kcal 미만의 초저열량식은 두통 등 중추신경계, 위장계, 비뇨생식기계 등 전신에 부작용과 합병증이 발생할 우려가 있기 때문에 의학적 문제의 발생을 방지하기 위해 전문가의 통제하에 실시되어야 한다.

• 상업적 조제식과 일반식사를 병행하는 경우

상업적 조제식만을 이용하는 방법에 적응하기 어려운 경우, 또는 상업적 조제식에서 일반식사로 이행하는 과정에서 이용된다. 하루에 1~2끼를 상업적 조제식으로 대체하는 것이다. 이 방법이 효과적이기 위해서는 상업적 조제식으로 대체하는 끼니가 적어도 1회는 과식을 하기 쉬운 끼니여야 하며 과식을 보이는 끼니를 일상식으로 할 때는 열량 함량이 많지 않고 1인 분량이 결정되어 있는 김밥 등의 음식을 선택하도록 한다.

• 일반식사를 이용한 식사요법

일반식사만을 이용하여 체중을 조절하는 방법이다. 특별한 영양소 제한을 강조하지 않고 저열량 균형식을 이용한다. 평소에 비해 지나치게 열량제한을 하면 식사에 적응하는 데 어려움이 따르며 일단 체중조절이 되면 원래의 식사패턴으로 돌아가 체중이 다시 증가하게 되는 문제가 발생한다. 따라서 우선 식사평가를 하여 식사패턴을 교정하면서 열량을 적정수준으로 제한한다. 일반식사를 이용한 저열량식사는 1200kcal 미만으로 열량을 제한하면 장기적으로 효과적이지 못하다.

④ 열량에 따른 식이요법의 종류

• 초저열량식사

초저열량식사는 우리나라 성인 열량권장량이 1일 2,000kcal(여자)~2,500kcal(남자)인데 비해 400~800kcal의 열량을 공급하는 매우 적극적인 치료방법으로 에너지 소모량보다 훨씬 적은 열량을 섭취함으로써, 부족한 에너지를 체지방으로부터 보충하여 단기간에 빠른 체중 감소가 이루어지도록 하는 방법이다.

이는 주로 일반적인 식사요법에 실패했거나 체질량 지수가 30kg/㎡ 이상인 고도 비만환자에게만 권고된다. 초저열량식은 액상 또는 분말상태로 된 상업적인 조제식을 이용하게 되는데, 여러 가지 제품이 시판되고 있다. 초저열량식은 단기간에 체중을 감소시키는 효과가 있다.

• 저열량식사

체중조절 프로그램에서 보편적으로 제시되고 있는 하루 800kcal 이상, 1,200~

1,500kcal식단 식사요법이다. 이들 식사요법은 일시적인 체중감소효과에는 효과가 있지만 장기적인 체중조절이라는 측면에서 볼 때에는 문제가 있다. 저열량식사를 이용하여 안전하고 효과적인 체중조절을 하기 위해서는 평소의 식사섭취량을 파악하여 이를 근거로 적절한 영양소가 포함될 수 있도록 균형된 저열량식사를 계획하여야 한다.

불균형 저열량식사와 문제점

영양소가 편중된 불균형 저열량식사에 해당되면서 우리나라에서 많이 시도되고 있는 식이로 황제다이어트, 덴마크식 다이어트 등의 저열량 저당질 고단백식사요법과 스즈끼식 다이어트, 죽다이어트 등의 저열량 고당질식사요법, 한 가지 식품만 섭취하는 one food 다이어트 등이 있다. 이들 식이는 모두 1일 700~1,400kcal의 열량과 불균형된 영양소를 섭취하게 된다.

▶ 저열량 저당질 고단백식사요법

부작용으로 피로감, 기립성 저혈압, 구취 등이 있으며 100g 이하의 당질을 제공하는 식사는 케톤증을 유발하여 심한 탈수현상과 이뇨현상을 보이므로 체액손실을 초래한다. 당질의 섭취량을 줄이므로 지방과 단백질의 섭취량이 상대적으로 늘게 되어 관상동맥경화증의 위험이 증가한다.

• 덴마크식 다이어트

덴마크 국립병원에서 치료용으로 개발된 식단으로 당질 섭취량뿐 아니라 지방 섭취량도 제한한다. 저당질, 저지방 식사로 열량섭취를 줄일 뿐 아니라 염분의 섭취를 제한하며, 정해진 식단을 2주간 하도록 되어 있다. 저열량 고단백을 공급하므로 근육의 소실 없이 체중감소 효과를 낼 수 있다고 주장하고 있으나, 이 역시 저열량식으로서 시행기간 중에 보이는 체중감소는 대부분 염분 제한시 나타나는 수분손실에 의한 것이다. 염분 제한으로 맛이 없어 환자가 시행하기 어렵다는 문제가 있으며, 주 단백질 공급원이 계란이어서 고지혈증이나 심혈관계질환이 있는 환자에게 시행시 문제가 될 수 있다.

• 황제다이어트

1972년 Dr.Atkins가 '다이어트의 혁명'이라는 책에서 주장한 내용에 근거한 것으로 육류와 기름진 음식을 마음대로 먹으면서 살을 뺄 수 있다고 하여 황제다이어트라 불린다. 2주 동안 육류, 생선, 계란 등은 마음대로 먹고 밥, 국수, 빵류를 비롯하여 당질이 많이 함유된 음식을 일절 먹지 않는 방식이다.

이 식사요법시 체중이 감소되는 이유를 당질을 제한하면 에너지 공급을 위해 체지방을 분해하게 되고, 지방을 많이 섭취해도 체내에 당질이 없으면 체지방으로 바뀌지 않기 때문에 살이 찌지 않는다고 주장한다.

당질음식에 대한 유혹을 이기지 못하여 어려움을 호소하는 경우가 있다. 이 식사는 영양적으로 균형 잡히지 못한 식사이며, 지방, 특히 동물성 지방 및 콜레스테롤의 섭취량이 증가된다는 문제가 있다.

▶ 저열량 고당질 식사요법

저열량 고당질 식사로 스즈끼식 다이어트, 죽다이어트 등을 들 수 있다. 이 식사는 지방함량을 줄이고 설탕과 감미료를 제한하며, 대신 과일, 채소, 곡식 등과 같이 수분이 많은 고당질 식품을 이용한다. 이 식사에는 섬유소가 풍부하여 어느 정도 포만감을 줄 수 있으며, 식사를 통해 공급되는 당질이 전해질 소실을 예방하고 이뇨작용을 최소화함으로써 기립성 저혈압을 예방하고 단백질 절약작용을 하는 장점이 있다고 주장하고 있다. 그러나 이 식사는 단백질의 함량이 부족하기 쉽고 장기적으로 이용시 영양적 불균형이 초래될 수 있다는 문제가 있다.

• 스즈끼식 다이어트

일본의 스즈끼 소노꼬라는 여성에 의해 개발된 방법이다. 유제품이나 지방, 식품첨가물이 많은 음식은 포함시키지 않는다.

실제로 실천하는 데에는 어려움이 많아 중도에 포기하는 경우가 많으며, 장기간 이용시 필수 아미노산이나 비타민, 무기질 등의 부족으로 인해 골다공증, 빈혈 등을 비롯한 영양적 문제가 초래될 수 있다.

• 죽다이어트

현미죽, 김치죽, 시래기죽, 당근죽, 감자죽, 야채죽 등을 이용한 다이어트 방법이다. 죽은 밥에 비해 수분 함량이 많으므로 열량 섭취량을 줄일 수 있다. 열량을 줄이는 동시에 변비를 예방하기 위해 섬유질이 많은 채소를 이용하는데, 이는 공복감을 해소시키는 효과를 얻을 수 있다. 이때 지방은 제한하게 된다. 위장의 소화능력이 감소되는 문제가 초래될 수 있다.

▶ One food diet

체중조절을 위하여 한 가지 식품만을 계속 섭취하는 방법으로, 다이어트를 위하여 이용하는 한 가지 식품의 섭취량이 전체 섭취량의 70% 이상을 차지하는 경우를 말한다. 그 예로는 사과다이어트, 포도다이어트, 벌꿀다이어트, 요구르트다이어트, 그레이프후르츠다이어트 등을 들 수 있다. 이러한 one food diet는 각각의 식품이 체중감량에 많은 효과가 있는 것 같이 선전을 하고 있으나, 실제로는 한 가지 식품만을 섭취하다 보니 전체 음식섭취량이 감소하게 되고 식사 내 함유된 열량이 극도로 제한됨에 따른 것이며, 영양소가 심하게 제한되므로 영양적인 문제가 초래될 수 있다.

이 방법은 식품선택 방법에 대해 교육받을 기회가 전혀 없으므로 식사요법이 끝난 후 식사량이 원래대로 증가하게 되고, 그 결과 감소되었던 체중이 빠르게 재증가한다.

▶ 순환식 식사요법

이 방법은 수일간은 저열량식사를 하고 다른 날은 평소대로 식사를 하는 방법이다. 저열량식사를 계속하는 것에 비해 순환식 식사요법을 하면 제지방 조직의 손실이 많아지는데, 이는 열량 제한시 단백질 절약작용이 일어나기 전에 체중의 손실이 일어나기 때문이다. 또한 정신적으로 적응하기 힘들기 때문에 대부분의 환자는 저열량식사를 피하고 열량이 제한되지 않는 기간을 늘리려 한다. 결국 자신을 통제하지 못하여 음식 섭취 조절이 어려워지며, 섭식장애가 초래될 수도 있다.

체중조절은 그 효과가 서서히 나타나고 시간이 오래 걸리므로 인내심이 요구되어 쉽게 시도하지 못한다. 따라서 간편하고 경제적이고 단시일 이내에 체중을 감소시키고 싶은 욕망으로 과학적 근거가 없거나 감량의 효과가 지속적이지 못한 각종 시술이나 민간요법을 선호하게 되고 몇몇 연구에서 이런 방법에 의한 체중조절을 1주~1개월의 짧은 기간에 실시하고 끝낸 경우가 45% 이상인 것으로 보고 되었다.

그러나 체중조절의 효과에 대해 많은 사람이 일시적이었다고 응답함을 볼 때, 유행하는 여러 비만 식이의 문제가 일시적으로 체중을 감소시키기는 하나 감소된 체중을 유지하는 데에는 도움이 되지 못함을 확인할 수 있다. 실제로 이들 문제되는 비만식이를 살펴보면 대부분 체중감량 후의 식사조절 방법에 대해서는 거론하지 않고 있다.

비만치료에 대한 정확한 정보 없이 무분별하게 유행식이를 따름으로 적절한 운동치료 없이 열량제한만을 했을 때에 나타나는 문제점인 제지방 조직의 손실 및 대사율 저하라는 문제에 당면하게 되어 쉽게 요요현상이 생기고, 체중조절 전에 비해 오히려 체지방 비율이 증가되는 현상이 초래될 수 있다.

요요현상(yoyo sydrome)이란?

식이요법은 비만관리의 기본이고 중심이라고 말할 수 있으며, 모든 유형의 비만에 필수적으로 적용되어야 한다. 비만식이는 열량의 감소와 잘못된 식습관을 수정한다는 두 가지 목적을 위해 과학적으로 치밀하게 계획되어야 한다.

그러나 식습관, 생활습관을 교정하기보다 단시일에 체중을 감소시키려는 욕심으로 열량만을 급속으로 줄이는 단식이나 여러 가지 유행하는 비만식이를 시도하게 되어 체중조절에 실패하고 오히려 건강에 해가 되는 결과를 초래하는 경우가 많다.

저열량 비만식이를 시도할 때도 안전하고 효과적인 체중조절을 하기 위해서는 평소의 식사섭취량을 파악하여 이를 근거로 적절한 영양소가 포함될 수 있도록 균형 잡힌 저열량식사를 계획하여야 한다. 잘못된 불균형식이요법은 각종 영양소의 부족과 대사이상에 의한 영양실조, 빈혈, 부종, 간기능 저하, 면역력 감소 등의 영양장애로 인한 질병과 칼슘결핍에 의한 골다공증, 체단백손실로 인한 노화촉진, 요요현상 등의 부작용이 초래될 위험이 크다. 따라서 이를 이용하는 사람은 신중을 기하지 않으면 안 된다.

근본적인 과학적 방법으로 식습관과 행동을 수정하지 않았기 때문에 시행방법을 중단하면 체중이 다시 증가하는 현상을 요요현상이라 한다. 인체는 일정하게 인식된 체중과 체지방을 생리적으로 유지하려고 체내대사와 식행동을 자동적으로 조절한다. 이를 일정체중유지이론이라고 하는데 이는 에너지섭취량의 변화가 있어도 일정기간 체중이 유지되는 경우에 적용되는 이론이다. 즉 식사량이 줄면 이에 따라 에너지 대사체계가 줄고 식사량이 늘면 이에 따라 에너지 대사체계가 증가하여 유지되는 형태로 에너지 섭취와 소비와의 균형을 생리적으로 조절하는 이론이다.

예를 들어 500kcal 미만의 초저열량식사를 실시하여 체중감량한 경우 신체의 에너지대사는 비상사태로 들어가 급변하여 체온은 저하되고 근육의 기능도 위축됨으로써 전체적인 기초대사량을 줄이게 된다. 기초대사량이 줄어든 상태에서 식사량을 조금이라도 늘리게 되면 여분의 에너지를 체지방 합성에 사용하여 체중이 늘어나게 된다. 이러한 상황이 반복되면, 즉 단식 등 식사량을 대폭 줄인 후에 늘어난 식사량은 체지방을 계속 증가하게 만든다. 한편 운동을 하지 않으면 체단백질은 계속 감소하여 에너지를 소모할 수 있는 근육조직은 줄어들어 점점 살찌기 쉬운 체질로 바뀌게 되는 것이다.

요요현상의 구체적인 예로, 운동을 실시하지 않고 1일 420kcal의 초저열량식이를 실시한 경우 체중은 80kg에서 71kcal까지 감소했지만 이러한 식사를 계속 유지할 수 없는 상태로 체중이 더 이상 감소되지 않는 정체점에 왔다. 감소된 9kg 중 지방은 7kg, 근육은 2kg이 감소되었고 식사량을 늘인 결과 체중이 80kg으로 다시 복귀하였을 때 체지방은 8kg이, 근육은 1kg이 늘었다. 이러한 현상이 반복되면 체지방률은 점점 빠르게 증가하며 신체의 에너지대사를 담당하는 조직인 제지방(전체 체중에서 체지방을 뺀 부분)의 감소로 근육과 체수분이 줄어드는 결과를 초래, 점점 살찌기 쉬운 상태가 되는 것이다.

2) 운동요법

(1) 비만관리의 운동처방 원칙

본인에게 맞게 처방된 규칙적이고 적당한 운동은 균형된 식생활과 함께 건강관리의 기초가 된다. 규칙적인 운동으로 체력이 향상되면 인체는 점점 운동을 수용하기가 적합한 몸이 되고 체지방의 연소를 유도할 수 있는 활성화된 조직인 근육의 양이 증가하여 비만에서 벗어날 수 있는 필수적인 조건이 만들어진다.

운동요법을 통한 비만의 치료는 우선 비만인들 각자에게 맞는 운동이 처방되어야 한다. 비만인들은 기초체력인 유연성, 민첩성, 순발력, 심폐지구력, 근력, 평형성이 매우 떨어져 있고 운동을 수용할 수 있는 신체적인 조건이 갖추어지지 않은 경우가 많다.

체지방을 줄이며 비만을 관리하기 위한 운동요법은 운동의 종류, 운동의 강도, 운동의 빈도 및 1회 지속시간이 중요하다. 또한 개인의 체력에 맞아야 하며 경제적인 부담 없이 즐겁게 지속적으로 실시할 수 있어야 한다. 운동의 결과 초래되는 열량소비 효과는 운동의 강도보다는 지속성이 더욱 중요하다.

① 운동의 종류

운동에는 산소를 이용하여 만들어진 에너지를 가지고 하는 유산소 운동과 산소의 이용 없이 만들어진 에너지를 가지고 하는 무산소성 운동이 있다.

무산소 운동으로는 100m 달리기, 웨이트트레이닝과 같은 운동이 이에 속하며 호흡이 너무 가쁠 만큼 힘이 드는 운동, 또는 순간적으로 힘을 가하는 운동들이 해당된다. 무산소운동은 체지방이 연소되는 것을 돕지 않으므로 체중조절에 유용하지는 않지만 근육조직을 증가시키므로 대사율을 높여 간접적으로 체중감소에 기여한다.

유산소 운동으로는 약간 빠르게 걷기, 조깅, 자전거 타기, 에어로빅, 체조, 수영, 계단 오르기, 줄넘기, 천천히 등산하기, 자전거 타기, 가볍게 춤추기, 각종 구기종목 등이 이에 속하며 유산소 운동은 지방을 연소시켜 열량의 소모를 증가시킬 뿐만 아니라 운동종료 후에도 인체로 하여금 수시간 동안 계속해서 열량을 더 연소하게 하여 대사율을 높여주기 때문에 체중조절의 효과가 크다.

② 운동의 양

운동의 양은 강도, 시간, 빈도의 순서로 결정되며 1회 에너지 소비량은 300kcal가 적당하다.

운동의 강도를 설정하는 기준은 여러 가지가 있는데 간단히 여유심박수를 이용한다면 여유심박수의 40~70% 범위가 권장된다. 이는 운동시 호흡이 가쁘지 않은 수준이고 적당한 발한을 유도한다. 이때 체지방이 연소되며 운동강도가 너무 강해지면 체지방이 아닌 글리코겐을 사용하여 식욕이 항진되는 결과를 초래한다. 체지방 감소를 위한 적정 운동강도의 설정은 체력을 우선적으로 고려해야 한다.

운동강도는 여유심박수의 40% 이하로는 효과를 발휘할 수 없다. 프로그램 작성에 대해 단계적으로 진행하는 것이 중요하여 초기에는 가벼운 강도로부터 시작하여 점차 증가시켜야 한다.

최대심박수 = 220 - 자신의 나이

목표심박수 = 운동강도(%) × (최대심박수 - 안정시 심박수) + 안정시 심박수

＊계산의 예 : 40세 여자, 안정시 심박수 60, 50%의 운동강도로 운동하려면

최대심박수 = 220 - 40 = 180박, 목표심박수 = 0.5 × (180 - 60) + 60 = 120박/분

1분당 120박의 빠르기로 운동을 하면 운동강도 50%로 유산소 운동을 하는 것이다. 그러나 운동강도가 75% 이상으로 올라가 심박수가 1분당 150박을 넘어서면 유산소운동의 범위를 넘어서 무산소 운동의 범위에 들어가게 된다. 즉 이는 체지방을 연소시키는 프로그램으로는 적당하지 않다. 이 경우는 글리코겐과 혈당의 감소를 초래하여 식욕을 증진시키는 결과를 가져온다.

비만인은 운동을 하지 않은 경우가 대부분이므로 처음에는 약한 강도로 시작하며 준비운동, 본운동, 정리운동의 순서로 몸에 무리를 주지 말아야 한다. 특히 고도비만의 경우 퇴행성 관절염의 위험이 높기 때문에 지나친 체중부하를 주지 않는 수영, 고정식 자전거 타기 등이 좋다.

만약 운동 중 식은땀, 두통, 현기증, 구토, 근육의 경직 및 통증, 손발의 마비 및 통증, 호흡 곤란 및 안면 창백, 흉부 통증 등의 증상이 오면 즉시 운동을 중지하고 휴식을 취하면서 전문 의료진의 진료를 받는 것이 바람직하다.

운동의 시간은 초기에는 20분부터 점차적으로 증가시켜 1시간까지 할 수 있으며 운동의 빈도는 처음에는 주 3회로 시작하여 차츰 그 이상 하여야 하며 신체에 무리가 없다면 1주일에 5회 이상 매일 하는 것이 바람직하다.

일상적인 운동의 종류와 300kcal 소비하는 데 필요한 시간 ◀표 7-13

일상 활동과 운동		에너지 소비량(kcal/kg/min)	
		남	여
매우 약한 활동			
수면			
교양(독서, 쓰기, 보기), 휴식, 담화		0.023	0.022
식사	0.027	0.024	
세면, 배변, 재봉, 취미, 운전, 사무		0.029	0.027
약한 활동			
차타기(전철, 버스 등 서서)		0.038	0.035
화장		0.039	0.037
산보		0.046	0.043
세탁	전기세탁기	0.041	0.038
	손으로	0.059	0.055
	다리미질	0.046	0.043
취사		0.048	0.045
청소	전기청소기	0.050	0.046
	방 쓸기	0.059	0.055
정원 가꾸기, 게이트볼		0.055	0.051
보통 속도로 걷기(통근), 배구		0.057	0.053
목욕, 육아		0.061	0.056
보통의 활동			
자전거(보통 속도)		0.066	0.061
계단 내려오기		0.073	0.068
청소 걸레질, 속보		0.082	0.076
계단 오르내리기		0.101	0.094
볼링, 소프트볼, 야구		0.064	0.060
골프(평지), 댄스(가볍게), 하이킹(평지)		0.073	0.068
댄스(활발히), 탁구, 보트, 카누		0.108	0.100

(2) 운동과 국소비만

인체 특정부위의 근육운동에 의하여 그 부위만의 지방을 선택적으로 제거할 수 있다고 생각하는 경우가 많이 있다. 그래서 복부비만이 있을 때 흔히 윗몸일으키기를 하거나 팔의 지방을 빼기 위해 아령운동을 한다. 그러나 특정부위의 근육운동에 필요한 에너지원은 그 특정부위의 지방조직뿐만 아니라 전신에 분포되어 있는 여러 지방조직에서 동원된다.

즉, 특정부위의 체지방량의 감소는 운동부위와 관련되어 있는 것이 아니라, 운동을 통한 총 에너지 소비량에 의해서 결정된다. 대부분의 연구를 보면 국소적인 운동이 그 부위의 지방세포 크기 변화를 발견할 수 없었다. 하지만 국소 부위의 근육을 단단하게 만들어서 미용상으로는 효과를 볼 수 있다.

3) 행동수정요법

행동수정요법은 행동치료와 같은 의미로 사용되는데, 비만의 효과적인 치료전략으로 광범위하게 이용되고 있다. 비만의 행동수정요법에 대한 최초의 기술은 30여 년 전에 보고되었는데, 최근에는 사고과정, 태도, 그리고 감정을 바꾸는 전략이 전통적인 행동수정요법에 추가되었다. 이러한 일련의 기법들을 인지-행동요법이라고 하며, 이 모든 접근법은 식습관과 운동습관을 변경시켜 생활양식의 행동변화를 유도하는 공통의 기본목표를 공유하고 있다.

최근 여러 연구자들은 비만한 사람들에게서 폭식 binge eating이 자주 동반된다는 사실에 주목하고, 많게는 30% 정도의 비만인이 폭식증의 진단 기준을 만족시킨다고 보고하였다. 또한 폭식증의 경향이 있는 비만인은 체중조절프로그램에도 반응이 떨어지나, 인지-행동요법에는 좋은 반응을 보인다고 한다.

행동수정요법의 기본개념은 다음과 같다.

(1) 자기관찰(Self monitoring)

자기관찰은 먹는 습관과 운동습관을 자신이 기록하여 관찰하는 것으로 행동요법의 가장 기본이 되는 과정이다. 자기관찰은 식사일기나 운동일기를 통하여 이루어지며, 식사일지 및 운동일지를 쓴 경우 체중이 더 많이 감소한다.

자기관찰의 목적은 습관을 항상 인식하고 식습관과 운동습관을 평가하고 치료프로그램에 참여하는 개인의 동기를 평가하는 데 있으며 식생활 습관, 식사행동, 열량과 영양섭취상태, 운동습관이나 운동량, 운동종류 등이 주된 평가 항목이다.

(2) 자극 조절(Stimulus control)

식사를 자극하는 요인은 외부자극과 내부자극(감정적 흥분)으로 나눌 수 있다. 일부 연구자들은 비만인들의 식사가 외부의 자극에 의해 영향을 받으며, 내부의 자극에 의해 영향을 받는 것은 아니라고 말한다. 그들이 말하는 외부자극이란 음식의 맛, 냄새, 음식이 눈에 띄는 정도, 시간 등을 의미한다.

반면 비만인들이 내부자극, 감정적 흥분 hyperemotional state이나 정서적인 문제가 있을 때에 식품섭취가 늘어난다는 주장도 있다. 즉, 흥분하거나 불안하거나 두려울 때 더 먹는다는 것이다. 그 기전으로 음식을 먹는 것이 불안감을 감소시킨다는 가설도 있으나 아직은 명확하지 않다.

행동의 자극조절은 주로 음식섭취에 관한 여러 조건의 영향을 조절하는 것을 의미한다. TV를 보면서 과자 등을 먹는 행동을 조절하는 것이 이에 속한다. 자극 조절을 교정하는 과정은 공복감이 없는데 식품사기, 과식이나 활동감소와 같이 나쁜 행동과 관련된 앞선 행동을 변화시키고 건강한 행동을 쉽게 실천하게 하는 특별한 자극을 개발하는 단계이다. 이런 기술은 개개인마다 다르게 접근해야 하기 때문에 미리 음식섭취와 운동에 관한 좋고 나쁜 습관에 대한 평가가 필수적이다.

즉 자극조절은 여러 가지 특수상황에 따른 위기관리를 말한다. 과식, 폭식 등 나쁜 습관을 유발하는 원인적 행동이 무엇인지 찾아내고 이에 대한 대처방안을 모색하는 것이다.

대처방안으로 식이와 관련된 자극을 줄이기 위한 방법을 시도한다.

(3) 강화(Reinforcement)

친구나 가족들이 환자에게 약간의 성과에도 애정 어린 격려와 칭찬, 포상을 해주는 것은 행동의 변화를 더운 가속화시킬 수 있다. 체중변화가 아니라 행동변화에 대해 상을 준다.

(4) 사회적 지지(Social support)

주변 사람들로부터 받을 수 있는 여러 가지 사회적 지원 social support을 의미한다. 장단기 비만치료 연구에서 사회적 지원은 체중감소의 성공요인으로 알려져 있다.

표 7-14 ▶ 비만관리를 위한 행동수정기법

기법	내용
자기관찰 기법	• 식행동에 선행하는 감정을 관찰한다. • 식사 전후의 공복감을 관찰한다. • 식사시간과 장소를 관찰한다. • 식사섭취 내용, 총 열량과 영양소 섭취상태를 관찰한다. • 운동, 에너지소비 활동에 선행하는 조건들을 관찰한다. • 운동량과 운동습관을 관찰한다.
자극조절 기법	• 하루 3끼를 먹는다. • 과식을 유발할 모임이나 행사에 참여하지 않도록 피하며 만일 참석해야 한다면 과식을 해야 되는 상황을 변화시킨다. • 식품구매할 때 충동구매를 막기 위해 전략을 구상하며 문제가 되는 음식을 구입하지 않는다. • 모든 음식은 식사 후 눈에 띄지 않게 하며 음식은 오로지 식당에만 둔다. • 냉장고에는 언제나 쉽게 먹을 수 있도록 신선한 야채와 과일을 넣어둔다. • 식탁에 앉아서만 식사를 한다. • 음식을 작은 접시에 담는다. • 식사를 추가로 더 먹지 않는다. • 식사 후 음식 보이지 않게 한다. • 먹는 충동을 예방하기 위해 부엌에서 나오기 • 오후부터 저녁시간까지 바쁜 스케줄 만들기 • 먹고 싶을 때 당장 먹지 말고 다른 활동하면서 미룬다. • 간식 먹는 시간에 운동한다. • 음식 먹는 것으로 기분전환하지 않는다. 스트레스에 따른 다른 대책을 마련한다.
사회적지지 기법	• 자신의 체중감소를 도울 수 있는 협력자를 선정한다. • 협력자에게 행동관찰, 수정에 관여하도록 교육하고 치료과정에 적극적으로 참여하도록 한다. • 협력자에게 구체적으로 어떤 도움을 받아야 하는지 명확히 요구한다.(남편에게 살찔 음식은 사오지 않게끔 한다. 늦게 들어오면 식사를 차리지 않도록 협조를 구한다. 함께 운동을 하도록 한다.) • 친구, 가족들과 대화하면서 협동하는 과정을 익힌다. • 체중에 영향을 주는 일반적인 문제를 함께 상의한다. • 자신의 결심을 가족들에게 낭독한다.
자기강화기법	• 자기감시 기록을 기준으로 충동조절을 잘 수행했을 때 상을 주기 • 특정 행동에 특정 상을 주도록 계약을 설정하기 • 가족이나 친구에게 말이나 물질로 상을 주도록 협조를 구하기 • 점차 자신이 보상을 줄 수 있도록 훈련하기
행동계약	• 행동변화의 목표를 명확히 기록한다. • 실제적이고 현실적인 목표를 수립한다. • 목표달성하는 데 필요한 시간표를 명확히 작성한다. • 최종목표달성을 위해 습관의 점진적 변화를 유도한다. • 체중변화보다 행동변화에 대한 계약을 체결한다.

친구와 가족의 지지가 비만환자의 행동과 체중감량에 직접적인 영향을 주어 긍정적인 효과를 주므로 그들의 참여 및 지지가 필수적이다. 친구와 가족은 비만환자들로 하여금 결속감, 지지감 등을 느끼게 하는 사회적인 정황을 형성한다.

(5) 행동계약(Behaviors contract)

행동 변화의 대상자인 비만환자와 행동을 변화시켜야 하는 치료사 사이에 계약, 작성되는 서면협약이다. 계약은 개별화되고 분명하게 규정되어야 한다.

행동치료자는 행동목표를 점진적으로 바꾸어 그 목표가 현실적으로 달성할 수 있도록 하며 궁극적으로 중대한 행동변화가 일어날 수 있도록 해야 한다. 그리고 비만환자가 행동목표를 달성하는 데 방해가 되는 문제를 풀어나가는 것을 돕는 데 능숙해야 한다.

4) 약물요법

비만치료에 있어서 약물요법이 식사요법이나 운동을 대신할 수는 없으며 병용치료의 개념으로 이해해야 한다.

약물치료 적용증은 서양인에게서는 BMI 30kg/m^2 이상인 경우, 또는 BMI 27kg/m^2 이상이면서 심혈관계 합병증이 있는 경우에 시도하나 아시아인에게서는 BMI 25kg/m^2 이상, 또는 BMI 23kg/m^2 이상이면서 위의 합병증이 동반된 경우에 실시한다.

소아, 임신부, 수유부, 뇌졸중, 심근경색증, 중증 간장애, 신장애, 정신적 질환을 가지고 있는 경우에는 비만치료제를 사용하지 않는다. 비만 약물치료의 원칙은 아래와 같다.

1. 약물요법은 비만으로 인한 심혈관질환 및 건강상의 문제로 인하여 체중의 감량이 필요할 경우에만 적용되어야 하며 미용을 목적으로 사용되어서는 안 된다.
2. 비만치료를 위해 식사조절, 운동 등의 비약물 요법을 한 뒤 3~6개월 후에도 기존 체중의 10% 이상 감소되지 않으면 약물치료를 시작한다.
3. 비만 약물치료는 장기적으로 안전성과 유효성이 확립된 것으로 시도해야 한다.
4. 비만 치료는 표준체중을 목표로 하는 것이 아니라 기존체중의 5~10% 정도만을

감소하여도 건강상의 이득이 있음을 환자에게 주지시켜야 한다.

5) 약물치료는 비약물치료를 대신할 수는 없으며 생활습관 교정을 시행하면서 보조적으로 시행하여야 한다.

6) 비만 약물치료는 반드시 의학적 감시하에 이루어져야 한다.

7) 약물치료는 비만의 장기적 관리의 한 부분으로 이해되어야 하며 약물치료의 이득과 비만의 위험성을 잘 저울질하여 개개인의 건강상태에 따라 신중하게 사용되어야 한다.

8) 약물치료는 모든 환자에게서 효과가 동등하게 나타나는 것이 아니며 약물치료를 하고 4주 후에도 2kg 이상 감소되지 않으면 약에 대한 반응이 없다고 판정할 수 있다.

9) 약물요법 시작 후 부작용에 대한 관찰은 지속적으로 이루어져야 한다.

10) 여러 약제에 대한 병합 요법은 아직 연구가 충분히 이루어지지 않았으며 단일 요법과 비교시 체중 감량 효과는 비슷하지만 부작용이 많은 것으로 보고 있다.

11) 비만치료제는 비만을 완치하는 약이 아니며 체중에 대한 조절 및 관리의 개념으로 접근해야 한다.

비만의 약물치료제는 크게 2종류로 구분할 수 있는데 지방축적을 억제하는 것(식욕억제제, 음식의 흡수나 지방산 생성억제제)과 지방 이용을 자극하는 것(열생성 또는 지방분해제)이다.

식욕억제제는 중추신경계에서 세르토닌과 노르아드레날린의 재흡수의 동시억제로 생리적 포만감을 조장하여 에너지 섭취를 감소시키는데 Sibutramine이 이에 속한다.

지방산생성 억제제 Orlistat는 위장 및 췌장의 리파아제 억제제로서 섭취된 지방의 약 30%를 소화 흡수시키지 않고 배출시키는데 Orlistat이 이에 속한다.

미국 식약청(FDA)의 공인을 받고 국내에서 장기적으로 사용할 수 있는 약물은 현재 위의 2가지뿐이다.

5) 기타 최근요법

(1) 저장성 약물 지방용해술(Hypotonic Phamacologic Lipodissolution: HPL)

저장성 약물 지방용해술은 말 그대로 삼투압이 낮고 Hypotonic, 특수한 목적으로 지방이 용해되기 쉽도록 lipodissolution 만드는 약물 phamacologic을 주삿바늘이나 특수한 주입용 관(캐뉼러)을 통해서 피하지방조직에 직접 주입하여 복부, 팔, 다리 등 인체의 특정 부위의 지방층을 부분적으로 분해, 파괴시켜주는 방법이다.

사용되는 약물은 약물이 지방세포에 잘 스며들도록 하여 지방을 녹이고, 지방을 뭉치지 않게 하며, 시술에 의한 염증 반응을 억제하도록 하는 다양한 약물이 믹스된 약물의 조합이다. 이러한 약물을 주입하면 지방세포는 부풀고 깨지기 쉬운 상태로 되며, 이러한 상태에서 외부에서 특수한 파장의 초음파, 또는 레이저를 조사하여 지방세포막의 용해를 유도하도록 하여 지방이 자연스럽게 배출되도록 도와준다. 부수적으로 피부의 탄력회복에도 도움을 주는 것으로 밝혀져 있다.

식이요법이나 운동으로 다이어트를 하는 경우 전체적인 체중관리는 가능하지만 선별적으로 특정부위를 공략하기는 어려운 반면 저장성 약물 지방용해술은 복부나 허벅지, 팔 등 특정부위에 집중되어 있는 체지방을 선택적으로 감소시킬 수 있다. 즉 저장성 약물 지방용해술은 국소비만 치료와 전체적인 사이즈를 줄인 후 빠지지 않고 남은 부위의 시술에 효과적으로 적용할 수 있는 시술법이다

체지방분해효과는 있지만 작용기전과 부작용에 대해서는 상세한 논의가 없다.

(2) 메조테라피(Meso therapy)

'메조테라피'란 '중배엽'을 가리키는 '메조덤 mesoderm'과 치료라는 뜻의 '테라피 therapy'를 합성한 말로서 중배엽 부위에 효과적인 치료법이라는 의미에서 이름이 붙여졌다. 여기서 말하는 중배엽이란 발생학적으로 수정란이 분열하는 3가지 배엽(내배엽, 외배엽, 중배엽)의 일종을 말하는데, 중배엽은 신체 중 섬유조직, 뇌, 연골, 근육, 지방 등을 형성하게 된다. 따라서 여러 종류의 근골격계 질환 치료와 스포츠 손상치료에 적용되고 있으며, 지방조직 형성과 관련하여 국소적인 비만 및 셀룰라이트를 치료한다.

유럽에서 '민간요법' 처럼 전해 내려오다 1952년 프랑스 의사 Dr. Michel Pistortor가 정립해 비만, 주름제거뿐 아니라 척추질환, 흉터, 대머리 등에 두루 쓰이고 있다.

시술방법은 미량으로 희석한 약물을 주사하는 것인데 한 가지가 아닌 3~4가지 약제를 동시에 투여한다. 메조테라피의 창시자인 Dr. Michel Pistortor는 메조테라피를 다음과 같은 말로 요약했다.

"A little, rarely and at the right spot" 즉 "소량을 가끔씩 적재적소에"라는 말로 대변하듯이 메조테라피는 보통의 치료와는 달리 아주 소량의 약물을 일주일~한 달에 한 번 정도로 치료효과를 보고자 하는 부위에 직접 주입해서 치료를 하게 된다.

약제의 선택과 용량은 환자의 성별, 나이, 지방축적 정도, 호르몬 상태(폐경, 피임약 복용 등), 치료부위(복부, 허벅지 등) 등에 따라 달라지게 된다. 피부의 진피 내로 서서히 흡수되기 때문에 전신 부작용이 없고 치료를 받고 나서 일상생활하는 데 아무 지장이 없다.

메조테라피는 보통의 주사방법과는 달리 한번에 수십~수백 군데에 주사를 하게 되는데 아주 가는 바늘로 얕게 주사하므로 통증이 거의 없으나, 얕은 피부피하층 또는 피부층에 주사하며 아주 극소량의 약물을 여러 번에 나눠서 주사하는 다소 정밀한 기술이기 때문에 시술하는 의사의 경험에 따라 효과의 차이가 있을 수 있다. 이에 따라 능숙하고 숙련된 전문의에 의한 시술의 중요함이 더욱 부각된다. 간혹 약물이 너무 강하거나 용량이 과다하게 투여되면 드물게 전신 부작용이 나타날 수 있다. 국소적인 피부 알레르기 반응이나 피부착색, 피부감염, 주사시 통증 등이 나타나기도 한다. 그러나 여러 약물을 바꾸어서 사용함으로 약물에 대한 내성이나 의존성이 없어 치료효과를 더욱 높일 수 있다.

(3) 카복시테라피(Carboxy therapy)

인체에 무해한 이산화탄소(Co_2가스)를 주입하여 피하지방을 제거하는 방법으로 부작용 없이 피하지방층을 제거할 수 있으며, 최근 유럽에서 부분비만 치료에 널리 쓰이는 방법이다.

외형적으로 보기 흉한 셀룰라이트cellulite를 치료하는 데 효과가 있으며 피부탄력 증가효과까지 기대할 수 있다. 특히 산후비만 등으로 탄력이 없어진 복부에 시술할 시 탄력을 주면서 국소지방을 감소시키는 이중효과를 기대할 수 있다. 또한 미세한 림프조직의 피부질환에 효과가 있다. 지방흡입수술 전후에 시술할 경우 지방흡입시술의 결과에 도움을 준다.

(4) 레이저 지방분해술

레이저를 지방세포에 직접 조사하여 레이저의 열작용과 물리적 작용을 통해 지방세포를 용해하는 방법으로 파괴된 지방세포는 임파구의 식작용에 의해 제거되고 용해된 지방은 림프관을 통해 배농되게 하는 시술이다.

지방흡입 이후 울퉁불퉁해지는 단점을 보완함은 물론, 기존의 지방제거술이 힘들었던 부위(볼살, 이중턱, 팔지방, 종아리, 허벅지, 발목 등)에 효과적이다. 또한 진피에 레이저 열이 전달되어 피부를 수축시켜 탄력증가의 효과를 가진다.

(5) 워터제트(Water-Jet) 지방흡입술

물을 이용해 지방을 분해하는 방식으로 강력한 물분사 형태로 지방조직을 분해함과 동시에 분해된 지방을 흡입해 내는 새로운 개념의 지방흡입술이다.

부드러우면서도 강력한 물분사로 주위의 혈관과 신경에는 손상을 주지 않고, 지방세포만을 선별적으로 분리, 흡입해 내는 것이다.

기존의 지방흡입술의 효과를 가지며, 워터제트 형태로 마취약을 주입하므로 통증이 적고 전신마취나 수면마취를 필요로 하지 않는 장점이 있다. 또한 혈관이나 신경의 손상이 최소화되어 기존의 지방흡입술에 비해 출혈이 적고, 통증이 약하다.

(6) 내부 초음파 지방흡입술

지방층에 직접 캐뉼러로 초음파를 주입하여 전기에너지를 기계적 진동으로 전환하여 지방세포를 파괴하고 지질이 흘러나오게 하여 흡입하는 방법이다.

기존방법보다 많은 양의 지방을 흡입할 수 있고 출혈이 적은 장점이 있으나 고열을 발생하므로 부주의한 방법에 과도한 초음파의 노출로 피부의 화상이나 변형이 야기될 수 있으며 통증이 많다.

(7) 외부 초음파 지방흡입술

지방을 피부 바깥에서 외부 초음파로 녹인 후 가느다란 관으로 뽑아내는 최신의 지방흡입술이다. 초음파로 지방조직만 선택적으로 파괴하므로 일반 지방흡입술보다 적게 붓고 출혈이 거의 없으며 회복도 빠르다. 내부 초음파에 비해 수술시간이 짧고 절개 부위에 화상을 입을 염려가 없다. 또한 지방을 뺀 부위의 피부 탄력이 빨리 회복되는 특징이 있다.

(8) 진동형(리포매틱) 지방흡입술

동력(1초에 수천 번 진동하는 관 이용)에 의하여 캐뉼러를 좌우상하로 움직이게 하여 지방층을 파괴하며 흡입하는 방법으로 출혈이 적고 화상의 위험이 없다. 가장 진보된 방법으로 많은 양을 뽑을 수 있고, 시술자의 피로도가 감소하나 소음이 크고 진동이 심한 것이 단점이다.

(9) 피부지방절제술

피부의 탄력성이 저하되어 처지거나 피하지방 밑의 근육이 이완되어 피부와 지방층 모두를 절제해주고 이완된 피하근육막을 동시에 봉합해주는 수술이다.

지방흡입술에 비하여 수술효과는 확실하나 수술반흔을 남기는 단점이 있다. 부위는 하복부, 허리띠, 엉덩이, 상박부 및 내측허벅지 부위에 시행된다. 합병증은 반흔 이외에 수술부위에서 진물이 지속적으로 나오는 혈청종, 피판괴사, 혈전증 등이 발생할 수 있다.

(10) 고주파 시술법

고주파를 이용한 시술법으로 피부의 진피 및 피하지방까지 깊숙이 고주파를 침투시켜 표피는 손상시키지 않고 진피 내에서 에너지 손실 없이 필요부위에 전달되어 탄력이 떨어진 복부 혹은 피부재생, 셀룰라이트 치료와 림프순환을 개선시키는 효과를 가진다. 피부미용과 비만관리 효과를 동시에 가지는 장점이 있다.

(11) 지방분해침술

피하지방층에 자침한 뒤 지방분해 효과가 있는 주파수와 파형의 저주파 전기자극을 주는 방법으로, 국소적인 부분의 지방분해를 촉진시킨다. 복부, 팔, 허벅지, 종아리 등

부분비만 관리에 아주 효과적으로 피하지방층을 따라 침을 삽입하므로 통증이 없다. 이 방법은 부분적으로 지방세포를 연소되기 쉬운 상태로 만들어준다.

(12) 감압치료기(Depresstherapy)

엔더몰로지라고 불리는 감압치료기는 피부 및 피하조직 부위에 강한 진공흡입을 이용한 음압과 회전운동rolling motion을 가해 혈관과 림프관에 순환자극을 일으킨다. 따라서 혈액순환과 림프순환이 촉진되고 부종 및 울혈 개선, 지방분해 효과가 나타난다. 아울러 롤러에 의한 양의 압력과 흡입suction을 통한 음의 압력이 결합하면서 결체조직의 스트레칭 효과로 인해 피하지방의 기계적인 분쇄가 일어난다. 손상받은 지방조직의 치유과정에서 셀룰라이트에 의해 울퉁불퉁했던 피부가 개선되고 피하지방 세포의 재분포에 의해 체형이 좋아진다.

감압치료기는 다른 특수장비들에 비해 효과가 떨어지지만 지방세포를 둘러싸고 있는 섬유질의 고리와 엉김을 풀어주고 림프순환을 촉진시키는 데에는 아주 효과적이다. 따라서 부종치료나 지방흡입술 후의 관리에 많이 이용된다. 또한 콜라겐의 합성을 기계적으로 자극하여 피부탄력을 증진시키는 데도 유용하다. 따라서 산후 복부비만 치료에 유용하며 그 외에도 사고나 화상으로 인한 흉터를 완화시키는 데에도 사용된다.

(13) 뜸요법

여성의 경우에 있어 배꼽 주변이 냉하면 부인병에 빈번히 시달리게 되고 차가운 기가 순환을 저해하므로 이로 인해 복부비만의 원인이 되기도 한다. 이런 경우 인체의 중심부라 할 수 있는 배꼽 주위에 뜸을 떠서 온열 자극을 주게 되면 쑥의 약효가 체내에 흡수되어 냉기가 사라지게 된다.

(14) 마사지요법

마사지요법 중 매뉴얼 림프드레나쥐Manual Lymphdrainage는 지방과 노폐물을 포함한 조직액의 체외배설을 촉진시켜 줌으로써 비만관리에 도움을 준다. 경락마사지도 도움을 준다는 임상보고가 있으며 마사지요법을 실시할 때 피하지방 분해와 림프순환 촉진을 위한 아로마 정유 또는 제품을 지속적으로 바르면 효과적이다.

(15) 토닝 시스템

직접적인 운동이 아니라 기계를 이용한 간접적인 운동방법으로 처음에는 관절통과 근육통 치료를 위한 물리치료 기구로 고안된 후 발전되어 왔다. 이 시스템은 몸에 무리가 가지 않으며 필요부분에 집중적인 운동이 가능하므로 노약자나 심장이 약해 운동이 불가능한 사람, 수술 후의 회복기 환자에게도 효과적이다.

제8장 생활습관과 미용건강

1. 흡연, 음주, 커피, 약물
2. 스트레스
3. 운동

PART 08 생활습관과 미용건강

01

흡연, 음주, 커피, 약물

1) 흡연

흡연은 우리나라를 포함한 전 세계적으로 예방 가능한 조기 사망의 중요한 원인의 하나로 꼽고 있다. 세계적으로 활발히 일어나고 있는 금연운동은 매우 다행스러운 일이라 할 수 있지만 흡연이 여러 가지 심각한 의학적 문제를 일으킴에도 불구하고 금연을 위한 효과적인 의학적 치료는 아직 미미한 실정이다. 연구에 의하면 흡연에 대한 의존은 유전적인 요소와 함께 흡연자는 비흡연자에 비해 심장병에 걸릴 확률이 2배 높고, 폐암에 걸릴 확률도 10배나 높은 것으로 나타나 있다. 이 외에도 구강, 인후, 식도, 췌장, 신장, 방광, 자궁경부 등에서의 암 발생률도 수배나 높일 뿐 아니라 뇌졸중이나 소화성 궤양의 발생 위험도 2~3배나 높아지게 하며 고관절과 손목, 척추부위의 골절 위험도 2~4배 정도 증가시키고 백내장에 걸릴 확률도 2배 이상 높이는 것으로 보고되고 있다. 흡연은 본인은 물론 주위 가족과 태어날 자녀에게도 영향을 미치므로 흡연자에게서 태어난 아이들은 출생시 체중이 적고, 지능도 낮은 경향이 있으며, 호흡기 감염증에 더 자주 걸리고, 폐기능도 떨어지는 것으로 밝혀졌다. 또한 가족 내 흡연자에 의한 간접흡연은 자궁경부암, 폐암 및 심장병의 발생 위험을 증가시키고 혈관내피세포의 손상과 혈소판의 응집을 증가시켜 심혈관계 질환의 가능성을 높이게 된다. 흡연을 하면 심근으로 보내는 산소공급량이 줄어들어 심근에 산소부족상태를 초래하게 되는데 이로 인해 심근허혈상태가 되고 협심증, 심근경색 등의 증상이 생기게 된다. 그 외에도 말초혈관의 수축 내지는 폐쇄성 병변을 초래하여 폐쇄성 동맥경화증이나 혈전맥관염을 일으켜 말초혈관 순환장애가 나타난다.

(1) 담배의 유해성분

담배연기 속에는 약 4,000여 종이나 되는 많은 독성 화학물질이 들어 있는 것으로 알려져 있다. 담배는 불에 탈 때 중심온도가 섭씨 900도에 이르게 되는데 이러한 고온에서 유기물질이 열분해, 열합성, 증류, 승화, 수소화, 산화, 탈수화 등의 과정을 거쳐 여러 종류의 화학물질이 생성된다.

① 타르

담배 진이라고 부르는 독한 물질로서 담배연기에서 생기며, 수천 종의 독성화학 물질이 이 속에 들어 있다. 담배가 건강에 주는 해독의 대부분은 타르 속에 들어 있는 각종 독성물질과 발암물질에 의한 것으로 약 20여 종의 A급 발암물질이 포함되어 있다. 타르는 담배연기를 통하여 폐로 들어가 혈액에 스며들어 우리 몸의 모든 세포와 장기에 피해를 주기도 하고, 잇몸, 기관지 등에는 직접 작용하여 표피세포 등을 파괴하거나 만성 염증을 일으키기도 한다.

② 일산화탄소

혈액 내 헤모글로빈 산소운반 능력을 떨어뜨려 만성 저산소증 현상을 일으킴으로써 신진대사에 장애를 주고 조기 노화현상을 일으킨다. 담배를 많이 피우거나 담배연기가 가득한 방에 오래 있으면 머리가 아프고 정신이 멍해지는 것은 바로 일산화탄소 때문이다. 일산화탄소는 낮은 농도에서는 증상이 없으나 농도가 높아지면 기억력 상실, 호흡곤란, 구토 등을 나타내고 60% 이상 되면 사망에 이르게 된다.

③ 니코틴

습관성 중독을 일으키는 마약성 물질로 독특하고 복합적인 약리작용을 갖고 있는 화학물질이다. 아편과 거의 같은 수준의 습관성 중독을 일으키기 때문에 약학적으로는 마약으로 분류되고 있는 물질이다. 니코틴은 신경계에 작용하여 교감 및 부교감신경을 흥분시켜 쾌감을 얻게 하지만 니코틴의 양이 많아지면 신경을 마비시켜 환각상태에까지 이르게 한다. 각성효과가 있어 일시적으로 창의력을 향상시키기도 하며 흥분되었을 때 일시적으로 진정시키는 효과도 있다. 니코틴은 말초혈관을 수축하여 맥박을 빠르게 하고 혈압을 높이며 콜레스테롤을 증가시켜 동맥경화증을 악화시킨다. 따라서 담배를 피우는 사람에게서 심장병, 버거스씨병 Buerger's Disease, 동상이 잘 생긴다. 그 외에도 소화기계에 작용하여 궤양을 일으키고 내분비계 및 호흡기에도 나쁜 영향을 끼친다.

(2) 흡연과 피부미용

피부노화는 시간의 흐름에 따라 필연적으로 나타나는 노화현상인 내인성 피부노화와 장기간 일광노출로 안면, 손등, 목 뒤 피부에서 나타나는 노화현상인 광노화로 나눌 수 있다.

내인성 노화는 피부변화 즉 건조, 주름, 이완, 양성종양뿐 아니라, 점차적으로 생리적 기능 감퇴를 가져온다. 광노화는 일광손상에 대한 취약성과 복구능력이 사람마다 다르며, 흡연, 다른 환경요인에 의해서도 달라진다. 흡연은 특히 여성에게서 광노화를 악화시킨다.

담배연기는 피부에 있는 실핏줄, 세동맥의 혈류를 감소시켜서 진피의 만성허혈로 피부를 유지하는 교원조직에 손상을 준다. 흡연으로 인해 비타민A의 농도와 안면 각질층 수분함량이 감소되고, 에스트라디올 estradiol의 가수분해가 촉진되므로 피부에서 에스트로겐 estrogen이 감소되어 피부가 건조되고 위축되어서 주름을 만든다. 또한 수분 및 각종 영양을 운반하는 혈액의 기능을 떨어뜨리게 됨에 따라 피부는 탄력성을 잃게 되어 나이보다 일찍 주름살이 생긴다.

담배를 피울 때 입을 오므리거나 눈을 가늘게 뜨는 특유의 버릇이 얼굴의 주름살을 유발하기도 한다. 결국 조기 안면 주름에 대한 특이한 위험요소인 것이다. 담배연기에 포함된 많은 돌연변이의 유발요인이 직접적으로 피부의 진피나 표피에 있는 세포에 영향을 주어서 백반증 같은 구강병변, 건선, 수장족저 농피증 같은 피부질환, 흑색종 같은 피부암, 구강암 같은 증상이 증가하며 폐암, 위암, 대장암, 신장암 같은 내적 암의 피부전이가 비흡연자에 비해 흡연자에게서 더 많이 보고되고 있다. 담배의 각종 화학물질이 자극제가 되어 불면증을 초래하기도 하고 정신적으로 불안감을 갖게 되어 결과적으로 흡연은 피부에 악영향을 주게 된다.

(3) 기타질환에 대한 영향

비타민B_{12}는 우리 몸에서 피를 만드는 과정, 단백질의 합성, 신경세포 형성 등 중요한 대사과정에 꼭 필요한 비타민이다. 이 비타민의 부족은 악성빈혈, 신경계의 영양장애를 일으키는데 담배 속에 함유된 청산(HCN)은 비타민B_{12}의 결핍을 초래하고 망막을 자극하여 연성 약시라는 시력저하 현상을 일으키게 한다. 담배 한 개비의 흡연으로 약 25㎎의 비타민C가 소모된다고 한다. 워싱턴 주립대학 한스텐 박사팀은 담배를 피울 경우 거의 모든 의약품의 효능이 감소된다는 연구결과를 발표하였다. 이는 대부분의 의약품에 나타나는 일반적인 현상이지만 특히 비타민C, 전신신경안정제인 벤조디아제핀, 펜타조신, 페노치아진, 트리싸이클릭 등과 이뇨제인 프로세마이드, 진통제인 프로폭시펜, 심장성 천식치료제인 데오필린, 강심제인 프로프라놀, 혈액응고방지제인 헤파린 및 경구피임약 등에는 특히 두드러지게 나타나고 있다고 한다.

일본의 와다 교수는 흡연과 뇌의 노화와의 관계에 관한 연구를 발표하였다. 뇌혈류는 비흡연자 그룹의 평균 뇌 중량 100g당 1분간 75㎖인 데 비해 흡연자 그룹의 경우 65㎖로 12.5%가 적었으며 흡연자 그룹은 비흡연자 그룹보다 혈중 콜레스테롤 수치가 높았고 50세 이상인 사람에게는 뇌 위축이 진행되고 있는 것도 밝혀졌다.

흡연에 의해 생체의 면역계가 현저하게 저하된다는 유력한 증거가 발견한 매사추세츠 종합병원과 하버드대학의 공동연구에 따르면, 흡연자에게서는 혈중의 T세포의 비율 이상이 발견되었다. T세포는 생체가 암이나 기타의 질병과 싸우는 힘을 갖게 하는데 중요한 역할을 수행하는데, 특히 골초들은 담배를 적게 피우는 흡연자들에 비해 T세포에 이상을 나타내는 경향이 강하다고 보고하였다.

또한 흡연은 남성의 성기능에도 악영향을 미친다. 흡연 남성이 비흡연 남성에 비해 발기불능에 걸릴 가능성이 2배 정도 높다고 한다. 여성의 폐경에 대해서도 코펜하겐의 앤더슨 등 3명의 박사는 대량의 흡연이 폐경을 촉진한다는 연구결과를 발표하였다.

수정능력에 있어서도 흡연하는 남자의 경우, 정자 수가 적어지고 정자의 모양이 불규칙하며 운동도 비흡연자의 정자보다 뒤떨어진다고 하며 흡연하는 여자는 비흡연자에 비해 불임 가능성이 2.7배나 높다고 보고되었다.

흡연과 구강관련 질환을 살펴보면 흡연자는 비흡연자에 비하여 구강암으로 사망할 확률이 13배가 높으며 거의 대부분 치주조직이 약화되어 치주염을 앓고 있고 이빨의 색깔도 담배 진으로 누렇게 변해 끼어있다. 담배 피우는 사람은 치조의 손실이 나타나 치아 마모율, 결손율이 크게 높아지고 구취가 나며 맛을 보는 기능이 저하될 뿐만 아니라 냄새 맡는 능력도 저하된다. 특히 청소년 시절의 흡연은 어른이 되어서 치주조직이 더 많이 손상되고 더 심해진다고 하며 이러한 문제들은 술을 마시며 담배를 피울 때 더욱 촉진된다고 보고되고 있다.

(4) 금연환경 조성

우리 사회의 구성원 모두가 흡연자가 니코틴 중독에서 벗어나도록 돕고, 젊은이들은 처음부터 담배를 피우지 않도록 함으로써 흡연 인구를 감소시킴과 동시에 사회적으로 건강한 환경을 조성하여 간접적인 피해를 최소화하여야 한다. 그 방법으로 첫째, 과거 흡연자 중 절반이 현재 금연하고 있음을 주지시켜 이를 통해 환자가 금연할 능력이 있다는 신념을 심어주어야 하며 둘째, 환자 스스로 금연하려는 이유, 금연 중의 어려움, 환자가 성취한 성공담 등에 대해 질문하는 등 관심을 보여주고 셋째, 흡연과 금연 성공을 위한 기본적인 정보를 제공함으로써 스스로 선택을 할 수 있도록 간접적으로 유도하는 환경을 조성하여야 한다.

2) 음주

알코올이 많이 들어 있는 술일수록 인체에 미치는 영향도 크며 적은 양을 마셔도 빨리 취하게 된다. 우리나라에서는 알코올 농도가 높은 술을 선호하는 경향이 있는데 이는 술로 인한 건강상의 피해, 사회적 손실 등을 고려할 때 바람직하지 않다. 또한 사회적 문제로 떠오르고 있는 알코올 중독의 위험성을 생각할 때 각 개인의 음주 방법 및 음주량을 되돌아볼 필요가 있다. 술이 인체에 미치는 영향은 술을 마심으로써 인체에 들어오는 알코올의 양에 따라 다르며, 또한 술을 마신 기간, 개인적 특성, 술의 종류 등에 따라 다르게 영향을 미친다. 알코올 중독은 세계보건기구(WHO)의 정의에 의하면 그 사회가 허용하는 범위 이상의 음주로 개인의 건강과 사회적응 기능에 손상을 초래할 정도의 지나친 또는 그릇된 음주행위의 결과로 인한 병적 상태라고 요약했다. 근래의 추세는 다른 약물 의존의 개념과 마찬가지로 알코올 남용의 결과 내성 형성, 신체 및 심리적 의존 및 금단증후군의 발현과 관련된 정신과적 증후군으로 보고 있다.

(1) 알코올 중독의 원인

현재까지 밝혀진 알코올 중독의 원인으로는 크게 생물학적 원인(유전적 및 행동학적 원인)과 심리 사회적 원인(정신분석학적, 성격적 및 사회문화적 원인)으로 나눌 수 있다.

(2) 알코올 중독

① 급성 알코올 중독

신경과적 증상으로는 언어차질, 보행장애, 신체운동 부조화, 주의력 및 기억장애, 의식의 혼탁 등이고, 정신 및 행동장애로는 감정표현의 다변성, 과민, 초조, 분노, 공격적 충동, 조절의 장애, 다변성적 탈선, 고등감정의 둔마, 판단장애 등이다.

② 병적 중독현상

소량의 음주에도 심한 행동장애와 부분적인 기억상실이 수시간 지속되나, 알코올 혈중농도가 떨어지면 자연적으로 회복되는 중독현상이다.

③ 금단증후군

습관성 음주자가 갑작스러운 금주나 주량을 줄일 때 나타나는 임상증후군을 총칭한다. 초기 증상은 숙취, 불안, 우울, 초조감 등의 자각증상과 떨림 및 자율신경계의 자극증상 등이며, 대부분은 금주 2~3일이면 회복된다. 단기간에 금주와 폭음을 반복할 때, 중독증상과 금단증후군이 복합된 임상양상을 보일 수도 있다. 경련발작은 금주 1~4일간에 대개 진전섬망기에 선행하여 응급 입원의 계기가 된다. 진전섬망은 가장 위험한 임상형으로 사망률 10% 내외로 추정하고 있다. 지남력 및 기억장애, 의식의 혼탁(섬망상태), 환각, 심한 떨림이 주요 증상이며 체온상승, 발한, 빈맥, 불면, 불안, 초조, 공포감, 과민, 식욕부진 등의 각종 증상이 병발된다. 신체 병발증이 없는 한 1주 내외에 증상의 자연 해소를 보이고 회복기에는 길고 깊은 수면 후 인식능력장애와 환각이 없어지게 된다.

④ 알코올 환각증

습관성음주자가 금단상태에서 회복된 후 상당기간 지속되는 환각증으로 청명한 의식하에 위협적인 내용의 환청이 주증상이다.

⑤ 알코올성 건망증(alcoholic amnestic syndrome)

장기간의 습관성 음주로 인한 기질성 정신병이며, 건망증을 주축으로 한 인식능력의 장애와 영양실조(비타민 결핍)와 연관된 뇌실질의 변성변화로 인한 각종 신경과적 증상과 소견이 합병된 경우로 일반적으로 회복이 어려워 예후가 불량하다. 치료는 금주와 초기 비타민을 대량투여하며 병발증의 진료 및 장기간의 재활요법이 필요하다.

⑥ 장기간의 음주의 결과로 대뇌피질의 미만성 병변으로 인한 치매와 과거에 알코올 문제로 인해 이미 수차례 입원경력이 있는 수가 많고 간질환, 말초 신경염, 소뇌증상 등 다른 합병증이 생겨 있는 경우가 흔하다.

(3) 알코올 중독의 치료

치료는 크게 나누어 정신사회적 치료와 약물치료로 나눌 수 있으며, 환경이나 장소에 따라 외래치료, 입원치료, 사회복귀 주거시설을 이용한 치료, 퇴원 후 사후관리 프로그램, 자조모임(AA) 등이 있으며, 치료방법의 선택은 개인의 질병의 정도, 특성, 환경에 따라 적절하게 선택하여야 한다.

① 교육과 예방

교육과 예방이 최선의 방법이지만 알코올중독이 의심되면 우선적으로 정확한 판단이 요구되는데 유전적인 위험인자, 과거력이 있는지 조사하고, 우울증, 불안장애, 수면, 성격장애 등의 진단이 필요하며, 신체적으로 합병증이 있는지 검사하고, 치료목표를 설정한다.

② 약물요법

급성기에는 금단증상 예방 및 신체적 합병증을 회복시키고, 금주를 위한 다양한 프로그램과 함께 약물치료를 병행한다. 혐오유발제 Disulfiram, Sulfonylurea, 갈망억제제 Naltrexone, Acamprosate, Buspirone, SSRI, 급성금단 치료제 CDP, Clonidine, 음주를 유발하는 정신병리 치료제(항우울제, 항정신병약, 기분안정제, 수면제) 등으로 실시한다.

③ 정신요법

개인 정신치료, 가족 및 집단 정신치료, 건강한 생활계획 및 재발방지 교육 등을 실시한다.

④ 특수 서비스

Alcoholic clinic, 금주동맹 alcoholic anonymous, AA 등, 가족 친목 AL-ANON, 자녀 친목

ALATEEN 등이 있다.

⑤ 사회재활요법

직업재활, 가정 복귀, 사회복귀 준비 등이 있다.

(4) 술과 피부미용

음주는 정신적으로 스트레스를 없애줄 수도 있지만, 육체적으로는 오히려 몸을 피로하게 하는 일종의 스트레스로 작용한다. 물론 소량의 알코올은 혈액순환을 촉진시켜 심장의 부담을 적게 주지만, 과량의 음주로 인해 생성된 스트레스 호르몬은 부신피질에서 생성하는데, 그 과정에서 여드름을 유발하는 안드로겐의 생성이 촉진된다. 여드름과 같은 피부질환을 가지고 있는 환자들의 경우, 음주로 인해 피부가 더욱 악화되는 경우가 많다. 지나친 알코올의 섭취는 체내의 수분은 물론 피부의 수분 손실을 증가시킨다. 이로 인해 거칠고 푸석푸석한 피부가 되며, 피부 껍질이 벗겨지는 각화 현상이 일어나기도 하고, 피지분비량이 많아지며, 모공이 커지기도 하고, 뾰루지가 나기도 한다.

술은 간에 부담을 주어 독성물질의 해독을 늦어지게 한다. 따라서 과음, 폭음을 하면 피부 세포에서 자외선에 의한 피부 손상을 막는 글루타티온의 합성을 급격하게 감소시켜 잔주름과 기미를 유발한다. 또한 혈액순환을 방해하고 피부의 재생속도를 늦추어 눈이나 얼굴이 붓는 원인이 되기도 한다.

술에 의한 피부의 해악을 요약하면

① 수분 손실 ⇨ 피부 건조(각화 및 염증 유발)

② 피부 온도 상승 ⇨ 모공 확장(피지분비량 증대)

③ 혈관 팽창 및 모세 혈관 파열 ⇨ 붉은 반점 및 실핏줄이 나타나는 안면 홍조

④ 알코올 대사산물 ⇨ 피부 트러블 유발, 거칠어짐

⑤ 세균 저항력 감소 ⇨ 세균 번식, 여드름 및 뾰루지 급증

⑥ 유해산소 발생 ⇨ 노화 촉진, 체내 효소 기능 저하로 인한 피로감 증대

⑦ 스트레스 호르몬 분비 ⇨ 피지 왕성, 번들거림

⑧ 수면의 질 저하 ⇨ 피부재생 방해로 탄력 및 안색이 나빠짐

(5) 음주 후 관리

특히 여성의 경우 여성호르몬이 체내에서 알코올 대사를 활성화시켜 독성물질인 아세트 알데히드 Acetaldehyde를 증가시키기 때문에 음주의 부작용이 훨씬 다양하고 심각하다. 이에 다음과 같이 주의를 기울일 필요가 있다.

술을 마시고 메이크업은 반드시 깨끗하게 지우고 자야 한다. 음주 후에는 피부 온도 또한 일시적으로 올라가면서 모공이 열리게 되는데, 씻지 않고 그대로 잘 경우 피부로 배출되는 알코올 대사산물과 피부 노폐물이 열린 모공에 들어가 트러블을 일으킨다. 술을 마신 다음날에는 얼굴이 붓기 쉽다. 이 경우에는 얼음물로 세안 마무리를 해서 부기를 빼도록 한다. 또 녹차 티백을 물에 적셔 얼려 두었다 사용해도 부기를 빼는 데 효과적이며, 항산화 성분이 많이 함유된 녹차를 마시고, 신선한 야채와 과일을 섭취하는 것도 좋다. 술을 마신 다음날 저녁에는 목욕으로 노폐물을 배출해준다. 욕조 목욕은 머리끝부터 발끝까지 뭉쳐있던 숙취를 확실하게 해소해주는 방법이다. 단, 음주 직후에 목욕을 하는 것은 혈압을 높이는 등 몸에 부담을 줄 수 있으므로 술 마신 다음날 하도록 한다.

3) 커피

(1) 커피의 효과

커피는 향기만으로도 신체의 여러 부분에 자극을 준다. 커피를 마시면 뇌 속의 혈관이 팽창하므로 혈액순환이 좋아지고 뇌에서 피로 독소의 일부가 제거된다. 또한 심장을 자극하여 박동을 빠르게 하고 근육의 컨디션도 순간적으로 좋게 만든다. 장도 자극되어 활동이 빨라지고 배변이 원활해지며 위액분비도 활발해진다. 그래서 영양가 많은 음식물을 먹은 뒤 커피를 마시면 소화가 잘 된다. 그러나 위가 비었을 때 마시면 좋지 않다. 커피를 마시는 시간대에 따라 효과는 각양각색으로 달라진다. 아침 커피는 신장을 자극하여 밤 사이 몸에 축적된 노폐물을 빨리 배출시키고 점심 후의 커피는 위를 자극해서 소화를 도우며, 오후의 커피는 근육에 작용해 피로감을 덜어준다.

(2) 카페인의 부작용

카페인caffeine은 커피의 주성분이며 차, 청량음료, 코코아, 초콜릿, 감기약, 두통약, 드링크제 등에 포함되어 있다. 한 잔의 커피에는 100~150mg의 카페인이 함유되어 있다. 카페인을 500mg 이상 섭취하면 중독증상이라고 부를 수 있는 증상이 나타난다. 그 증상은 용량에 비례하여 불안, 불면증, 불안정, 과민성, 정신신체증상 호소(예: 근육경축, 홍조, 오심, 소변 과다, 소화기관 장애, 불면 등) 등이다. 섭취량이 하루 1,000mg이 넘으면 사고와 언어의 혼동, 부정맥, 격정, 흥분, 근육연축 등이 나타난다. 사람에 따라 이명과 눈에 섬광이 보이는 현상을 나타내기도 한다. 만성으로 카페인을 음용하다 보면, 위장 운동을 자극하여 위궤양 등을 악화시킬 수 있다.

그러므로 카페인이 함유된 커피나 홍차는 하루 2~3잔 정도로 제한하는 것이 바람직하다.

(3) 커피와 피부

커피를 마시면 피부가 거칠어진다는 말이 있는데 이는 오래된 원두를 사용하기 때문이다. 오래된 원두는 보관 중에 산화물이 생성되는데 이 산화물이 피부를 거칠게 하는 원인이 될 수 있다. 커피, 홍차, 녹차 등에 함유되어 있는 카페인은 멜라닌을 이동시키거나 확산시키는 작용이 있고, 기미 등의 색소 침착과 관련이 있으며, 또한 음료에 포함된 설탕, 카페인, 나트륨 등의 첨가물은 열량이 높아 이를 소화시키기 위해 많은 양의 물이 필요하다.

피부가 정상으로 유지되기 위하여 각질층의 수분 함유량은 10% 이상이 되어야 한다. 피부의 한선에서 분비되는 수분은 각질층의 수분 함유량을 높이고 피지선의 기름층이 이 수분의 증발을 억제시켜 피부를 보호하는 기능을 한다. 이러한 균형이 깨졌을 때는 피부건조가 나타나며 각질층의 수분 함유량이 낮아짐에 따라 각질세포의 결속이 약해지고 탄력성이 떨어지게 되며, 각질이 일어나고 가려움을 느끼게 된다. 심한 경우 피부 균열 사이로 염증반응과 감염이 발생할 수도 있다. 피부노화도 급속히 진행되며, 개선하지 않으면 쉽게 예민한 피부로 악화되어 발진이나 통증을 유발하기도 한다.

4) 약물남용(Drug Abuse)

(1) 약물남용의 정의 개념

세계보건기구(WHO)의 정의에 따르면, 약물남용이란 의료행위의 규정에 맞지 않게 지속적 혹은 산발적으로 과용하는 것이라 규정하고 있으며 일반적으로 향정신성 약물의 비의학적 사용을 의미하고 있다.

정신은 중추신경계인 뇌에 의해서 지배되기 때문에 향정신성 약물은 중추신경계에 작용하는 약물이다. 한번 사용하기 시작하면 다시 사용하고 싶은 충동을 느끼게 하고, 사용할 때마다 양을 늘려가게 내성을 키우며, 사용을 중단하면 견디기 힘든 금단증상을 느끼게 하는 중독 증상으로 발전하게 되는데 약물 사용에 대한 강박적 집착, 조절이나 통제 불능상태, 해롭다는 결과를 알면서도 강박적 사용상태를 말하며 심한 심리적 육체적 의존상태라 말할 수 있다. 약물은 신체에 여러 가지 부작용을 나타내는데 가벼운 오심이나 구토, 두통, 복통에서부터 들뜬 기분, 혼동, 착각, 환각 등의 정신병적 상태를 나타내거나 혼수상태와 사망에까지 이르게 한다.

(2) 약물의 종류

중추신경계에 작용하는 약물을 분류하면 중추신경을 흥분시키는 중추신경 흥분제, 억제제, 흥분 및 억제의 혼합작용이나 변칙적인 작용을 하는 환각제 등 3가지로 분류할 수 있다.

① 중추신경흥분제(central nervous system stimulants)

중추신경인 뇌를 흥분시켜 쾌감이나 들뜬 기분을 만드는 작용을 하는 약물로서 일시적으로 과량의 신경전달물질을 분비케 하여 정신병적 증상을 발생시키는 것이다. 흥분제는 잠을 쫓고, 피로감을 없애고, 식욕을 감퇴시키는 작용을 하지만 내성으로 인해 같은 효과를 보기 위해서는 점차 양을 늘려가야만 한다. 정신적인 의존이 심하여 갈망을 하게 되고 또다시 약물을 하게 되는 악순환이 되풀이된다. 약물을 중단하면 우울증에 빠져 의욕이 없어지고, 잠이 많아지고, 피로감이 심해지며, 식욕이 증가된다.

• 종류

담배(니코틴), 카페인(커피 등), 코카인, 엑스터시Ecstasy, 필로폰(메스암페타민, 속칭 히로뽕) 등이 있다.

• 신체에 미치는 영향

니코틴은 인체 내에서 심박동수 증가, 혈압상승, 타액분비 증가, 뇌 자극 등의 효과를 가져온다. 카페인을 하루 400mg 이상 섭취하게 되면 탈수현상이 나타나 화장실을 자주 가게 되고, 갈증을 느끼게 된다. 상시 과다 복용시 피부에 미치는 영향으로는 각질세포의 결속이 약해지고 탄력성이 떨어지고, 피부노화가 급속히 진행되는 요인이 된다. 코카인을 사용하면 대단히 위험하다. 과량이면 두통이 나고 맥박이 빨라지고 호흡이 불규칙하고 경련이 일어나 숨을 잘 못 쉬는 경우까지 있다. 엑스터시의 증상으로는 근육 긴장, 구역질, 희미해진 시야, 빠른 눈 움직임, 실신, 오한이나 발한, 심장박동과 혈압이 증가하며 순환기 질환이나 심장질환이 있는 사람에게 특히 위험하다. 메스암페타민은 심박동수를 증가시키고 혈압을 높아지게 하며 심계항진을 일으키고 호흡이 빨라지고 동공이 확대되고 입이 마르고 땀이 나며 두통을 일으킨다.

② 중추신경억제제(central nervous system depressants)

중추신경인 뇌를 억제하여 통증을 감소시키고, 이성적으로 잘 억제해 오던 기능들을 억제물질이 마비시켜 억제를 못하게 만드는 작용을 하게 되어 평소에 억눌렸던 감정이나 생각들이 거침없이 밖으로 표출되는 상태를 만든다. 결국 호흡중추와 심장박동중추까지 억제하여 사망에 이르게 한다. 이러한 억제물질은 신체에 심각한 내성, 금단증상, 의존성의 특징을 가지고 있다.

• 종류

아편계열마약 '아편 Opium, 헤로인 Heroin, 모르핀 Morphine', 알코올, 수면제, 신경안정제, 날부핀 Nalbupine, 흡입제(본드, 가스) 등이 있다.

• 신체에 미치는 영향

아편의 증상으로 동공축소, 통증경감, 변비, 가려움, 졸림, 근육 조정력 상실, 수면, 혈압저하, 호흡억제, 혼수, 사망 등을 꼽을 수 있고, 헤로인 약물은 현실감을 마비시키며 정맥 주사될 때 피부를 따뜻하게 하고 붉어지게 하는 현상이 복부에 집중되어 비성

기성 쾌감을 일시적으로 느끼게 한다. 모르핀은 진통, 현훈, 기분의 변화, 정신적 몽롱함과 같은 마비효과를 나타낸다. 알코올은 홍조, 근육이완, 근육조절 능력감소, 위의 자극으로 인해 구토가 나고 가끔 출혈이 있으며, 기억상실이나 혼수상태에 이르거나 사망에 이르기까지 한다.

수면제는 불면증인 사람이나 숙면을 바라는 사람이 쓰지만 때로는 자살 목적으로 쓰이는 경우도 있다. 연속 복용하면 차츰 양이 증가하며, 또 부주의로 많은 양을 복용하고 사고사 하는 수도 있다. 신경안정제는 대체로 안전한 약이지만 오랫동안 먹으면 위장장애가 생기는 것이 가장 흔한 부작용이다. 날부핀은 우울증, 두통, 환각, 공상 등 정신불안 증세와 고혈압, 폐부종, 구토, 복통, 호흡곤란, 가려움증, 청색증, 언어장애, 빈뇨 등 부작용이 많다. 흡입제를 과다 흡입한 경우 기절하여 질식이 초래될 수도 있으며, 어지러움, 기억상실, 무의식이 오고 신경손상, 신장, 폐 손상이 나타날 수 있다.

③ 중추신경 흥분제 & 억제제

뇌를 흥분시키거나 억제시켜 환각을 유발시킨다. 뇌조직의 일상적인 활동을 방해하여 일시적인 청각, 시각, 촉각, 후각, 미각 등 오감의 이상을 일으켜 비현실적인 감각을 야기시킨다. 이로 인해 판단력의 마비가 생기며 여러 가지 문제를 일으키게 된다.

• 종류

대마초 Marijuana, LSD Lyseric acid diethylamide Sandoz Delyside, 케타민 Ketamine, 싸이로시빈 Psilocybin 등이 있다.

• 신체에 미치는 영향

대마초는 신장운동 증가, 눈의 충혈, 식욕증진, 운동능력 실조현상을 초래하며, LSD는 뇌세포와 뇌조직의 일상적 활동을 방해하며, 피부에 소름이 끼치고 눈이 붉어지며 동공이 커지고 호흡이 매우 가빠진다. 케타민 ketamine의 특징은 강력한 진통작용, 정상 또는 증가된 골격근 긴장도, 혈압상승과 빈맥을 보이는 순환계 자극증상, 뇌 척수압의 증가를 들 수 있다. 싸이로시빈은 환각, 환청, 감각상실의 증상을 가져온다.

(3) 의학적 합병증(Medical Complication)

① 면역기능의 저하

② 약물의 투여방법에 따른 합병증

- **호흡기를 통해 약물(본드, 부탄가스, 대마초)을 사용**: 축농증, 코뼈의 뚫어짐, 만성 기관지염, 만성 패쇄성 호흡기 질환, 폐렴, 폐결핵
- **근육주사나 혈관주사(주사기 공동사용)**: 전염성 질환(간염 및 후천성면역결핍증)
- **약물을 비위생적 주사기로 투입**: 폐렴, 정맥염, 심장내막염, 혈전증, 피부염
- **약물사용에 따른 기타 의학적 합병증**: 위염, 위궤양, 십이지장궤양, 간경화, 췌장염, 당뇨병, 고혈압, 중풍, 암, 성불구, 수태 능력 장애, 기형아 출산 등을 들 수 있다.

③ 정신과적 합병증

- 우울증 및 자살 불안
- 급성 공황 발작
- 약물로 인한 정신병으로 의심증, 피해망상 등의 정신분열증상 등이 있다.

02 스트레스

1) 스트레스의 정의와 모델

스트레스 stress는 라틴어 'stringer(팽팽하게 죄다)' 에서 유래된 말로서 오래전부터 인간의 경험이나 행동을 기술하는 일상적 용어로 사용되어 왔다. 17세기에는 어려움, 곤란, 역경 또는 고생을 의미하였고 18세기에서 19세기 사이에는 힘, 압력 또는 긴장을 뜻하는 물리학과 공학용어로 사용되었다. 스프링 같은 탄력을 가지고 있어서 힘에 저항하여 원형으로 돌아갈 수 있는, 동질의 고형체에만 작용하는 특수한 개념으로 사용

한 것이다. 즉, 스트레스는 자신이 소화할 수 있는 용량에 비해 요구가 지나치게 많을 때, 또는 동일한 압력이 주어지더라도 개인적인 성향에 따라 그런 부담감을 느낄 때 일어나는 것이다.

스트레스란 단어는 과학의 분야로 넘어오면서 물리학과 공학용어가 되었고, 후에 의학용어가 되면서 대중적인 용어로 자리 잡게 되었다. 스트레스와 질병 illness과의 관계가 사실적으로 인정될지라도 원인 관계를 증명할 객관적 증거는 아직도 논란의 여지가 있다. 이는 스트레스가 복잡하고 많은 상호작용을 하는 요인들에 피드백을 주고, 영향을 미치면서 건강에 변화를 일으킨다는 것을 의미한다. 생활 사건과 질병과의 관계도 단순한 원인, 결과가 아니고, 서로 영향받는 관계인 것이다.

스트레스는 생화학적 지표와 면역학적 지표에 많은 변화를 나타내지만, 스트레스와 병의 관계에서 스트레스에 노출되는 것만으로 병의 발생을 충분히 설명한다는 것은 거의 불가능하다.

최근에는 지속적인 만성 스트레스 chronic stress가 생활 사건에 비하여 생체에 미치는 영향이 더 중요하다고 생각하는 연구자가 증가하고 있다. 생활 사건 연구에 비하여 지속적인 만성 스트레스는 원인, 결과에 대한 설명이 더 난해하여 초기에는 별로 연구되지 않았으나, 심리적 장애를 일으키는 데 있어서 만성 스트레스가 더 중요하다는 견해들이 나타나기 시작하였다.

스트레스의 개념을 정리하여 크게 3가지로 나눈다면, 다음과 같다. 물론 3가지 모델 모두 완벽하다고 할 수는 없다.

① 반응으로서의 스트레스 stress as response. 스트레스 반응으로서의 정의는 일상 회화체의 용어로서 어느 정도 효력을 가지고 있다. 우리는 흔히 자율신경계 활성화(심장박동 증가, 발한, 현기증 등)의 증후나 감정적 고통의 느낌이나 또는 기능장애 등을 근거로 하여 스트레스가 있다 under stress라고 결론짓는다.

② 자극으로서의 스트레스 stress as a stimulus이다. 여기에는 외적인 환경 조건으로부터 내적인 생리적 현상까지 다양한 자극이 포함된다. 스트레스 정의에 있어 자극으로서의 접근은 생활 사건과 스트레스에 관한 대부분의 연구에서 사용하고 있는 모델이기도 하다.

③ 자극 stimulus과 조절 인자 moderating factors 사이의 상호작용 interaction으로서의 스트레스이다. 이는 사회과학에 기초를 둔 방법으로서, 개인과 주위 생활 환경의 전후 관계의 특성과 관련지어 스트레스를 정의한다.

스트레스는 다양한 과학적 흥미를 일으키는 개념으로서, 그에 대한 문헌은 나날이 급증하여 실로 방대하고 다채롭다. 현재로서는 우리가 스트레스라는 용어를 사용할 때, 어느 모델에 따른 어떤 의미인지를 구체적으로 밝히고 사용하는 것이 중요하다. 생물학적 연구인지, 심리학적 연구인지, 혹은 치료목적인지 등의 사용 목적에 따라서 스트레스 모델의 유용성이 다르고, 적절한 모델을 선택해야만 추구하는 목표에 도달할 수 있기 때문이다.

• Stress or Distress(스트레스 혹은 고통) : 부정적 관점

많은 사람은 스트레스와 고통이란 용어를 번갈아 사용하곤 한다. 일반상식으로 사람들에게 스트레스는 무언가 나쁘다는 의미를 주기 때문인 것 같다. 이런 딜레마를 피하기 위해, Selye는 distress(고통)와 eustress(긍정적 스트레스)란 용어를 소개했다. Selye(1974)에 따르면, distress는 "손상 혹은 불쾌한 스트레스"라고 한다. 이 용어에서 표현된 스트레스는 두려움, 공포, 걱정이나 불안의 상태와 같은 것이다. 심리적 경험의 핵심은 부정적, 고통스러운 피하고 싶은 그 무엇이다.

* Hans Selye는 스트레스 연구의 대가로 일반적인 적응 신드롬 General Adaptation Syndrome을 발견했다. 그는 스트레스란 인체에 주어지는 자극에 대한 비특이적 nonspecific 반응이라고 정의하였다.

• Stress or Eustress : 긍정적 관점

Selye(1979)에 의하면 유쾌하고 만족스런 경험을 eustress라고 한다. 결혼식, 주요 스포츠 이벤트 경기 참여, 연극 제작과 같은 것들이 바로 eustress의 예다. 어떤 관점에서 보면, 결혼식 같은 즐거운 사건은 사람들에게 긍정적인 스트레스를 줄 수 있다. 이것은 긍정적인 스트레스로 "기분 좋은 스트레스"로 들리기도 하며 스트레스에서 올 수 있는 좋은 부분을 강조하기 위해 사용되곤(Hanson, 1986) 한다.

2) 직무 스트레스(Job Stress)

일반적으로, 직무와 관련된 스트레스는 우선, 그 조직 및 조직원 모두와 연관성이 있다. 직무 스트레스는 조직원 개개인과의 사적인 문제가 아니다. 조직원들은 개별적 가족 간의 문제를 직무문제에까지 연장시켜, 직무문제를 가정에까지 끌어들일 수 있다.(Rousseau,

1978)

둘째로, 직무 스트레스는 조직 및 조직원 모두에게 부정적인 영향을 야기시킨다. 조직에 있어, 결과는 조직파괴, 정상적 운영의 혼란, 낮은 성취력과 생산성 및 낮은 이윤과 마진 등의 문제로 나타난다. 조직원들에게 끼칠 수 있는 그 영향은 크게 다음과 같이 3가지로 나타난다. 증가된 신체적 건강 문제, 심리적 스트레스와 행동적 변화 등이다. 건강 문제는 특수질환에만 관련되지 않고 조용하면서도 점진적인 건강의 손실로 나타날 수 있다. 심리적 스트레스는 대개 직무 만족도의 저하와 일부 부정적인 감정들에 연결된다. 행동으로 나타나는 변화들은 회사 내와 직장 밖에서의 라이프스타일 사이의 생산성 모두에 영향을 끼치곤 한다.

세번째로, 직무 스트레스는 조직적, 개별적 해결책 모두를 요구한다(Ivancevich, Matteson, Freedman, & Philips, 1990). 직무 스트레스의 제거는 조직 내에 일정한 변화와 조정을 요구하기도 한다. 이런 일이 일어날 때까지, 개별 당면 전략들은 조직원들이 하나의 위기에서 다음 위기까지 생존할 수 있도록 도움을 준다.

(1) 직무 스트레스의 정의

직무 스트레스의 정의는 직원들에게 위협을 주는 직무 특성에 초점을 맞추고 있다(Lee & Ashforth, 1996). 위협은 과도한 업무 요구, 직원들의 요구에 대한 불충분한 공급이나 실직의 가능성으로 나타날 수 있다. 너무 단시간 내에 직무요구가 이뤄진다면, 과다한 직무량에 눌릴 수 있다. 직원들은 적당한 급여, 직무 만족도와 승진이나 일의 성장에 대한 기대심리가 있다. 실직의 위협은 좌천, 주목받지 못하는 자리로의 이동이나 업무의 철저한 격리상태 등을 포함한다.(Latack, Kinicki &Prussia, 1995)

직무 환경에 속한 스트레스의 거래적 관점으로 볼 때 직무 스트레스야말로 직원의 당면한 업무능력을 초과하는 일의 요구라고 말할 수 있다. 더 넓은 관점에서, 직무 스트레스는 정상적인 심리적, 생리적 기능 혹은 양자 모두를 변화시키는 직원의 특성을 가진 업무조건의 상호작용을 수반한다(Beehr & Newman, 1978; Edwards, 1992). 일부 스트레스는 실제 직원의 생산성을 높여주기도 하지만, 우리는 대개 업무 성과를 해치는 작업세팅에서 고민되는 문제들을 해결하는 데에 우선적으로 관심을 갖게 된다.

(2) 직무 스트레스 증후군

실직의 단순한 금전적 계산은 직무 스트레스의 가장 중요한 결과를 관찰한다. 성인들은 자기 일에 인생의 절반을 쏟아붓고 있다. 더 많은 임금을 원하는 사람들은 초과업무를 하거나 2가지 일을 동시에 하기 때문에 two jobs, 늘 자신이 과소평가되고 있다는 느낌을 받는다. 작업조건은 물론 라이프스타일과 건강에 중대한 기여를 한다. 결과는 만연적으로, 인생 전반에 긍정적 혹은 부정적으로 작용한다.

Terry Beehr와 John Newman(1978)은 여러 가지 직무 스트레스 연구를 재검토하였는데 3가지 부정적 개별 성과가 직무 스트레스로부터 온다는 것이다. 심리적 건강증후군, 신체적 건강증후군과 행동증후군이다.

① 직무 스트레스의 심리적 증후군

심리적 스트레스와 정신적 혼란은 업무조건에 중요한 관계를 야기시킨다. 다음의 증후군은 직무 스트레스의 결과로 나타나는 양상의 예다.

- 두려움, 긴장, 혼란과 흥분
- 좌절감, 분노와 원망
- 감정적 과민증과 과민반응
- 감정적 억압, 움츠림과 우울증
- 의사소통의 감소효과
- 고립감과 소외감
- 지루함과 직무 불만족
- 정신적 피로감, 낮은 지적 기능, 집중력 저하
- 자발성과 창의력의 저하
- 자기 존중감의 저하

② 직무 스트레스의 신체적 증후군

다루기 힘든 스트레스의 알려진 결과 중 하나는 점진적인 신체적 건강의 저하이다. 임상적인 병리학이 나타나기 이전에, 몇 가지 신체적 증후군이 우리에게 경고를 주고 있다. 알려진 신체적 증후군 중 몇 가지는 다음과 같다.(Cordes & Dougherty, 1993; Latack & Kinicki, 1995)

- 심장박동, 혈압의 증가 및 잠재적인 심혈관계 질환

- 스트레스 호르몬의 분비 증가(예: 아드레날린과 노르아드레날린)
- 과민성 내장증후군, 대장염과 궤양 같은 위장장애
- 신체장애와 사고의 횟수 증가
- 신체적 피로와 만성 피로증후군의 가능성
- 호흡계 문제
- 피부질환
- 두통 등의 통증 및 근육의 긴장
- 수면장애
- 암의 증가된 위험 가능성을 포함한 면역계 손상

③ 직무 스트레스의 행동 증후군

몇 가지 행동증후군은 직무 스트레스로 인해 드러난다. 예는 다음과 같다.

- 지연증, 업무 회피증과 결여증
- 업무성과 및 생산성의 저하
- 음주와 약물의 남용
- 태업
- 비만을 일으킬 수 있는 폭식
- 거식증과 우울증의 징조와 연관된 갑작스런 체중감소
- 무모한 폭주나 도박 같은 증가된 위험감수 행동
- 공격성, 만행 및 도벽
- 가족 및 친구들과의 관계 저하
- 자살이나 자살시도

3) 스트레스와 호르몬

스트레스를 받으면 인체 내의 호르몬에 많은 변화가 온다. 각 호르몬의 기능을 보면 다음과 같다.

내분비선	호르몬	호르몬의 성질	작용부위	기 능
뇌하수체 전엽	성장호르몬(GH) 갑상선자극호르몬(TSH) 부신피질자극호르몬(ACTH) 난포자극호르몬(FSH) 황체자극호르몬(LH) 유즙분비호르몬(prolacin)	protein glycoprotein polypeptide glycoprotein glycoprotein prolactin	전신 갑상선 부신피질 난소 고환 난소 고환 유선	뼈와 근육의 성장 갑상선호르몬의 합성과 분비촉진 부신피질호르몬의 합성과 분비촉진 난포의 선당, estrogen의 분비, 배란 수정관의 발달, 정자의 형성 황체형성, progesterone의 분비 간질조직의 자극, androgen의 분비 유선의 발달과 유즙 분비
뇌하수체 중엽	멜라닌세포자극호르몬	polypeptide	피부	피부의 색소세포 자극하여 색소침착
뇌하수체 후엽	항이뇨호르몬(ADH) oxytocin	nonapeptide nonapeptide	말초혈관 신장관, 평활근(자궁, 유선)	혈압상승, 수분 재흡수 분만시 자궁수축, 유즙분비
갑상선	thyroxine calcitonin	iodoamino acid polypeptide	전신 뼈	조직의 산소소비, 대사속도 촉진. 기초대사율 조절 뼈에서 칼슘용출 저해: 혈장의 칼슘 농도 낮춤
부갑상선	부갑상선호르몬(PTH)	polypeptide	뼈, 신장, 위장관	칼슘, 인 대사 조절
부신피질	aldosterone coritisol	steroids steroids	신장 몸전체 조직	염과 물의 균형 유지 탄수화물, 단백질, 지방 대사, 염증, 감염에 대한 저항성
부신수질	norepinephrine epinephrine	amine amine	교감신경계 교감신경계	교감신경계 glycogen분해, 지방분해
난소	estrogen progesterone	steroids steroids	여성생식기 여성생식기	제2차 성장발달 난자착상을 위한 준비, 태아보호
정소	testosterone	steroids	남성생식기	제2차 성장발달
췌장	insulin glucagon	polypeptide polypeptide	대부분 세포 간	탄수화물대사조절: 혈당저하, 글리코겐 합성, 지방합성 글리코겐분해
위	gastrin	protein	위	위산분비
소장	secretin cholecystokinin-pancreozymin(CCk-PZ) enterogastrone	protein protein protein	췌장 담낭 위	알칼리용액(HCO_3^{-2})과 소화효소분비 담낭수축 위 운동성 및 위산 분비억제

4) 스트레스 노출시 발생되는 영양상 문제점

(1) 폭식 혹은 거식증

심리적 압박감으로 인해 음식을 과다섭취하게 되는데 특히 고당질성 간식에 탐닉하는 경향이 있으며, 이로 인해 serotonin(세로토닌) 농도가 증가하고 비만현상이 나타날 수 있다. 또는 간혹 스트레스에 노출시 식욕을 잃게 되어 음식을 거부하는 거식증상이 나타나기도 한다.

(2) 지나친 음주

적당한 음주는 스트레스를 해소하고 긴장감을 덜해주며 생활의 활력소를 제공하기도 한다. 하지만 과음은 자기통제력을 상실하고, 알코올 자체가 열량이 높은 반면에 다른 영양소는 없어 영양의 불균형을 초래하게 되고 비만이 될 수 있다.

(3) 지나친 흡연

스트레스에 과다 노출시 이를 극복하기 위한 자기발현의 모습으로 흡연이 증가되기도 한다.

5) 스트레스 대처능력

사회의 현대화, 산업화가 가속화되면서 스트레스는 불안, 소외나 좌절감에 못지않게 주요한 관심의 대상이 되고 있다. 급변하는 사회와 자신의 미래를 예측하기 어려운 불확실한 상황은 개인의 스트레스를 가중시키고 있다. 이런 시대에 잘 적응하고 만족스러운 삶을 유지하려면 스트레스 대처능력이 무엇보다도 중요하다.

스트레스 대처 및 관리 Stress-Management 능력은 연구분야뿐만 아니라 임상분야에서도 지대한 주목을 받고 있다. 하지만 이 대처능력을 과정으로 보는 시각이 있는가 하면 목표 지향적인 행동으로 보는 이도 있다.

대처 coping란 용어는 인간의 적응에서 핵심적인 개념이다. 사실 스트레스에 지대한 관심을 기울이는 것도 따지고 보면 스트레스 자체에 관점이 있다고 하기보다는 그런 스트레스를 어떻게 관리하고 해결하느냐, 즉 대처하는 데 관심이 있기 때문이다. 대처능력은 아주 광의적으로 본다면 생활하는 그 자체이다. 생활이라는 것은 따지고 보면 매일매일 부딪히는 문제로 유기체의 균형이 깨지고 이를 다시 회복해 나가는 적응의 과정이라고 할 수 있기 때문이다.

개인이 스트레스에 대한 대처를 시작하는 것은 스트레스를 지각하고 무엇인가 반응해야겠다고 느끼는 데서부터 비롯된다. 즉, 개인이 경험하는 환경적 스트레스 자극의 지각에서 비롯된다. 이때 아직 스트레스가 분명치 않다고 하더라도 우선 생리적인 긴장이 일어나거나 정서적으로 흥분되는 것을 알게 된다. 이런 생리적 불편이 무엇인가 해결책을 찾게 만든다. 이는 경우에 따라서 순간적이고 무의식적으로 일어날 수 있고 때로는 의식적으로도 일어나지만, 어쨌든 개인이 경험하는 환경적 스트레스 사건과 이에 대응할 수 있는 개인자원 사이의 상호역동과정의 지각 또는 인지적인 평가에 의존한다.

다음과 같이 스트레스에 대해서 효과적인 대처방법을 2가지 제안한다. 첫째는 평소에 개인의 대처능력을 향상시키는 예방적인 준비를 늘 하고 있는 것이다. 즉 일반적으로 자신의 건강을 위해 적응력을 개발하고 증진시키는 노력이 필요하다. 성장지향적인 생활방식의 변화, 자존심의 향상이나 능력 개발, 인간관계 기술의 향상 등이다.

둘째는 특정 스트레스 상황에 잘 대처하는 노하우를 터득하는 것이다. 이 경우는 스트레스 상황이 천차만별인 만큼 그 많은 상황에 효과적인 대처방식을 일일히 익힐 수는 없다. 일부 상황을 전제로 한 채, 효과적인 대처 능력을 알아볼 수밖에 없다. 여기서는 주로 후자의 경우에 역점을 두고 대처능력을 살펴보기로 한다. 효과적으로 대처하기 위해서는 무엇보다도 긍정적으로 그렇게 되려는 마음가짐이 중요하다.

중요한 마음가짐은 스트레스를 인생의 불가피한 또는 그다지 중요하지 않은 일부로 수용하는 것이다. 피할 수 있는 경우도 있겠지만 피해갈 수 없는 경우가 훨씬 많다. 스트레스가 아예 없는 삶이 가장 완벽하고 만족스러울 것 같지만 그런 삶은 무미건조하고 변화와 발전도 없다. 또는 스트레스를 해결 가능한 것으로 보는 관점이다. 이건 운명이다, 팔자다 또는 남의 탓이다라고 생각하는 것은 당장에는 편한 사고일지 모르지만 장기적으로 볼 때는 구체적인 해결이 불가능하다.

가장 적극적인 방법으로는, 스트레스를 나의 성장과 발전을 위한 도전과 기회로 받아들이는 것이다. 물론 이런 마음가짐을 갖게 되는 것은 무척 어렵다. 스트레스는 부정적, 위협적인 요소도 되지만 반면 도약과 성장의 발판이 되는 것도 사실이다. 힘들고 어렵게 그것을 극복해내면 자신의 잠재력을 새삼 깨닫고 자신감과 성취감을 동시에 경험할 수 있다.

마지막으로, 자신의 스트레스를 스스로 잘 파악하고 분석하는 것이 중요하다. 자신의 스트레스 상황은 남이 해결해주는 것이 아니다. 자신이 끝까지 해결해야 될 숙제이므로 타인이 중간과정에서 도움과 조언을 줄 수는 있지만, 지금까지 자신이 비효율적인 스트레스 대처방법을 사용하지 않았나 자문해 보고 새로운 방식을 몸과 마음에 익혀 나가야 한다.

(1) 외부 상황에 대처하는 방법

외부의 요구가 너무 많거나 아주 없을 때 어떻게 해야 할지 막막하고, 급격한 변화가 생길 때 좌절과 갈등, 압박감을 느끼게 된다.

① 과도한 업무 부담

현대생활의 눈에 띄는 특성 가운데 한 가지가 개인에게 주어진 일이 너무 다양하고 많은 것이다. 현대사회는 멀티 플레이어 Multi-Player를 원한다. 일반적으로 과도한 업무 부담은 외부에서 비롯된다. 하지만 때로는 개인이 자신에게 지나친 기대와 욕망으로 업무에 대한 부담감을 가중시킬 때도 있다. 이런 경우에는 자신의 행동방식을 수정하는 노력을 하고 완벽해야 한다는 사고방식을 바꿔줘야 한다.

개인에 따라 주어진 일을 끝맺지 않고 또 다른 일을 시작하는 습성 때문에 일의 부담이 가중해질 경우도 있다. 작고 사소한 일이라 해서 미루기 시작하면 어느새 그것들이 모여 큰 부담이 된다. 위에 대한 원인은 모두 결정을 잘못 내리는 것일 때가 많다. 결정을 그때그때 내리는 습관을 길러야 한다.

② 생활변화

생활변화가 많다는 것은 일의 부담이 과중하다는 것을 의미한다. 생활변화가 많다면 이에 대한 대책을 강구해야 한다. 우선 불가피한 변화와 통제 가능한 변화를 구분해야 한다. 불가피한 변화는 빨리 수용하고 이에 적응하는 것이 최선이다.

통제가능한 변화는 불가피한 변화에 적응할 때까지는 우선 변화를 미루는 것이 도움이 된다.

③ 불가피한 상황

업무의 과중함이나 생활의 변화를 겪는 경우 흔히 미래의 결과가 불확실하거나 현재 개인의 역할과 기능이 불확실해서 위협과 불안을 경험한다. 불확실한 상황에 놓이면 첫째로 정보를 구해야 한다. 어디서 누구에게 어떤 정보를 구해야 하는지를 판단하고, 실제 정보를 얻어낸다. 또 한 가지는 새롭고 낯선 상황에 익숙해지도록 행동하는 것이다. 새로운 장소에 가거나 낯선 사람들과 만날 기회가 있다면 평소 편하게 입던 옷이나 가장 마음에 드는 색의 액세서리 등을 걸친다면 훨씬 두려움이 줄어든다.

(2) 개인의 대처 능력

스트레스는 외부 환경 자체에 의해서만 아니라 개인이 그 스트레스를 어떻게 받아들이는가에 의해서도 영향을 받는다. 외부로부터 오는 스트레스는 불가항력적이지만, 이런 사건을 받아들이는 입장이 변화된다면 스트레스의 의미가 전혀 달라질 수 있다. 또한 아무리 어려운 일이라도 그것을 해낼 수 있는 능력을 갖고 있다면 큰 위협적인 요소가 되지 못할 것이다. 그 밖에 사고방식이나 자아 강도에 따라서도 달리 대처하게 된다. 개인의 대처능력과 관련해서 사회적인 도움이나 지지도 효율적인 대처에 한몫한다.

① 성격적인 요소

사람마다 개인에게 일어나는 사건이나 그 결과에 대해서 그 원인을 자신에게 돌리든지 아니면 환경이나 외부에 돌리는 성격적인 특질을 갖고 있다고 보는 연구자들이 있다. 이밖에도 성격유형 중에는 외부환경에 대해서 민감한 민감성 성격과 감정을 억압하는 억압형이 있는데 이들이 성취 스트레스나 질병에 따르는 스트레스에 대처하는 방식이 각기 다르다는 것은 이미 앞에서 언급했다. 이런 성격의 유형들을 이해하는 것이 효과적으로 스트레스를 대처하는 데 도움이 된다.

표 8-1 성격-질환에 연계된 가장 우수한 이론들의 비교

생물학적 유형	가정된 중독성 핵심	가정된 연계 질환	경험 상태
A 타입 행동유형	만성 행동성을 지닌 업무 지향적 분노	증가된 관상동맥 질환의 위험	실험 및 역학연구의 데이터는 가장 신뢰감 있는 증거를 제공
암 경향의 성격	비정상적인 감정의 방출로 인한 내면화된 분노와 공격	증가된 암의 위험	방법적 경험적 취약성
흡연과 성격	고도의 긴장과 두려움	증가된 폐암과 관상동맥 위험이 있는 신체적 중독	증거의 취약성
음주와 성격	유전적인 성격적 취약성: 비효율적인 심리사회적 기술: 만성적 스트레스	신체적 중독: 유방암의 위험 가능성	일관성 없는 취약한 증거
질환 경향의 성격	주요 우울증: 분노와 두려움	심장질환, 관절염, 천식, 궤양과 두통을 포함한 일부 질환 중 하나	101개의 연구 분석에 근거: 아직은 미결론 상태

A 타입의 사람은 시간에 쫓기고, 조급하며, 상태의 불안함, 고도의 경쟁력과 공격성, 대체적으로 적의가 있으며, 이완 불가능의 상태로 묘사되곤 한다. 시간의 조급성은 증후군 리스트에서도 두드러지게 나타나지만, 이것이 문제의 핵심은 아니다. A 타입의 사람은 비교적 빠른 내면의 시계를 차고 달리며 B 타입의 사람(Muese, Yarnold, & Brayant, 1987)과는 시간을 다르게 인지한다. A 타입의 사람은 빠른 속도로 일을 마치기 위해 자신을 억압하면서 일하는 경향이 있다(Yarnold & Grimm, 1982b). 또한 더 높은 성과기준을 맞추기 위해 늘 애를 쓰곤 한다(Grimm & Yarnold, 1984). 그들은 B 타입 사람들과의 개별적 관계에 있어서 비교적 우세하다(van Egeren, Fabrega, & Hornton, 1983). 또한 더 많은 흡연을 하고 운동은 덜하는 경향이 있다(Howard, Cunninghan, & Rechnitzer, 1976).

로즈만과 프리드만(1974)은 이런 유형을 조급증이라고 인용하기도 한다.

그림 8-1 성격요인, 행동 및 고혈압에 대한 생명조류사회적 상승작용 모델

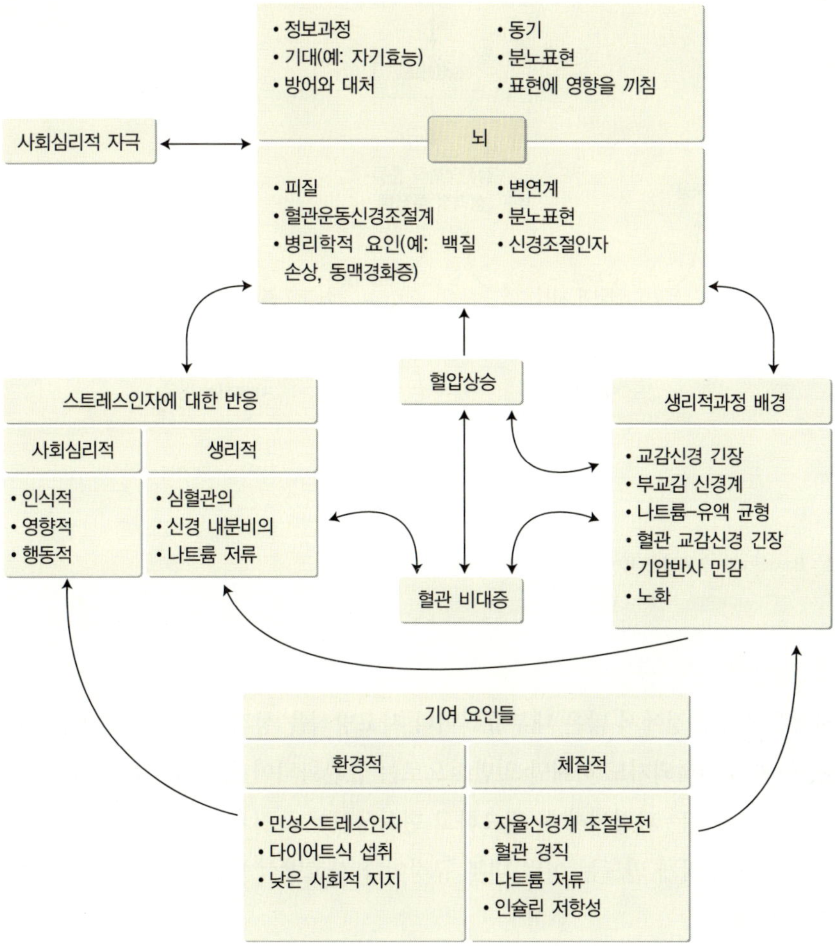

자료 : Jorgensen et al.(1996) p.111 stress and health

그림 8-2 사회심리적 스트레스와 성격이 종양의 생성에 미치는 영향에 대한 이론적 모델

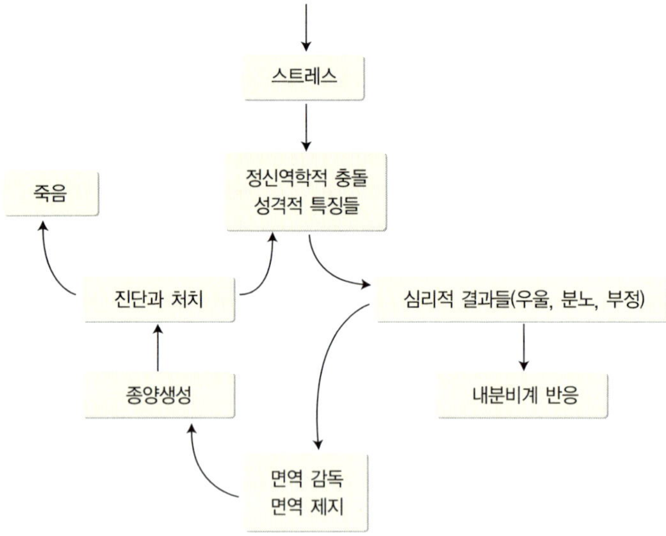

자료 : Barofsky의 수용이론(1981) p 114. Stress and Health

② 자신의 내부 규정

사람은 성장과정에서 많은 내부규칙이나 사고방식을 성격의 일부로 받아들인다. 이런 것은 쉽게 의식되기도 하지만 일반적으로는 습관화되어 자동적으로 일어난다. 이런 규칙들은 성장하는 과정에서 꼭 필요하고 현실생활에도 필요한 경우가 많겠지만, 때로는 자신을 움추리게 만드는 이런 내부 규정이나 사고방식 때문에 스트레스를 받게 되는 경우가 많다.

이런 비합리적인 내적규정 때문에 불필요하게 오는 스트레스를 감소시키기 위해서는 사고방식을 바꿔야만 한다. 스트레스를 일으키는 생각을 바꾸는 방법 외에 스트레스 상황의 의미를 달리 해석해 보는 방법이 도움이 될 때가 있다. 즉, 자아방어 기제의 여러 방식, 예를 들어 합리화, 전이, 부정이나 주지화 등의 방식으로 스트레스를 일으키는 생각 대신에 스스로 안심시키고 정당화하는 생각을 할 때 스트레스의 강도를 줄일 수 있다.

이제 불확실성을 이겨내고 자연스럽게 마음을 열고 몸을 맡기도록 사고방식을 바꾸어야 한다.

• 뇌: 스트레스와 건강에 있어서의 역할

뇌는 여전히 여러 가지 미스터리 속에 감춰져 있다. 뇌는 신체를 이해하기 위한 우리 열망의 마지막 국경 사이에 존재한다. 뇌 구조와 기능의 세부사항은 눈에 띄게 복잡하다. 만약 우리가 어떤 인지력을 가지고 이 얽힌 거미줄 속으로 들어간다면, 그 실마리는 쉽게 풀릴 것이다.

당신이 저녁 늦은 시간 걸어가고 있다고 상상하라. 당신은 구석에 있고 강도가 달려와 돈을 요구한다. 당신에겐 아주 오랜시간처럼 느껴지며 뇌는 이미 수천 가지의 연결고리를 불러내고 있다.

③ 자존심의 향상

자기 자신에 대한 신뢰를 기본으로 한 자존심이 강한 사람 또는 자아기능이 잘 유지되는 사람은 인간관계로 인한 스트레스 혹은 직무 스트레스에 더 잘 대처하는 것으로 알려져 있다. 이를 위해서는 신체 생리적인 욕구와 심리사회적인 욕구 등 인간의 기본 욕구를 충족시켜야 한다. 이런 욕구를 충족시킬 수 있는 방법을 강구해야 한다.

또한 문제해결 능력도 키워야 하며 인간관계를 잘할 수 있도록 사회적 기술을 향상시켜야 한다. 인간관계 기술 가운데서도 자기표현 능력의 개선이 가장 강조되고 있다.

예방 및 전투적 대처방법 ◀표 8-4

예방적 전략	전투적 전략
1. 생활적응을 통해 스트레스인자를 피함	1. 스트레스인자와 증후군 분석
2. 요구수준 조정	2. 원인 정렬
3. 행동유형을 야기시키는 스트레스 변환 a. 생리적 부분 b. 심리적 부분 자신감, 통제력, 자기존중감 c. 인지적 부분 기능적 신념 시간-관리 기술 학술적 능력 d. 사회적 부분 사회적 지지, 우호력 e. 재정적 부분	3. 스트레스 인자 공격 a. 문제해결 b. 단정 c. 민감도를 줄임 4. 스트레스 인자 내성 a. 인지적 구축 b. 부정 c. 감각에 초점 5. 환기력을 둔화시킴 a. 이완 b. 자기노출 c. 카타르시스 d. 자기-명상

자료 : Matheny et al. 출처(1986)

(3) 사회적 지지

사회적 지지는 개인이 스트레스 상황을 대처할 수 있도록 직접 도움을 주는 경우와 정보를 제공하거나 좋은 의견을 제공해주는 경우가 있다. 스트레스 상황을 변화시키기 위해 직접 지지를 제공하는 것이라고 한다면 스트레스 상황에 처해서 불안과 긴장이 될 때 이를 공감해주고 사랑과 관심을 기울여 줌으로써 소속감과 안정을 유지하게 하여 대처할 수 있는 능력을 제공하는 정서적 지지가 있다. 여러 가지 예방 프로그램 등 이러한 사회적 지지를 확보할 수 있는 방법을 강구하는 것은 효과적인 대처능력을 향상시킬 수 있다.

(4) 부적응적인 스트레스 반응의 해소

스트레스의 결과로 생긴 불안, 긴장, 두려움, 분노 등의 감정들을 해결해주지 않고 방치하거나 억누를 때, 또는 음주나 흡연 등의 회피 수단에 너무 의존할 때 우리의 몸과 마음은 지쳐 여러 부적응적인 스트레스 반응을 나타내는 수가 많다. 소위 신경성 혹은 심인성이라고 불리는 정신신체질환, 예를 들어 두통, 불면증, 궤양으로부터 당뇨병, 고혈압, 심장병에 이르기까지 모든 질환에 걸리기 쉬워진다. 노이로제, 정신병 등의 심리적 장애도 일으킬 수 있다. 이런 장애 반응이 생겼을 경우에는 무엇보다도 먼저 전문가로부터 도움을 받아야 한다. 전문가의 도움과 더불어 가장 손쉽고 상식적인 방식인데도 우리가 간과하기 쉬운 것으로 자기 자신을 돌보는 것이 있다. 적절한 휴식, 모든 일을 생각하면서 천천히 하기, 긴장을 풀고 이완의 시간을 갖기 등이다. 규칙적인 운동, 가끔 나의 주변 환경을 바꿔주기, 때때로 일에서 벗어나 휴식 취하기나 여행 등을 들 수 있다.

(5) 스트레스에 대한 영양가이드

① 당질과 지방

스트레스 노출시 체내대사가 항진되므로 에너지를 증가시켜 공급시킨다. 뇌세포에 공급되는 포도당이 너무 적으면 뇌가 충분히 활동을 할 수 없고, 너무 많으면 뇌의 작용이 과잉되어 신경과민이나 초조감 등 장애현상이 발생될 수 있으므로 적당량을 섭취한다. 하지만 백설탕같이 정제된 당의 섭취는 비타민B군과 체액을 알칼리화할 수 있는 칼슘 요구량을 증가시키므로 주의를 요한다.

② 단백질

스트레스 노출시 뇌하수체에서 부신피질 호르몬에 의해 근육단백질이 분해되어 혈중 아미노산이 증가되고 질소배설이 증가한다. 단백질은 스트레스 완화작용이 있으므로 충분히 섭취하는 것이 좋다.

③ 비타민

- **비타민B군**: 스트레스 노출시 체내 신진대사가 항진되어 비타민의 소비가 높아지므로 요구량이 증가된다. 특히 B의 결핍은 뇌의 신경세포 내 당대사의 이상으로 뇌신경 장애를 유발시킬 수 있다. 비타민B군은 신경안정 유지에 필요한 영양소이다. 특히 스트레스를 받아 단 음식 등 당질 섭취가 많을 때는 비타민B 소비가 증가하므로 충분히 섭취한다.
- **비타민C**: 비타민C는 특히 부신과 뇌하수체에 고농도로 함유되어 있으며 스트레스를 받으면 부신의 비타민C 농도가 감소하므로 비타민C를 충분히 섭취한다.

④ 무기질

- **칼슘**: 뇌세포에는 흥분 억제 작용이 있으므로, 뇌세포 내 충분한 칼슘유지는 정신적 스트레스에 대해 저항할 수 있게 만든다.

6) 스트레스와 피부질환

우리 주변을 둘러싸고 있는 여러 가지 상황이나 각 개인의 내외적 갈등 모두가 스트레스의 요인이 될 수 있다. 스트레스로 인해 생기거나 악화될 수 있는 흔한 피부질환으로는 손, 발바닥에 생기는 한포진, 지루성 습진, 여드름, 아토피성 습진, 건성, 소양증, 원형탈모증, 구내염, 만성 두드러기 등이 있다. 가장 빈도가 높은 3가지 질환은 다음과 같다.

(1) 손, 발바닥에 생기는 한포진

손, 발바닥 깊숙이 위치한 물집이 특징이며, 때로는 물집이 터져 진물이 나고 습진처럼 되기도 한다. 정신적 스트레스가 가장 큰 발병요인으로 손, 발바닥의 과다한 땀분비를 호소하는 경우가 많다. 치료를 위해서는 정확한 진단과 릴렉스관리가 필요하다. 직접 질환부위를 터치하는 트리트먼트보다는 감성과 근육이완을 통한 접근의 관리방법을 권한다.

(2) 지루성 습진

얼굴과 두피에서 호발하는 만성 염증성 질환으로 호전과 악화를 되풀이하고 가려움증을 동반한다. 지루성 습진은 과도한 피지의 분비로 인해 발생되는데, 이는 선천적으로 지루성 소인을 가족적으로 가지고 있는 경우가 많다. 또한 스트레스가 인체 내의 내분비 기관인 뇌하수체와 부신피질을 자극하여 안드로겐이라는 성호르몬의 분비를 촉진시키고, 이 성호르몬은 피부의 기름샘을 자극하여 피지분비를 증가시킨다. 개인에게 가장 잘맞는 세안법과 세안제를 권하고 정신적 안정이 무엇보다 중요하다. 화장품이나 트리트먼트 방법을 조급하게 바꿔대는 것도 피부질환을 악화시킬 수 있다. 다만 유분감이 너무 많은 화장품은 삼가는 것이 좋다.

(3) 여드름

스트레스는 뇌하수체에 영향을 주고, 다시 부신피질을 자극하여 안드로겐이 피지선의 피지분비를 증가시켜 그 결과 피부에 기름기가 많아지고 여드름도 발생할 수 있다. 분비되지 못한 피지가 진피 내에 쌓여서 여드름을 발생시키게 되고, 안드로겐의 분비에 영향을 줄 수 있는 여러 요인(스트레스, 월경, 임신 등)들은 여드름을 악화시킬 수 있다. 여드름의 예방방법은 지루성 습진과 비슷하지만, 여드름 부위를 청결하지 못한 손으로 자주 터치한다거나 무조건 자주 씻어내는 습관은 자제해야 한다. 화장품을 선택할 때도 소량의 알코올 성분이 함유된 화장품을 사용하고, 남성의 경우 유분감이 느껴지는 로션, 크림류보다는 가벼운 에센스나 젤타입의 보습제를 쓰는 것이 좋다.

스트레스에 의해서 위염, 과민성 대장증후군, 여드름이 생길 수 있으므로 규칙적이고 알맞은 운동, 고른 음식물의 섭취 등을 통해 스트레스를 극복할 수 있도록 권장하며 지나치게 약물에 의존하는 것은 바람직하지 않다.

03 운동

1) 운동의 효과

신체의 모든 기능은 움직일 때 더욱 효과가 있다. 근육신경 계통은 사용하지 않으면 곧 퇴행하고 기능을 상실하게 되는데, 사용하지 않는 근육은 매일 5%씩 감소한다는 것이 밝혀졌다. 또한 근육의 퇴행은 빠르나 회복은 매우 느려 몇 달 혹은 몇 해가 걸릴 수도 있다.

자신에게 맞는 규칙적인 운동은 심장과 혈관, 폐 기능을 향상시켜주고 근육과 골격계의 힘을 강화시켜 체력이 향상된다. 또한 내분비대사의 기능을 개선시켜주고, 정신적으로도 효과를 가져온다.

현대인은 산업화, 기계화, 교통 수단의 발달 등으로 생활이 편리해지면서 운동부족 현상을 경험하고 있다. 만성적인 운동부족은 허혈성 심장병, 고혈압, 당뇨병, 비만증, 요통, 불안과 우울증 등 만성퇴행성 성인병뿐만 아니라 정신적인 장애까지도 초래할 수 있다.

(1) 운동의 구체적인 효과

① 심혈관기능을 향상시킨다

규칙적인 운동은 심장으로부터 말초혈관까지 전신의 혈액순환을 좋게 한다. 혈액순환이 좋아진다는 것은 혈관의 내벽에 노폐물이 축적되지 않고 혈관의 탄력성이 좋아진다는 것이며, 이것은 성인병과 직접관계가 있는 동맥경화증이 발생될 위험성이 적어진다는 것을 의미한다.

② 폐의 기능을 향상시킨다

규칙적인 운동은 폐(폐포)의 산소교환 능력향상과 산소섭취량 증가 등의 전반적인 폐 기능을 향상시킨다.

③ 순환기능을 증가시킨다

규칙적인 운동을 하면 혈액의 배출량이 증가하고 산소를 운반하는 헤모글로빈의 양도 증가함으로써 산소운반 능력이 향상된다.

④ 대사기능을 향상시킨다

규칙적인 운동은 체지방량을 감소시켜 비만을 예방 치료하며, 혈당을 조절하고, 인슐린 감수성을 높여 당뇨병을 개선한다. 또한 혈관벽에 콜레스테롤을 축적시키는 저밀도 지단백을 감소시키고, 콜레스테롤을 제거하는 고밀도 지단백을 증가시켜 동맥경화를 예방한다.

⑤ 안정시 혈압을 감소시킨다

신체활동이 활발한 사람들의 안정시 혈압은 일반적으로 비활동적인 사람들보다 낮다는 연구보고가 많다. 고혈압인 사람들이 규칙적인 운동을 하면 혈압의 변화를 가져와서 혈압이 정상치에 가까워질 수 있다.

⑥ 골격계의 기능과 근육계의 기능을 유지하고 발달시킨다

골연화 및 골절의 가능성을 방지하고 노화에 따라 골밀도가 감소하는 것을 방지한다. 또한 근위축을 막고 근육이 지방으로 대치되지 않도록 한다.

신체활동이 건강에 미치는 유익한 점들

- 심장질환 사망 위험 감소
- 고혈압 환자의 위험 감소
- 대장암 위험 감소
- 체중조절 효과
- 노인들의 강하고 활기찬 활동에 도움
- 당뇨 증가 위험 감소
- 고혈압 환자의 혈압 감소
- 스트레스 및 불안감 해소
- 골격, 근육, 관절 유지 및 발달에 도움
- 심리적 안정과 자신감 증진

⑦ 스트레스를 감소시키며 심리적 안정을 준다

규칙적인 운동은 스트레스에 정상적으로 반응하는 신경계에서 분비하는 여러 가지 좋지 못한 화학적 대사물을 제거하는 것으로 알려져 있다. 이는 신경계가 다시 균형적인 상태로 회복되는 것을 촉진시키며, 스트레스의 정도를 감소시킨다.

규칙적인 운동으로 생산된 엔도르핀은 고통을 제거하고 안정과 평화로운 마음상태를 유지하는 촉진제로 알려져 있다. 걷기나 조깅과 같이 저강도의 장시간 운동은 엔도르핀 분비를 자각하고 이는 우울증 완화에 도움이 된다.

2) 장시간 신체활동 부족이 인체에 미치는 영향

움직이지 않으면 어떻게 되는가? 이와 같이 활동하고 먹고 휴식을 취하는 사이클이 반복되면서 오랫동안 진화해 온 결과, 인간의 몸 속에는 이 세 가지의 기본적 행위가 패턴화되어 그와 같은 생활에 완전히 적응해 버린 것이다. 이와 같은 신체가 만약 움직임을 중지했다고 한다면 어떤 결과가 초래될까?

이 점에 관한 흥미 있는 많은 지식이 몇 주간 동안 침대에 누워 계속 지내는 '베드레스트 스터디 bed rest study' 라고 하는 실험과 宇宙醫學의 연구에 의해서 얻어졌다. 우주에서는 물체의 중량이 없고, 체중도 없다. 따라서 물체를 든다든가, 몸을 지탱한다든가 하는 데에는 근육은 거의 활동해야 할 필요가 없다. 누워있을 때는 더욱 그렇다. 이런 상태가 계속되면 근육은 확실히 줄어들고, 구조적으로도 취약해져서 피로하기 쉽고 조그만 충격에도 상해를 입기 쉽다.

운동부족의 영향 ◀표 8-2

체력저하	예: 유산소능력(최대산소섭취량), 무산소능력, 지구력(전신지구력, 근지구력), 근력, Power, 민첩성, 조정력
예비력의 저하	예: 심장의 예비력, 호흡의 예비력
비만	
저항력의 저하	예: 더위 · 추위에 대한 저항력, 세균 · 바이러스에 대한 저항력, 외상 · 질병에 대한 저항력
운동부족병의 증가	예: 심근경색, 협심증, 당뇨병, 고혈압, 고지혈증(高脂血症), 동맥경화
정서장해	예: 불면증, 心身病
노화촉진	

3) 운동과 노화방지

(1) 골격의 노화와 운동

뼈는 조혈작용과 지주의 역할을 하며 고령화에 따라 무기질이 많아지고 탄력성이 적어져 부러지기 쉽게 된다. 지속적인 운동을 통하여 골격에 부하를 가하게 되면, 이는 곧 골격의 신진대사를 활발하게 하여 골격의 노화를 감소시킨다. 즉 골격노화의 방지는 지속적인 운동을 통하여 이루어지며, 따라서 연령 증가와 함께 운동의 중요성이 더욱 강조된다고 말할 수 있다.

그림 8-1 골격의 노화와 운동의 효과

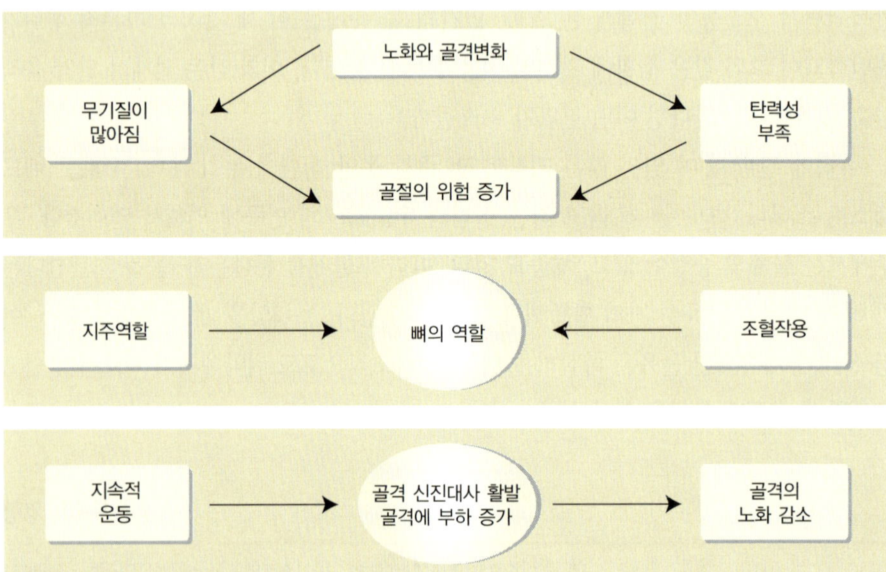

(2) 근육의 노화와 운동

연령이 증가함에 따라 근조직이 쇠퇴되고 자세 유지능력이 저하되어, 몸이 구부러지게 되어, 이에 따라 내장이 압박을 받아 기능이 저하하게 된다.

또한 근력의 저하는 자세의 불안정을 초래하며 이에 따라 신경의 기능이 저하되어 운동부족이 되는 악순환으로 노화현상을 가속화하게 된다.

운동을 통하여 근력 쇠퇴를 예방하는 것이 노화를 지연시킬 수 있는 방법일 것이다.

그림 8-2 근육의 노화

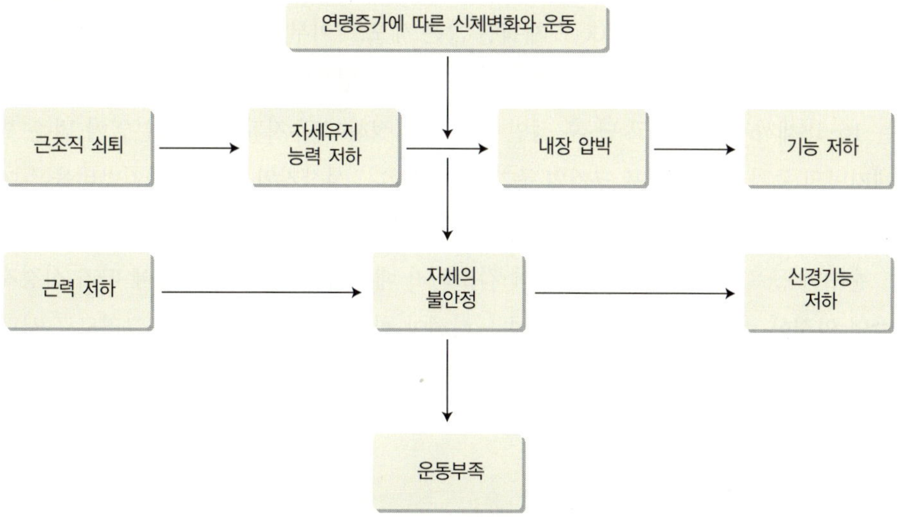

(3) 관절의 노화와 운동

육체가 노화되면 모든 관절이 어느 정도 위축되며, 변형성 관절염이 되는 일도 있다. 그러나 관절에 과중한 부담을 주게 되거나 체중이 무거워 관절에 부담을 주면, 이로 인한 운동부족의 경우 위험요인이 커지게 된다. 관절의 노화는 만성 관절류머티즘에 의한 고통도 있다. 이는 식생활로 비만을 방지하고, 운동을 통한 생활양식 전환이 중요한 점임을 인식해야 할 것이다.

(4) 발의 노화

고령화에 따라 발바닥의 피부가 두껍게 되거나, 발가락 쪽에 티눈이 생기게 된다. 발톱도 연령이 많아지게 되면서, 두껍게 되고 색깔도 누렇게 된다. 또 여성의 경우 하이힐 때문에 발의 근육 조직이 상처를 입기 쉬워 엄지발가락이 안으로 굽는 외반모지가 된다. 이에 따라 운동의 불균형을 초래한다.

4) 운동과 비만감소

(1) 성장과 노쇠에 따른 신체지방의 발달

지방(지방조직)은 triglyceride로 채워진 많은 세포로 이루어진다. 지방조직의 양은 세포 수의 증가나 세포크기의 증가에 의해 증대될 수 있으며 사람에게 있어 지방세포 수는 16~18세까지 증가하고 난 후 성인이 되면 일정하게 유지된다. 세포분열이 멈춘 후 체지방의 증가는 지방세포 크기의 증가에 기인한다. 성장기와 더불어 체지방비율은 여성, 남성 모두 중년기, 노년기까지 연령이 증가하면서 증가한다.

순수한 근육조직의 양이 30세 후에 감소되기 때문에 중년, 노년이 됨에 따라 신경지방의 일정한 비율을 유지하기 위하여 노력해야 한다는 것은 타당하다. 그러므로 사람은 20세가 지나서 성인남자는 12% 정도, 성인여자는 23% 정도의 신체지방을 가지는 것이 바람직하다.

(2) 비만의 방지를 위한 규칙적인 운동의 역할

신체적 비활동이 과다한 칼로리 섭취보다 비만에 더 중요한 요인이 된다는 증거가 있다. 음식물 섭취가 운동시 소비된 열량과 정상적인 하루 일과 중에 소비된 열량을 합한 값을 초과하지 않는다면 운동에 의해 비만이 예방될 수 있다는 것은 확실하다. 그러한 조건이 운동에서 초래될 수 있다는 것은 습관적으로 활동적인 사람의 신체구성과 비활동적인 사람의 신체구성을 비교할 때 뚜렷하다.

중량운동을 한 운동집단은 체중이 증가하면서 정상적인 신체지방률을 유지하는 데 비하여, 조깅과 같은 유산소 운동에 참여하고 있는 운동집단은 정상치보다 낮은 신체지방률을 나타낸다. 또한 운동집단과 비운동집단을 비교하면 운동집단이 적은 지방량과 많은 순수 근육량을 보인다.

과다한 신체지방을 가지고도 운동을 하지 않고 성장하는 소년, 소녀들의 체중은 대체로 규칙적인 운동에 의해서 영향을 받지 않는다. 그러나 항상 그런 것은 아니지만 일반적으로 볼 때 훈련된 피검자는 지방조직의 성장은 적고 순수한 근육조직의 성장은 더 많다.

① 운동과 음식 섭취

약 1시간의 운동에 의해서 식욕증진이 일어나지 않으며 때로는 비활동적인 사람의 음식욕 이하로 감소하기도 한다. 사람이 한 시간 이상 활기차고 규칙적으로 일하고 운동할 때 음식 섭취는 단지 체중이 유지되는 정도까지만 증가한다.

음식 섭취량의 감소 없이 체중을 잃었다면 체중손실은 운동과 운동회복에 관련된 칼로리 소비량의 증가에 기인함에 틀림없다. 왜냐하면 안정시 대사가 훈련으로 변화한다는 증가가 없기 때문에 훈련된 인체에서 종종 발견되는 증가된 근육량과 감소된 신체지방에 대한 기전은 알려지지 않았다. 그러나 그것은 성장 호르몬인 somatotropin 농도의 증가 또는 운동에 대한 반응으로 관찰되는 다른 내분비 변화에 관련된다. 훈련된 사람은 근육성장을 위해 보다 많은 단백질을 합성하고 보다 빠르게 지방을 퇴화시킨다.

② 운동과 지방세포 구성

극단적으로 비만한 사람은 비만하지 않은 사람들보다 많은 수의 지방세포를 가진다. 어릴 때의 운동이 성인기의 지방세포의 수를 감소시킬 수 있다고 생각할 수 있다. 어린 나이에 신체적으로 훈련을 받았다면 그들이 앉아서 생활하는 것보다 성인나이에 지방세포가 뚜렷하게 적어질 가능성이 쥐의 연구에서 인정되었다. 하지만 유사한 현상이 어린이에게 일어날지는 아직 확실치가 않다.

5) 운동과 항산화

(1) 운동과 체내 산화작용

산소유리기의 존재가 생물학에서 논란을 불러일으키기 시작한 것은 지난 1980년대부터이다. 대부분의 연구에서 산소유리기의 생성이 심혈관계의 이상이나 암, 당뇨 등의 질환이나 노화를 촉진하는 원인적 요소로서 작용하는 것으로 알려져 왔으며, 이에 따라 노화를 억제하고 성인병을 억제하기 위한 노력의 일환으로 산소유리기에 관한 연구가 더욱 활발해지게 되었다. 특히 성인병을 억제하고 노화를 억제하기 위한 수단으로서의 운동과 체내 산화작용과의 관계는 중요한 연구 과제가 되고 있다. 이에 따라 운동과 관련하여 산소유리기가 어떻게 생성되고 작용하는지에 관한 많은 연구가 더욱 활기를 띠게 되었다.

운동을 포함한 육체활동을 하는 동안 운동을 하거나 익숙하지 않은 운동을 했을 때 활발하게 생성되어 이차적으로 여러 가지 나쁜 신체 반응을 일으키게 된다. 지금까지는 주로 운동의 강도가 지나치게 높을 때 주로 산소유리기가 많이 생성되는 것으로 알려져 왔으나, 최근의 연구에 따르면 반드시 운동강도가 높을 때만이 산소유리기가 생성에 관여하는 것이 아니라 모든 종류, 모든 강도의 운동에서도 산소유리기가 생성될 수 있는 것으로 밝혀지고 있다. 즉 운동 중 근육이 사용되는 방식이나 운동종목에 따라서도 산소유리기의 생성이 달라질 수 있어 운동 중 산소유리기의 생성은 운동방식과 근육 수축방식에 의존한다고 할 수 있다.

넓은 의미의 운동은 소 근육의 수축에서부터 대 근육의 수축에 이르기까지 다양하게 나누어질 수 있으며, 사용하는 근육의 수축 속도나 강도에 따라 느린 저강도의 수축에서부터 빠른 고강도의 수축에 이르기까지 다양하게 나누어질 수 있다. 이같이 다양한 운동과 육체적 활동의 양상은 산소유리기의 생성에 다르게 영향을 미치게 되고 그에 따라 각기 다른 정도로 세포에 손상을 주게 된다. 운동을 하는 동안 어느 정도로 산소유리기가 세포에 손상을 줄 수 있는지에 관한 연구를 살펴보면, 세포 손상의 정도가 운동 중 사용하는 근육의 수축방식에 따라 달라질 수 있다는 것을 알 수 있다. 예를 들면, 근육이 수축하는 방식을 등척성 수축, 신장성 수축, 수축성 수축 등으로 나누어 볼 때, 수축성 수축을 할 때와 비교하여 반복적으로 신장성 수축을 할 때에 받는 세포 손상이 발생시기 측면에서는 늦게 일어나지만 세포손상의 정도에서는 더욱 큰 것으로 나타났다. 일반적으로 언덕 아래를 달려 내려갈 때 사용하는 근육의 수축방식이 주로 신장성 수축이라는 점을 감안해 보면 더욱 많은 세포손상이 일어날 수 있다는 것을 짐작할 수 있다. 여러 가지 다른 방식의 근육수축에 따른 세포손상의 정도와 피로도를 살펴보면 [표 8-3]과 같다.

따라서 운동으로 인해 발생할 수 있는 세포손상에서 산소유리기가 어떤 역할을 하는

표 8-3 ▶ 근육수축 방식에 따른 산소소비도와 세포손상도

	신장성 수축	등척성 수축	수축성 수축
세포손상 경향	높다	낮다	낮다
피로도	높다	낮다	낮다
통증유발성	높다	낮다	낮다
Metabolic cost	낮다	높다	높다
산소 소비	낮다	높다	높다

지에 관해서 살펴보기 위해서는 운동의 강도나 운동 기간뿐만 아니라 사용하는 근육의 수축형태를 파악하는 것이 필요하다.

이와 같은 근육수축에 따라 산소유리기의 작용이 각기 다르게 나타나는 것은 근육수축을 할 때 요구되는 에너지와 산소소비량, 또 기계적 부하가 수축방식에 따라 각기 다르기 때문이다. 즉 세포손상을 유발하는 성향이 높은 신장성 수축이 일어날 때는 낮은 산소소비량으로 큰 기계적인 힘mechanical force을 발휘하기 때문에 높은 피로도와 함께 산소유리기에 의한 세포손상 경향이 높아지게 된다.

산소유리기의 활성도에 영향을 미치는 요소로는 근육과 간, 심장, 미토콘드리아의 활성도 등이고 혈액순환과도 관련이 있다. 특히 운동 중 산소유리기의 생성 및 활성도는 운동의 강도와 기간에 가장 크게 영향을 받는다. 이 같은 운동 강도와 기간에 따른 산소유리기 생성의 차이는 유산소운동과 무산소운동에서 각기 다르게 나타나게 되며, 유산소운동과 무산소운동에서 미토콘드리아 산소호흡률의 차이를 가져오게 된다. 즉 짧은 기간 동안 높은 강도로 시행하는 운동은 산소유리기의 생성을 늘리면서 미토콘드리아 산소호흡률을 낮추기 때문에 기본적으로 무산소운동에 해당하며, 반면 낮은 강도의 지속성 운동은 산소유리기의 생성을 보다 낮추면서 미토콘드리아의 산소호흡률을 높이게 되므로 유산소운동에 해당한다. 즉 무산소운동에서는 산소유리기의 생성이 늘어나면서 미토콘드리아에서의 산소호흡은 낮은 수준으로 이루어지게 되어 산소 스트레스가 작용하게 되고, 유산소운동에서는 산소유리기의 생성이 적게 이루어지면서 미토콘드리아에서의 산소호흡이 높은 수준으로 이루어지게 되어 산소 스트레스, 곧 운동으로 인한 산화가 적게 일어나게 된다.

미 · 용 · 건 · 강 · 학

2) 정신 사회적 발달

급격한 신체적 변화를 직면하게 되는 청소년기에는 모든 변화 상황에 적응하는 정도와 시기에 따라 많은 개인의 차이가 있지만 일반적으로 논리, 추리, 이상, 형식, 비판, 문제해결 등의 정신적인 사고력이 발달을 한다. 지능의 수준 또한 최고의 정점을 이루는 시기이기도 하며, 독립심과 함께 반항적이 되며, 인생 및 세계관이 확립되는 시기이기도 하다. 언어의 발달로 토론을 통한 자기표현 및 판단, 감정조절 등으로 사회성 성숙 및 세련미를 더해 간다. 사회집단 속에서의 친구나 이웃들과 집안의 부모와의 관계를 통해서 사회 심리적 발달과 도덕성 및 영적 발달로 이어져 자기 정체성이 확립된다.

3) 건강관리

청소년기의 건강증진의 목표는 청소년이 적절한 신체적, 정신적, 사회적 성장과 발달을 하도록 돕고 성인이 되었을 때 생길 수 있는 여러 가지 질병을 예방하는 것이다. 청소년은 심각한 의학적 질환에 의한 입원이나 사망률은 낮지만 신체적 발달과 성장, 학업, 성, 약물남용, 기타 정신적인 문제 등 여러 가지 고민거리로부터 스트레스를 받을 수 있다. 청소년기의 건강한 생활습관으로부터 평생의 건강이 형성되기 때문에 청소년기는 성인이 되었을 때 가질 수 있는 나쁜 건강 생활습관들을 올바른 건강습관으로 갖도록 하는 예방 의학적인 접근이며, 가장 효과적인 시기이다. 청소년 시기의 건강관리 항목은 영양, 체중 조절, 운동, 음주, 금연, 약물 사용, 사고, 스트레스, 정신 건강, 성병 예방, 피임, 구강 관리 등이 있다. 이 시기에 정기적으로 자신의 건강 상태를 점검하는 것이 좋다.

(1) 청소년기의 영양과 식생활

신체적, 정신적 신진대사가 활발한 시기로 일생을 통하여 가장 많은 열량과 영양소를 필요로 하게 된다. 이때의 영양의 부조화는 청소년기의 급속한 성장속도 및 생리적 변화를 늦어지게 하기 때문에 균형 잡힌 영양섭취를 할 수 있도록 하여야 한다.

청소년기의 영양

① 남학생의 영양 권장량

자료 : 한국인 1일 영양 권장량 (2000년도 제7차 개정판)

연령(세)	체중(kg)	신장(cm)	에너지(kcal)	단백질(g)	칼슘(mg)	철분(mg)
13~15	54	162	2500	70	900	16
16~19	64	172	2700	75	900	16

② 여학생의 영양 권장량

자료 : 한국인 1일 영양 권장량 (2000년도 제7차 개정판)

연령(세)	체중(kg)	신장(cm)	에너지(kcal)	단백질(g)	칼슘(mg)	철분(mg)
10~12	38	144	2000	55	800	16
13~15	51	158	2100	65	800	16
16~19	54	160	2100	60	800	16

이 시기에 남, 여 모두 성장발육을 위하여 권장되는 열량은 일생 중 가장 높아 위 도표와 같이 2,500~2,700kcal와 2,000~2,100kcal이다.

단백질은 모든 사람에게 필수적이나 특히 청소년에게는 성장을 위하여 더욱 중요한 것이다. 단백질 공급이 충분하지 못하면 감염성 질환, 특히 폐결핵에 대한 저항력이 떨어지게 된다. 영양소 이외에 호르몬 분비의 변화도 결핵균에 대한 저항 부족의 원인이 되기도 한다. 단백질의 1일 권장량도 남자는 75g, 여자 65g으로 일생 중 가장 높고 이후부터는 성인과 마찬가지로 1일 70g과 60g을 권장한다.

청소년기에 결핍되기 쉬운 3대 무기질인 칼슘, 철분, 아연은 이 시기에 요구량이 가장 많다. 칼슘은 골격의 성장과 발육에 필수적이며, 철분은 급격한 성장에 맞추어 적혈구의 생성이 증가하고 여자는 월경에서 손실이 많기 때문에 중요하다. 아연은 성적 성숙을 촉진시키고 성장에 필수적이어서 아연 부족시 남성의 성적 성숙이 지연되며, 성장이 저조한 청소년의 혈장은 아연의 농도가 낮았다는 보고가 있다.

그 밖에 다음과 같은 비타민류의 섭취가 필요하다.

③ 비타민의 종류

보건사회연구원자료참조

종류	기능	결핍증
비타민A	신체 성장을 도우며, 눈의 기능, 건강한 피부 유지	야맹증, 성장부진, 거친 피부
비타민D	칼슘의 흡수를 도와 뼈와 이를 튼튼하게 함	구루병, 뼈와 이의 발육 부진
티아민	체내의 탄수화물 이용에 도움	각기병, 피로, 식욕 부진
리보플라빈	체내의 탄수화물, 단백질 이용에 도움	구순 구각염, 설염
아스코르브산	혈관을 튼튼하게 하고 상처 회복을 도움	괴혈병, 멍이 잘 든다.

- **비타민A** : 몸의 성장을 촉진하고, 정상 시력 유지, 피부 건강 유지에 좋다. 결핍시에는 야맹증, 성장 부진, 안구 건조증, 피부 각질화 등이 일어날 수 있으며, 함유 식품으로는 간, 치즈, 달걀노른자, 채소, 과일, 우유 등이 있다.
- **비타민D** : 칼슘의 흡수와 칼슘이 뼈와 이에 운반되는 것을 도와 뼈와 이를 튼튼하게 한다. 결핍시에는 구루병, 골격 · 치아의 발육 부진이 있고, 함유 식품으로서 간, 우유, 달걀노른자 등이 있다.
- **티아민(비타민B_1)** : 에너지 대사 조절, 즉 체내의 탄수화물 이용에 도움을 준다. 결핍시에는 각기병, 피로, 집중력 저하, 식욕부진 등이 있고, 함유 식품으로서 돼지고기, 콩, 현미 등이 있다.
- **리보플라빈(비타민B_2)** : 에너지 대사 조절 즉 체내의 탄수화물, 단백질 이용에 도움을 준다. 결핍시에는 구순 구각염, 설염, 식욕 부진 등이 있고, 함유 식품으로는 우유 및 유제품, 육류, 생선, 달걀 등이 있다.
- **아스코르브산(비타민C)** : 철과 칼슘의 흡수를 돕고, 결합 조직의 형성에 도움을 주는데, 즉 혈관을 튼튼하게 하고, 상처회복을 빠르게 한다. 결핍시에는 괴혈병, 멍이 잘 드는 증상이 있으며, 함유 식품으로 신선한 채소, 과일 등이 있다.

④ 영양의 결핍 요인

- 불규칙한 식사와 결식

청소년기의 식습관에 영향을 주는 요인은 여러 가지가 있다. 대체로 가장 불규칙적이고 결식이 잦은 식사는 아침이고, 원인은 시간부족, 식욕부진, 기타, 간식, 소화불량 등을 들었는데, 여학생의 경우 체중감량을 위한 방법으로 아침을 거르는 경우가 많아

문제가 되고 있다.

• 패스트푸드 이용

패스트푸드를 많이 이용하고 있어서 영양 불균형의 문제가 대두되고 있다. 패스트푸드에는 열량, 지방, 나트륨의 함량은 많고, 엽산과 섬유소 등은 거의 없고, 단백질, 비타민 및 무기질 등의 함량이 적기 때문이다.

• 다이어트

청소년들은 굶으면서까지 무리한 다이어트를 하려고 한다. 이 시기는 지속적으로 성장해야 할 시기이기 때문에 영양소의 균형이 잡힌 음식을 적절히 섭취해야만 하고 개인 운동을 병행하는 것이 건강을 지키면서 살을 빼는 효과를 볼 수가 있는 것이다.

• 흡연

담배를 피우는 사람은 공복감이 쉽게 느껴지는데, 이때 음식 대신 담배를 피우게 되면 열량이나 영양소의 섭취가 지연된다. 따라서 체중증가를 우려하여 담배를 끊지 못하는 사람들이 있는데, 담배를 끊고 식사와 운동으로 체중조절을 하여야 한다.

⑤ 올바른 식사습관

• 다양한 음식을 골고루 먹는다.

좋은 영양 상태를 유지하려면 다양한 음식을 통하여 우리 몸에 필요한 40여 종의 영양소를 알맞게 섭취해야 한다.

• 정상 체중을 유지한다.

생활양식이 서구화되면서 청소년들에게 비만과 성인병의 발생이 늘어나고 있는 추세다. 정상체중보다 비만하다고 판단되면 다른 영양소에 비해 열량만 높은 설탕, 탄산음료 등의 단 음식이나 튀김 같은 고열량음식을 적게 섭취하여 우선 열량섭취를 줄이고 활동량을 늘려서 에너지대사의 균형을 유지해야 한다.

• 우유를 매일 마시자.

우유는 양질의 단백질과 칼슘, 리보플라빈 등을 풍부하게 함유하는 식품으로 특히 성장, 발달을 위해 칼슘 필요량이 가장 많이 필요한 청소년 시기는 매일 우유를 마시는 것이 좋다.

• 짜게 먹지 말자.

우리나라 사람은 식습관을 보면 나트륨의 섭취가 많아 고혈압의 발생위험이 증가할 수 있으므로 소금의 섭취를 줄이는 것이 고혈압이나 다른 성인병의 발생을 예방할 수 있다. 음식을 짜게 먹는 것은 후천적으로 길러지는 것이므로 어렸을 때부터 짜지 않게 먹는 습관을 들이는 것이 중요하다.

• 식사는 즐겁게 하자.

긴장되거나 급하게 식사를 하면 소화가 되지 않고 위에 부담을 주어 원만한 영양을 섭취하기 힘들게 된다. 정성껏 만든 음식을 즐겁게 먹는다면 소화효소가 잘 분비되어 영양섭취에 도움이 될 것이다.

4) 청소년기의 질환

(1) 허리통증

학생들은 책상 앞에 앉아 있는 시간이 많다. 잘못된 자세로 허리를 구부리고 공부하거나 의자가 다리 길이에 비해 높을 경우 허리에 부가되는 부하가 커진다. 나아가 심해지면 허리디스크를 초래하기도 한다.

허리에 힘이 적게 가도록 하는 올바른 자세로서 엉덩이를 의자 뒤에 붙이고 허리를 의자 등받이에 지탱하면서 양어깨를 편 상태에서 적절한 의자와 책상 높이를 맞추는 것이 중요하다. 이렇게 함으로써 허리통증과 디스크를 예방할 수 있고, 휴식시간을 통해서 스트레칭을 하거나 허리 운동을 하는 것도 좋은 방법이다.

(2) 위장장애

불규칙한 식사습관이나 시험 등으로 오는 과도한 정신적 스트레스, 수면과 휴식 부족, 그리고 규칙적인 운동부족 등이 위장장애를 일으킨다. 위장장애를 예방하려면 긍정적인 사고방식과 규칙적인 생활을 하는 것이 중요하다. 기상시간과 취침시간 그리고 식사시간이 일정하여야 하며, 규칙적인 운동을 하고 숙면을 취하는 것이 가장 좋은 방법이다.

(3) 여드름

여드름은 피부의 피지선이 막히거나 피지가 과다 분비되어 발생하는데 사춘기가 되면 성호르몬의 일종인 안드로겐이 분비되면서 피지를 만들어내는 피지선을 자극하기 때문에 피지 생성이 많아지며, 각질세포 생성도 활발해져서 각질층이 두꺼워진다. 모공의 가장 안쪽을 둘러싸고 있는 각질층이 두꺼워지면 모공이 막히게 되는데, 모공은 피지선에서 만들어진 피지가 배출되는 통로이다. 이 통로가 과다 피지나 각질로 막히게 되면 모공 내의 피지가 원활히 빠져나가지 못하므로 여드름이 생기는 것이다. 여드름의 시작, 심한 정도, 기간은 매우 다양하고 유전인자에 의해서도 영향을 받는 것으로 알려져 있다. 남성에 있어서 여드름은 사춘기의 초기에 시작되며 여성에 비하여 더 심하고 대체로 20 대 중반의 초기에 치유되며, 여성은 10대에서 20대 초반에, 그리고 남성에 비하여 대개 늦게 시작되며 심하지 않으나 비교적 오래 지속되는 특징이 있다. 여성이 남성보다 더 흔한 반면, 중증도는 피지분비가 활발한 남성들에게서 더 심하게 나타나는 경향이 있다고 할 수 있다.

① 여드름의 종류

• 면포성 여드름

여드름의 전형적인 형태로 그 색깔에 따라 흰 여드름 white head과 검은 여드름 black head으로 불린다. 이것은 여드름의 초기상태이며, 모두 모낭 상부에 지방덩어리가 들어차 있는 경우이다.

• 구진성 여드름

여드름 부위가 빨간색을 띠며, 속에서는 염증이 나타난다. 이러한 피부의 모낭 벽은 매우 예민하여 쉽게 자극받으므로 손으로 면포를 제거할 때 특별히 신중하게 다루지 않으면 모낭 벽이 자극을 받아 쉽게 염증으로 나타나기 쉽다.

• 농포성/결절성 여드름

각기의 여드름이 화농하여 피부 깊숙이 농포를 만들고 있는 단계로 고름이 표면으로 빠져나오지 않고 안쪽으로 조직을 파괴시키는 형태로, 치료 후에도 피부에 흔적이 남는 경우가 있다.

② 여드름의 원인

• 호르몬 여드름의 직접적인 원인은 기름샘에서 분비되는 피지로서 안드로겐이라는 남성호르몬과 밀접한 관계가 있다. 안드로겐이라는 남성호르몬이 많아지면 피지선을 자극시켜 피지의 분비가 많아지게 되고, 모낭 속에 축적되어 여러 형태의 여드름을 생기게 한다.

• 여드름균, P.Acne

건강한 피부에도 여드름간균, 포도당구균이라는 세균이 상재하고 있다. 청소년 시기에는 피지의 분비가 많아져 전부 모공 밖으로 배출되지 못하고 모공을 막게 되는 경우가 많은데, 모공 안에는 'P.Acne' 라고 하는 여드름균이 항상 머물고 있어, 모공 안의 피지는 바로 이 여드름균이 번식할 수 있는 환경을 만들어준다. 피지와 'P.Acne균' 이 염증반응을 일으키면 바로 통증이 있고 피부가 빨갛게 부풀어 오르는 염증성 여드름이 생성되는 것이다.

• 유전

여드름이 나기 쉬운 체질은 유전이 되기도 한다. 양친이 사춘기 때 여드름으로 고민하였다면 그 자녀도 여드름으로 고민할 확률이 높다고 볼 수 있다.

• 식품

여러 가지 식품 중에 피지선을 자극시켜 피지를 과잉분비하도록 하여 여드름을 유발시키는 것이 있다. 식품이 여드름의 중요한 원인이라는 과학적인 증거는 없으나 많은 피부과학자들은 소다수, 초콜릿, 튀긴 음식, 토마토, 조개 같은 음식류는 피지분비를 촉진하는 역할을 한다고 하여 과다 섭취하지 않도록 권유하고 있다.

• 변비

변을 보지 못하는 날이 계속되면 얼굴에 여드름이 나게 되고 피부의 탄력성과 생기를 잃게 된다. 음식물은 위에서 1차 흡수되고 작은창자에서 영양이 흡수되어 큰창자에 노폐물인 찌꺼기가 모이는데 여기서 다시 수분이 흡수되어 변이 남게 된다. 그러나 변이 장내에 오래 머물러 있게 되면 변의 독소가 다시 혈액 속에 흡수된다. 그 결과 간장의 기능이 약화되어 머리가 무겁고 복부팽만, 식욕부진, 고혈압, 여드름이 나타나게 된다.

• 스트레스

사소한 일에 너무 신경을 쓰면 혈액순환이 나쁘게 되어 기미나 거친 피부 등의 원인이 된다. 스트레스는 자율신경이나 호르몬의 작용을 방해하고 그 결과 피지가 되어 여드름의 원인이 되기도 한다. 스트레스가 여드름을 악화시키기는 하나 여드름의 직접적인 원인은 아니며 또 스트레스를 해소했다고 해서 금방 심한 여드름이 없어지진 않지만 마음을 편히 갖고 밝게 생활하며 충분한 수면을 취하는 것도 피부건강엔 대단히 중요한 것이다.

• 운동부족

운동부족은 체내대사에 필요한 신선한 산소 공급을 부족하게 하며, 위장활동의 부진이나 변비를 생기게 한다.

• 편식

편식을 하게 되면 피지분비를 왕성하게 하거나 셀룰로오스 등의 섭취 부족 등으로 변비가 생기기 쉬워지는 원인이 되기도 한다.

• 생리주기

사춘기에 생기는 여드름은 호르몬의 분비와 가장 밀접한 관계가 있고 특히, 여학생의 경우 배란이 있은 후 다음 생리까지 약 2주일간 여드름이 악화되는 경우 역시 호르몬이 여드름 생성의 주요 원인이다. 생리 시작 일주일 내지 열흘 전부터 황체호르몬인 프로테스테론이 증가하게 되는데 이것이 여드름의 원인이 되는 피지 분비를 촉진한다. 즉 피지선의 크기나 활동을 크게 하여 피지분비량을 증가시켜서 생리 전에 여드름이 악화되는 경우가 많다.

• 피부나 모발의 불결

피부나 털(모발)이 불결하면 세균이 번식하기 쉬우므로 여드름이 생기게 되고 악화된다. 청결하지 못한 베개에 피부를 자극하여 여드름 등의 피부 트러블이 생길 수도 있다. 또한, 머리카락이 여드름 부위를 자극하는 경우나 헤어 무스, 헤어 젤 등의 스타일링 제품이 피부를 자극하여 여드름이 악화되는 경우도 있다.

• 잘못된 화장품 선택

유분이 많은 기초화장품을 사용하면 화장품의 유분이 피지와 마찬가지로 모공을 막아 여드름의 원인이 된다. 청소년기에는 여드름을 예방하기 위해서 오일프리 제품이나 알코올함유량이 적어서 여드름을 자극하지 않는 화장품을 사용하는 것이 좋다.

③ 여드름의 예방

피부는 우리 몸의 건강상태를 가장 예민하게 반영하는 지표의 하나이므로 따라서 건강의 위험요인을 줄이고 건강증진 요소를 증대시키는 모든 조치가 피부뿐 아니라 여드름의 관리에도 긍정적인 영향을 미칠 것이다.

- 과도한 심리적 스트레스는 스트레스호르몬들의 분비를 촉진시켜 여드름을 악화시킬 가능성이 있으므로 적절한 휴식과 긴장이완을 통하여 그때그때 적절하게 해소한다.
- 흡연은 피부노화의 가장 큰 적이므로 흡연을 하고 있다면 반드시 금연하여야 한다.
- 수분은 조직에 영양소를 공급하고 노폐물 제거와 체온조절 기능을 가지고 있다. 식수로 섭취하는 수분의 양은 적어도 하루 1.5L 이상 수분을 섭취하도록 노력한다.
- 수면은 피부 재생 및 활력에 긍정적인 영향을 주므로 수면의 양과 질을 향상시키기 위해 노력하여야 한다.
- 항산화제가 다량 포함된 야채와 과일을 자주 먹는다. 따라서 야채와 과일을 규칙적으로 섭취하여야 하며 필요하다면 피부노화방지 및 항산화제 성분을 따로 복용할 수도 있는데 비타민C, 비타민E, 베타카로틴, 멜라토닌, 셀레늄 제제 등이 있다.

(4) 비만

최근에 청소년의 비만이 급격히 증가하고 있다. 청소년 시기의 비만 중 80%가 성인비만으로 이어진다. 청소년 시기 비만관리의 유의점은 급격한 성장이 이루어지는 시기이므로 무조건 체중을 감량하는 것보다 신체 이상이 없는 한 현재의 체중을 유지하면서 신장의 성장을 유도하는 것이 바람직하다.

① 비만의 원인

비만은 유전적 배경을 가진 사람이 음식의 과잉섭취, 운동의 부족 등으로 인하여 발생하며, 일반적으로 비만이 있는 부모의 자녀들이 비만일 확률이 높다. 이는 유전적인 인자들도 관여하지만 그 가족의 식습관 등도 비만 발생의 요인으로 지적할 수 있다. 일반적으로 비만은 복부비만과 하체비만으로 나눌 수 있는데, 복부비만은 주로 성인남자에게서 많이 오며, 하체비만은 성인여자에게서 흔히 볼 수 있다. 복부비만도 두 가지로 나눌 수 있는데, 하나는 복부 피하지방 조직이 많은 비만이며 다른 하나는 복강 내 지방이 많은 비만이다. 복강 내 비만은 위, 간, 콩팥 등의 장기 주위에 많은 양의 지방조직이 침착되어 발생한다. 의학적으로 심각한 비만은 바로 복강 내 비만이다. 의학 연구

보고서에 의하면 복강 내 지방의 양을 검사한 결과 당뇨병 등의 만성 성인병을 가지고 있는 환자에게서 복강 내 지방량이 더 많이 검출되었다고 보고되고 있다. 이러한 복강 내 지방조직이 동맥경화증, 당뇨병 등의 원인이 되는 것으로 알려져 있다.

② 비만의 합병증

- **지방간** : 비만으로 신체 내 지방조직이 증가하게 되고 복강 내 지방이 증가하게 된다. 복강 내 지방은 장기 주위에 축적이 되며 특히 간에 지방의 침착으로 간 기능의 이상을 일으키게 한다.
- 비만이 심할 경우 폐활량이 감소되어 조금만 운동을 하여도 숨이 차게 되고 심할 경우 가만히 있어도 숨이 차는 호흡곤란증을 느끼는 경우가 있다.
- 관절(발목, 무릎, 엉덩이)에 무리를 주어 통증을 느끼게 되며, 퇴행성관절염으로 발전하게 된다.
- 당뇨병은 비만과 관계가 깊다. 비만과 관련된 당뇨병은 인슐린에 대한 조직의 반응 감소로 인하여 발생한다. 당뇨병이 발생하기 이전에 인슐린에 대한 조직의 반응감소로 인하여 췌장에서의 인슐린 분비가 정상보다 과다하게 분비되어 혈액 내 포도당 등의 영양소가 조직으로 들어가게 한다. 이를 고인슐린 혈증이라 하는데 성인당뇨병이 발생하기 전에 이러한 상태가 된다.
- 동맥경화증으로 발전할 수 있는데 고인슐린 혈증 자체가 혈관내피세포의 증식으로 좁아지며, 콜레스테롤 등의 지방성분이 혈액 내 증가하여 혈관 내에 축적되면 더욱 혈관의 내경은 좁아지게 되어, 동맥경화증이 발생한다. 동맥경화증은 동맥이 좁아지는 현상을 가져오며 뇌동맥, 심장근육에 영양소와 산소를 공급하는 관상동맥에 이 현상이 발생할 경우 뇌경색, 심근 경색증, 고혈압 등이 발생할 수 있다.
- 청소년기에 비만이 있는 경우 건강한 정신적 성숙과 건강한 정신적 활동에 영향을 미친다. 또한 과도한 다이어트로 인하여 식사 양을 줄이다 보면 영양결핍의 문제를 발생시킬 수 있으며 반대로 식품섭취를 많이 하여 비만이 심각해지는 경우도 있다.
- 정신신경과적 병증을 유발할 수도 있다. 외모에 민감한 청소년기에 비만으로 인하여 우울증, 대인기피증, 시선기피증 등이 유발되어 치료를 요하는 경우도 있다.

③ 비만의 조절

비만일 경우 식사요법과 운동요법으로 비만을 조절해야 한다. 청소년기 비만에서 식사요법은 영양사와 상담하여 결정하며 성인과 달리 청소년기는 정상적으로 성장을 하여야 하므로 균형 있는 영양소 섭취와 정상 칼로리 섭취를 권장한다. 무리한 식이요법을 하였을 경우 성장장애를 초래할 수 있다.

고콜레스테롤 혈증이 같이 동반되는 수가 많으므로 콜레스테롤이 많이 들어 있는 음식을 자제하도록 한다. 동물성 지방의 섭취를 줄이고 식물성 지방의 섭취를 권한다.

또한 활동량을 늘려서 열량의 소모를 증가시키도록 하여야 한다. 일반적으로 성인과 같이 하루 30분 이상, 일주일에 최소한 3일 운동을 하도록 권장하며 운동을 할 경우 300칼로리 정도 소모되는 운동을 권하고 있다.

운동의 종류를 선택할 경우 청소년이 좋아하는 운동을 선택게 하여 처음에는 운동에 대한 부담감을 갖지 않도록 유도한다. 특히 비만에 따른 무릎, 고관절 및 발목의 부하를 최소화할 수 있는 운동을 권한다. 수영 등이 하체관절에 부하를 최소화시킬 수 있는 운동의 대표적인 예이다. 또한 맨 처음에는 서서히 걷는 것부터 시작하여 시간이 갈수록 강도를 조금씩 높이는 운동을 추천한다.

(5) 섭식 이상 질환

① 신경성 식욕 부진증

사춘기 여자에게서 많이 발생하며 일종의 정신적 질환이다. 자기 자신의 신체적 이미지가 날씬하지 않다고 판단되면 날씬하게 되기 위하여 식사를 거부하는 질환으로 비만에 대한 극도의 공포심이 있고, 체중이 감소한 후에도 자신이 비만이라고 느끼며, 먹으면 토하고 전혀 먹지 않게 된다. 이 경우 현저한 체중감소가 있으며 일반적으로 피하지방 및 근육의 위축이 있다. 또한 호르몬의 이상으로 사춘기 생리적 현상에 이상이 발생하게 되며, 그로 인한 증상으로 무월경증이 있다. 정신과적 치료를 하여야 한다.

② 거식증

식욕이 항진되어 발생하며 짧은 기간 중에 과식을 하는 버릇이 있고 음식 섭취를 중단하지 못할지도 모른다는 공포를 느껴 음식물 섭취 후 스스로 구토나 설사를 유발시키고, 자신의 체중이나 외양에 지나친 집착을 갖는다. 정신과적 치료를 하여야 한다.

(6) 기타 질환

① 월경 곤란증

월경 곤란증의 증상은 통증인데 주로 하복부에서 경련성으로 느끼며, 허리와 대퇴부에서 앞쪽으로 방사된다. 때로는 오심, 구토, 피로감, 신경질, 설사 및 두통과 같은 전신 증상이 동반되는 경우도 있다.

② 약물오남용

청소년의 음주, 흡연, 본드나 부탄가스 흡입, 환각을 목적으로 하는 진해거담제 등의 이용이 폭발적으로 증가하고 있다. 급속한 경제성장으로 인한 향락적 퇴폐풍조가 만연한 사회 환경적 문제점과 더불어 청소년기는 심적 변화가 심하고 우울반응이 많이 나타나는 시기이다. 성인이 되기 위한 준비과정으로 사회적 민감도가 매우 높은 시기이며, 자기 독립성, 주체성을 확립하기 위해 방어 및 공격적 활동과 동시에 고독과 기쁨, 슬픔 등을 많이 느끼는 시기와 겹쳐서 쉽게 약물사용의 유혹에 취약성을 드러내는 것이다.

여러 예민한 상황 속에서 청소년들은 약물을 사용하는 친구들과 같은 집단에 속하기 위해, 수줍음이나 자신감의 결핍을 숨기기 위해, 스트레스를 피하기 위해 약물을 남용하는 경우가 많고, 한 가지 약물보다는 여러 약물을 복합적으로 사용하는 경우가 흔하다.

• 남용되는 약물의 종류

첫 번째, 중추신경억제제로 알코올, 아편, 헤로인, 모르핀, 날부핀, 본드나 부탄가스 등의 유해화학물질, 신경안정제 등이다. 중추신경억제제는 중추신경인 뇌를 억제하여 통증을 감소시키고, 이성적으로 잘 억제해 오던 기능들을 마비시켜 억제를 못하게 만드는 작용을 하게 되어 평소에 억눌렸던 감정이나 생각들이 거침없이 밖으로 표출되도록 하며 나중에는 호흡중추와 심장박동중추까지 억제하여 사망에 이르게 할 수도 있다.

두 번째는 중추신경흥분제로 메스암페타민, 코카인, 담배, 엑스터시 등이다. 중추신경흥분제는 중추신경인 뇌를 흥분시켜 일시적인 쾌감이나 들뜬 기분을 만드는 작용을 한다. 흥분제는 잠을 쫓고, 피로감을 없애고, 식욕을 감퇴시키는 작용을 하지만 약물을 중단할 경우에는 우울증에 빠져 의욕이 없어지고, 잠이 많아지고, 피로감이 심해지며, 식욕이 증가하는 증상 등을 보인다.

세 번째는 환각제인 대마나 LSD, PCP(펜사이클리딘) 등이 있는데, 뇌를 흥분시키거나 억제시켜 환각을 유발시키는데 뇌조직의 일상적인 활동을 방해함으로써 일시적인 청각, 시각, 촉각, 후각, 미각 등의 오감에 이상을 일으켜 비현실적인 감각을 야기한다. 이로 인해 판단력의 마비나 여러 가지 문제를 야기하게 된다.

• 약물오남용의 결과

청소년의 경우 본드나 부탄가스, 시너 등은 골수와 뇌에 치명적이기 때문에 면역성이 떨어져 세균감염이 되면 잘 낫지 않고 성장에도 악영향을 끼치며, 성격이 충동적이고 폭력적으로 변하고 기억력이 감퇴되며 인지기능도 저하되어 치매증상이 나타난다. 경우에 따라 당뇨병과 신장병, 혈관장애와 심장마비를 일으키기도 한다.

각종 약물의 부작용으로 인한 신체기관 손상, 정신질환, 영양결핍, 면역약화 등으로 결국에는 죽음에까지 이를 수 있다. 불결한 주사기를 사용하였을 경우 에이즈(AIDS), 간염 및 다른 질병에 감염될 위험이 높아지며, 자아 통제력을 상실하게 하여 사고를 유발시키며, 평소보다 자신의 능력을 과신하게 되거나 정신착란, 폭력적인 행동을 일으켜 위험을 유발시켜 자신의 미래는 물론 인간관계를 황폐화시키는 결과를 초래하게 된다.

5) 청소년과 운동

(1) 운동의 효과

건강한 신체와 정신을 갖기 위해 취미로 할 수 있는 운동 종목을 정하여 꾸준히 생활화하는 것이 바람직하다. 청소년기에 규칙적인 운동은 필수적이며 일찍 시작할수록 좋다. 때로는 사춘기 때 외모와 정서의 변화는 청소년들의 강렬한 공격성향으로 나타나기도 하며, 아울러 학교 수업과 시험, 이성과 감정의 부조화 등으로 인한 스트레스를 더욱 많이 받게 된다. 이 같은 공격성향 및 스트레스를 단지 억누르고자 하는 것은 실망과 폭발의 위험만을 초래하기도 한다. 이러한 성향을 알맞게 조절하고 해소시키는 한 가지 방법이 운동이다. 또한 친구들과 함께하는 스포츠 활동은 사회화와 일체감을 가지게 하며, 공격성향을 긍정적으로 활용할 수 있는 자기제어 능력과 상대방에 대한 배려와 존중하는 방법을 터득게 한다. 또한 이러한 활동은 자신의 신체에 대한 새로운 가능성과 자신감을 가지게 하여 자기의 건전한 신체 및 정신건강 형성에 도움을 주게 된다.

청소년기에 신체 각 부위의 급격한 성장과 발달은 평생 지속되는 신체적 건강의 토대를 마련함과 동시에 제공을 하는 것이다. 심폐지구력과 근력을 향상시켜 심장을 강하게 하고 근육을 크고 튼튼하게 하고, 청소년기 이후에 나타나는 신체의 지구력 및 유연성 감소를 예방할 수 있다.

청소년기의 운동은 적절한 체중 유지에 도움이 되며, 특히 운동 중 분비되는 엔도르핀은 마음을 편안히 하고 기분을 상쾌하게 하여 정서적으로 불안한 시기를 이겨내는데 도움이 된다.

(2) 운동 프로그램

① 심폐지구력운동

- 종류 : 빠르게 걷기, 달리기, 자전거타기, 줄넘기, 계단오르내리기, 에어로빅, 수영 등의 유산소 운동, 구기 종목으로 농구, 축구, 배구, 족구 등 단체운동을 권장한다.
- 강도 : 초기 운동 강도는 최대 산소 섭취량의 50~85% 수준으로 하고, 상해를 입었거나 체중의 감소현상이 나타나면 운동강도를 낮춘다.
- 시간 : 1회에 20~30분 정도로 하고, 충분한 시간이 없다면 10분씩 2~3번 나누어 운동하도록 한다.
- 빈도 : 일주일에 3번 이상을 하고, 자신의 시간 계획에 맞추어 규칙적으로 실시한다.

② 근력운동

- 종류 : 철봉, 윗몸일으키기, 팔굽혀펴기 등 체중을 이용한 부하 운동
- 강도, 시간, 빈도 : 중량부하운동의 경우 성인의 근력강화운동에 준하여 실시

③ 유연성운동

- 종류 : 팔, 어깨, 허벅지, 허리 등 신체 각 부위의 스트레칭
- 강도 : 반동 없이 천천히 근육을 늘어뜨려 근육에 약간의 통증이 느껴지는 순간까지 실시
- 시간 : 한 동작을 최소한 10~30초간 유지
- 빈도 : 운동 전후 준비운동 및 정리운동의 형태로 실시, 휴식시간을 이용 실시. 몸과 마음의 긴장 이완에 도움.

02

임신기와 산후 미용건강

1) 임신기의 특징

여성의 생활주기를 볼 때 가장 중요한 시기는 임신기이지만, 임신을 하기 전부터 여성의 영양상태는 철저해야 한다. 임신부의 건강은 태아성장과 직결되며 유전적, 환경적 요인(영양, 질병, 생활습관, 환경적 오염 등)에 의하여 영향을 받는다.

임신을 하게 되면 여성의 몸에는 태아가 성장할 수 있는 여러 가지 태내 환경을 조성하기 위해 많은 생리적 변화가 일어난다. 가슴과 자궁의 조직이 증가하고 혈액량과 체액이 늘어난다. 각종 호르몬 대사와 장기의 기능에도 다양한 변화가 일어난다. 소화나 배변 장애가 오고 입덧으로 인한 식욕부진, 구토, 기호의 변화도 경험하게 된다. 태아의 건강에 대한 심리적인 부담감으로 감정이 예민해지고 스트레스가 많아진다. 이 시기에 모체의 건강유지와 태아의 성장, 발달에 필요한 영양소들이 충분하게 공급되지 않으면 태아의 평생 건강과 수명에 큰 영향을 미치게 된다.

임신 중에 발생하는 혈액량과 체액의 증가 역시 단백질과 무기질의 공급을 필요로 한다. 임신기간 중에 먹는 음식물은 태아의 발육에 매우 중요한 역할을 하며, 또한 임신 중의 건강과 산후의 회복에 영향을 주게 된다. 그러므로 균형 잡힌 식생활로 아기와 모성의 건강을 지키는 것은 무엇보다도 중요하다.

수유기는 산모와 아이의 건강이 밀접하게 관련되어 있어서 세심한 영양관리가 필요한 시기다. 만일 수유기의 영양섭취량이 부족하거나 질이 좋지 않으면 유즙의 분비량 감소는 물론 유즙성분까지 변화하고, 또한 모체의 체조직이 소모되면서까지 유즙이 분비되므로 열량과 영양소의 충분한 공급이 필요하다. 모유는 영양소의 조성이 영아의 발육과 건강유지에 적합한 최적의 농도로 되어 있으며 영아의 미숙한 소화기로도 소화하기 쉬운 형태이고, 여러 가지 면역인자나 감염방어 인자들이 들어 있어서 영양적, 위생적으로도 매우 우수하다. 늘 자신의 몸을 위생적으로 유지하고, 심리적으로 안정된 상태를 유지하기 위해 충분한 휴식, 수면, 적당한 운동이 필요하다. 개인별로 차이는 있지만 출산 후에 '산후우울증' 도 올 수 있으므로 가족과 주위 사람들의 따뜻한 배려가 필요하다. 좋은 모유를 만들기 위한 질좋고 균형 있는 영양섭취가 중요하기 때문에 다음과 같이 임신부의 6가지 식사수칙을 나열해 본다.

(1) 임신부의 6가지 식사수칙

① 정상적인 체중 증가가 되도록 한다.

임신기간 중의 적절한 열량섭취는 태아의 발육, 성장에 아주 중요하지만 임신 중의 과식은 불필요한 체중 증가를 초래하며, 이로 인하여 고혈압이나 임신성 당뇨의 발병률을 높인다. 임신 중 적절한 체중 증가는 10~12kg 정도이다.

표 9-1 정상적인 모체의 체중 증가

임신 전 체중	BMI	정상적인 체중증가량(kg)
저체중		12.5~18.0
정상체중	BMI < 19.8	11.5~16.0
과체중	19.8~26.0	7.0~11.5
비만	BMI > 26.0	6.8
다태아 임신		16.0~20.5

자료제공 : Institute of Medicine(1990), Subcomitteeon Nutritional Status and Weight Gain during Pregnancy

② 열량과 단백질을 비롯한 영양소를 골고루 섭취한다.

임신 중에는 기초대사량이 증가하고 태아와 모체의 관련조직의 증대로 열량과 단백질, 비타민, 무기질의 필요량이 늘어난다. 그러나 무조건 많이 먹으면 심하게 체중이 늘어나 출산에도 어려움을 겪게 되므로 양보다는 질적으로 우수한 식품을 선택하여 골고루 먹는 것이 필요하다. 특히 단백질은 태아의 발육과 임신중독증 예방을 위해 필요하므로 생선이나 두부, 고기를 매일 적정량 섭취하도록 한다.

③ 칼슘의 섭취를 위해 우유를 하루에 2컵 이상 마신다.

임신기에는 태아의 골격과 치아형성을 위하여 칼슘 필요량이 증가한다. 우유나 치즈, 요구르트, 두부, 뼈째 먹는 생선은 칼슘의 좋은 급원이다. 채소에도 칼슘이 있긴 하지만 흡수되기는 어렵다.

④ 임신 20~24주부터는 철분과 엽산 보충제 복용이 필요하다.

임신시에는 모체의 혈액량이 50% 정도 증가하면서 태아의 혈액도 만들어지고, 출생 후 수개월간 사용하기 위하여 태아의 간에 철분을 저장하므로 다량의 철분이 요구된다. 또한 호르몬의 작용으로 엽산대사에 장애가 일어날 수 있어 엽산 필요량이 늘어나게 된다. 엽산은 우리 몸의 대사 활동에 필요한 필수영양소로, 부족하면 혈구에 이상을 초래하여 빈혈, 조산, 사산, 저체중아 출산 등 임신결과에 지대한 악영향을 미친다. 비타민C가 많은 채소나 과일과 함께 먹으면 철분의 흡수율을 높일 수 있다.

⑤ 카페인(커피, 홍차, 녹차, 초콜릿, 코코아, 콜라)은 가급적 피한다.

다량의 카페인 섭취는 조산, 유산, 사산과 관련성이 있으며 출생시 저체중아를 출산할 가능성을 높이므로 지나친 카페인 섭취를 피하도록 한다.

⑥ 음주, 흡연을 피한다.

⑦ 임신 중의 음주는 태아에게 좋지 않은 영향을 미친다.

임신 중의 음주는 태아에게 좋지 않은 영향을 미친다. 알코올은 영양소는 아니지만 1g당 7kcal를 내는 물질로 식품, 영양소 섭취량의 감소와 이용률을 낮추어 모체와 태아의 영양상태가 불량해지기 쉽다. 담배는 태아의 성장을 방해하여 저체중아 출산의 원인이 되는데 이는 흡연으로 인해 발생되는 일산화탄소, 니코틴, 기타 다른 화합물들이 모체로부터 태아에게로 가는 산소와 영양소의 공급을 저해하는 것으로 알려져 있다.

태아의 성장과 함께 체중이 늘어나고 기초대사율도 증가한다. 이에 따라 체온이 상승하고 산소소모량이 많아지면서 몸이 피곤해지고 수면의 필요량이 늘어난다. 따라서 아래와 같이 여성 기초체온 측정의 흥미로운 보고가 있어 소개한다.

(2) 여성 기초체온의 측정 효과

임신이나 피임을 목적으로 측정하는 경우가 많은 기초체온이, 사실은 여성의 몸에 관한 많은 정보를 가지고 있다. 이러한 기초체온의 의미를 널리 전달하고나 하는 목적으로, 일본의 산부인과 의사 등이 '기초체온계추진연구회'를 발족시켰다. 또한 몸상태의 변화를 감지하는 최신형의 체온계도 개발되고 있다. 보통 여성의 기초체온은 월경부터 낮아지는 저온기와 배란기를 지나 높아지는 시기가 2주 정도 유지되는 고온기의 쌍곡선을 그린다. 기초체온계는 일반적인 체온계보다 세밀한 수치로 표시되기 때문에, 약간의 온도차도 계측할 수 있으며, 매일 아침 기록한 것이 기초체온 그래프이다.

초경부터 폐경까지 여성의 생애를 통해 경험하는 월경의 합계 일수는 평균적으로 약 6년이라고 한다. 따라서 이 시기를 어떻게 쾌적하게 보내는가는 인생에 관련된 가장 큰 문제라고도 할 수 있다. 기초체온은 월경주기와 호르몬 균형의 변화를 자기가 파악하고 조절하는 방법으로서 효과적이지만, 여성들이 이를 충분히 이해하지 못하고 있는 것도 현실이다. 산부인과 연구회는 여성의 QOL(생활의 질)향상의 관점에서 기초체온을 인식하고, 사용하기 쉬운 체온계의 개발과 계몽을 목적으로 2006년 10월에 발족되었으며, 일본가족계획회회장 및 산부인과, 치과의사, 컴퓨터 관련 연구자 등 15명이 소속되어 있다. 일본 가족계획회의 마츠모토는 "여성의 몸은 매일 변하고 있다. 초경이 시작된 시기에는 배란이 불안정적이지만, 20세가 지나면서 규칙적으로 되고 갱년기에 다시 불규칙적으로 된다. 월경 주기가 불안정화되면서 건강에 황색신호가 오거나 스트레스가 쌓이게 된다. 출산하고 싶을 때 출산이 가능하도록 몸을 만들어 가기 위해서도 체온을 재는 것은 중요하다."라고 말하고 있다. 기초체온으로부터 얻을 수 있는 정보는 많다. 예를 들면 PMS(월경전 증후군)나 피부문제, 다이어트를 하기에 적합한 시기까지를 알 수 있고, 불임치료를 할 때에는 체온데이터가 도움이 된다.

그만큼 여성의 라이프스타일이 크게 변화된 지금, 건강관리의 안내자로서 기초체온이 도움이 되는 영역이 넓어지고 그밖에도 다양한 여성 생애주기 관련 미용 및 건강측정 도구들이 소개되고 있다.

(3) 임신기의 영양권장량

식생활의 서구화와 경제발전 및 생활양식의 변화로 비만과의 소리 없는 전쟁을 치르고 있는 현대사회의 많은 지역 임신부들은 각종 영양소를 알맞게 섭취하도록 권장되고 있다. 다음의 표는 정상 성인여성과 임신부들의 추가 영양소 섭취량이 전기와 후기로 구분되어 있다. 임신 중 체중 증가분의 60% 정도가 수분이고 이는 임신 전 기간을 통해 하루 30ml의 물을 체내에 축적한다는 계산이다. 또한 모체와 태아 조직의 왕성한 대사 결과로 발생되는 다량의 노폐물을 배설하는 데도 충분한 수분 섭취가 필수적이다. 따라서 임신부는 하루 8컵 이상 10컵 정도의 물을 마시되 알코올, 카페인, 감미료가 첨가된 음료수는 삼가도록 한다.

(4) 임신 중의 영양소 권장량의 변화

임신중의 1일 영양권장량은 기초대사량의 증가, 태아와 태반의 성장, 모체 관련 조직의 증대, 모체 내 지방축적, 모유분비의 준비 등을 감안하여 증가시킨 것이다. 따라서 아기와 모체, 둘을 위하여 먹는다는 것은 중요하나 이것은 평상시 섭취량의 2배를 먹어야 함을 의미하는 것은 아니다. 평상시에 균형 잡힌 적절한 식사를 해왔다면 임신 중의 식사수칙을 지키면서 약간의 추가식품만 섭취하면 된다.

① 임신기 영양 목적

- 모체의 생활 에너지원
- 태아발육에 필요한 영양은 모체에서 공급
- 태아의 부속물인 태반, 제대, 양수 등을 만드는 데에 영양 필요
- 모체의 자궁발육, 유선발육, 수유준비 혈액증가를 위한 영양 필요
- 분만시 또는 산욕시의 체력소모에 대비

② 임신기간별 방침

- 임신 전기
  - 입덧시의 영양관리
  - 태아의 뼈와 주요 장기의 형성기를 위한 양질의 단백질과 칼슘 섭취
  - 비타민, 무기질 필요량 증가
  - 규칙적 식사와 편식 제한
- 임신 중기
  - 태아발육을 위한 필요량 섭취
  - 임신중독증, 빈혈, 변비, 부종 예방
  - 균형 잡힌 식사와 비만 예방
- 임신 후기
  - 모체의 분만, 산후의 체력유지를 위해 필요량 섭취
  - 부종과 임신중독증 예방
  - 적절한 간식으로 지나친 공복감이 들지 않도록 함.

표 9-2 임신부의 영양권장량(제 7차 개정)

영양소	20~29세	임신 전기	임신 후기
체중(kg)	54		
신장(cm)	161		
에너지(kcal)	2, 000	+ 150	+350
단백질(g)	55	+ 15	+15
비타민A(μg RE)	700	+ 0	+100
비타민D(μg)	5	+ 5	+5
비타민E(α-TE, mg)	10	+ 0	+2
비타민C(mg)	70	+15	+15
비타민B_1(mg)	1.0	+0.3	+0.4
비타민B_2(mg)	1.2	+0.3	+0.4
나이아신(mg)	13	+1	+2
비타민B_6(mg)	1.4	+0.5	+0.5
엽산(μg)	250	+250	+250
칼슘(mg)	700	+300	+300
철분(mg)	16	+4**	+8**
아연(mg)	10	+3	+3

(한국인 1일 영양권장량, 제7차 개정, 2000)
**철 보충제 권장

(5) 임신부의 식품 선택

영양섭취 기준에 맞추어 식단을 작성하는 데 먼저 식품구성의 결정이 필요하다. 즉, 기초식품군의 각 군에서 2가지 이상의 식품을 선택하도록 한다.

① 계절식품 : 식품의 신선도와 영양가 및 풍미
② 식사횟수 및 식사량 : 임신 후기에는 위의 압박으로 인해 소량으로 식사 횟수를 늘려 자주 먹음
③ 소화가 잘 되는 음식
④ 염분이 적은 음식
⑤ 식물성 유지류 권장

⑥ 향신료 : 고추, 겨자, 고추냉이, 카레와 같은 강한 향신료 사용 제한

⑦ 음료 및 기호식품 : 과음이나 지나친 커피 음용 제한

- 과음 : 성기 기형, 중추신경장애, 저체중아, 발육부진 가능
- 커피 : 하루 4잔 이상 마시는 어머니로부터 태아의 발육지연의 빈도가 높은 사례 보고
- 기포성 청량음료 : 인산에 의하여 칼슘 흡수 억제, 당분의 과잉섭취 초래

⑧ 식품첨가물 : 착색료, 방부제, 표백제 등의 식품첨가물이 많이 들어 있는 가공식품, 화학조미료 등의 제한

(6) 임신부의 식생활관리

임신부의 신체와 정신은 많은 생리적 혹은 병적인 변화를 겪게 된다. 특히 첫 임신은 불안하기만 하고 계획하지 않았던 임신이면 더욱 그 불안감이 가중될 것이다. 현대사회에서 임신부는 직장 내의 경쟁에 직면해야 할 뿐만 아니라 대가족 내에서 임신부의 식생활을 함께 염려하는 도움을 받지도 못한다. 다행히 정보사회의 발달로 임신부의 식품 선택과 구매 및 외식 정보를 얻을 수 있게 되었다. 입덧이 심하고 태아의 양적 발달이 급격하지 않은 임신 전기에는 영양필요량에 크게 구애를 받기보다는 비만을 일으키지 않는 범위 내에서 식욕을 돋우고 기분전환이 될 수 있는 식생활이 요구된다. 임신이 진행될수록 태아 발달에 필요한 영양소를 지원하기에 부족하지 않도록 노력을 기울인다.

2) 수유기의 특징

수유기는 산모와 아이의 건강이 밀접하게 연관되어 있어서 세심한 영양관리가 필요한 시기다. 만일 수유기의 영양섭취량이 부족하거나 질이 좋지 않으면 유즙의 분비량 감소는 물론 유즙성분까지 변화하고, 또한 모체의 체조직이 소모되면서까지 유즙이 분비되므로 열량과 영양소의 충분한 공급이 필요하다. 모유는 영양소의 조성이 영아의 발육과 건강유지에 적합한 최적의 농도로 되어 있으며 영아의 미숙한 소화기로도 소화하기 쉬운 형태이고, 여러 가지 면역인자나 감염방어 인자들이 들어 있어서 영양적, 위생적으로도 매우 우수하다. 늘 자신의 몸을 위생적으로 유지하고, 심리적으로 안정된 상태를 유지하기 위해 충분한 휴식, 수면, 적당한 운동이 필요하다. 개인별로 차이는

있지만 출산 후에 '산후우울증' 도 올 수 있으므로 가족과 주위 사람들의 따뜻한 배려가 필요하다.

(1) 수유기 영양 필요량

유즙의 영양소 공급뿐 아니라 모유 수유에 필요한 정력, 인내, 자긍심을 갖기 위해 수유부는 수유 기간 동안 잘 먹어야 한다. 대부분의 수유부의 경우 균형식을 통해 모든 영양소를 충분히 섭취할 수 있지만, 철분의 경우는 보충제를 필요로 할 수도 있다. 태아 조직 형성과 출생 전 태아의 철분 비축, 분만시 출혈 등으로 모체의 철분 보유량은 상당량 고갈되었을 가능성이 있다. 수유부가 철분 보충제를 복용해도 모유 유즙의 철분 농도가 증가하는 것은 아니지만 수유부의 건강을 위해 그 복용을 고려할 수 있다. 모유 분비를 위해 수유부에 추가량이 필요로 되는 영양소는 비타민D, 엽산과 철을 제외한 모든 영양소가 임신기 추가량보다 많다. 특히 에너지와 단백질의 증가량이 크다. 우리나라 수유부를 위한 영양권장량은 다음과 같다.

표 9-3 수유부 영양권장량(제7차 개정)

영양소	20~29세	수유부
체중(kg)	54	
신장(cm)	161	
에너지(kcal)	2, 000	+400
단백질(g)	55	+20
비타민A(μg RE)	700	+300
비타민D(μg)	5	+5
비타민E(α-TE, mg)	10	+3
비타민C(mg)	70	+35
비타민B_1(mg)	1.0	+0.4
비타민B_2(mg)	1.2	+0.5
나이아신(mg)	13	+4
비타민B_6(mg)	1.4	+0.6
엽산(μg)	250	+100
칼슘(mg)	700	+400
철분(mg)	16	+2
아연(mg)	10	+6

(한국인 1일 영양권장량, 제7차 개정, 2000)

우리나라에서 모유 수유가 감소하는 사회적 요인으로는 여성들의 역할과 가족 구성의 변화, 현대식 병원에서 임산부에게 일괄적으로 행해지는 진료방식 및 식품회사의 활발한 분유 선전 등을 들 수 있다.

(2) 수유부의 생활양식

① 흡연

prolactin과 oxytocin의 분비를 억제함으로써 모유의 분비를 억제한다. 모유생산량 감소는 여러 가지 경우 조기 이유의 원인이 되기도 하며, 아기의 니코틴 중독을 유도할 가능성도 있다. 모유에 함유된 니코틴의 양은 수유부의 흡연량과 비례한다. 니코틴이 젖을 빠는 아이에게 들어가면 아이의 불안증 유발, 빠른 맥박, 성장 방해를 일으킨다. 또한 급성기관지염, 모세기관지염, 폐렴, 만성중이염, 인두염 및 만성 천식의 위험이 높아진다.

결국 흡연하는 여성의 자녀가 추후 높은 흡연율을 보이는 결과를 초래할 수 있다.

② 알코올

oxytocin의 분비를 억제하여 모유량의 감소를 초래한다. 영아를 졸게 하며 정신운동 발달을 지연시킨다.

③ 카페인

영아를 지나치게 흥분시키고 불필요한 각성 상태를 유발한다.

④ 약물복용

경구피임약이나 치료약 등은 수유량의 증감을 가져올 수 있으며 영아에게 전달될 가능성이 있으므로 의사와 상의하여 복용하도록 한다.

(3) 수유부의 6가지 식사수칙

① 충분한 열량을 섭취한다.

모유를 만들기 위해서는 600~800kcal가 필요한데 산후 첫 6개월 동안은 이 중 100~300kcal를 임신기간에 저장되었던 체지방에서 공급하므로 500kcal를 추가로 섭취해야 한다. 그러나 수유부가 심하게 불균형된 식사를 하고 있다든지, 모유와 우유를 함께 먹이는 경우에는 개별적인 조절이 필요하다.

② 식품을 골고루 섭취한다.

모유를 생성하기 위해서는 열량 이외에도 단백질, 비타민, 무기질 등의 영양소가 모두 더 필요하므로 골고루 섭취해야 한다. 수유부가 섭취한 영양소는 모유의 성분에도 영향을 미치며, 부족한 경우 체력약화를 초래할 수 있다. 우유, 어육류, 채소, 과일을 매일 균형 있게 섭취한다.

③ 수분을 충분히 섭취한다.

수유에 필요한 수분 공급을 위해 적어도 하루 2L 이상의 물을 마신다.

④ 약물복용, 흡연, 음주는 피한다.

불가피하게 약을 먹어야 하는 경우에는 꼭 주치의와 상의한다. 담배의 니코틴과 술의 알코올은 모유로 분비되며 니코틴 독성이나 성장발달 부진을 초래한다.

⑤ 긴장을 이완시키고 휴식을 취한다.

출산 후에는 매우 피곤하고 긴장된 상태로 기분도 이유 없이 저하되기 쉽다. 긴장과 피로는 모유분비를 어렵게 하므로 아기를 생각하며 기분을 풀고 모유가 잘 나오지 않더라도 빨리도록 노력한다.

3) 임신기 피부의 특징

임신 여성의 절반 가량은 얼굴에 기미가 발생해 큰 고민거리를 갖고 있다. 기미는 피부의 멜라닌 색소가 증가해 생기는데 이 색소는 임신기에 분비량이 크게 늘어나는 여성호르몬과 밀접한 관계가 있다. 특히 임신기에는 멜라닌 자극 호르몬(MSH)의 분비량이 100배로 증가한다. 임신기간 중의 체조, 명상과 적절한 운동이 도움이 된다. 소화기 계통의 문제로 인한 기미 때는 규칙적인 식생활과 소식, 금연 및 금주가 필요하며 신장 기능이 약한 경우는 무리한 운동을 피하고 싱겁게 먹고 찬 음식을 피해야 한다.

03 성년기 미용건강

1) 성년기의 특징

성년기의 영양은 생물학적 요인 이외에 정신적, 사회적, 문화적 요인에 영향을 받는다. 한편 일반적으로 대사기능 및 운동기능은 성장기부터 저하되기 시작하며, 정신기능의 경우 경험에 다른 판단력이 증가하므로 정상적으로 정신기능은 유지되고 있는 듯하게 보이나 기억력은 점차 감소되어 지속적으로 떨어진다.

성년기란 사춘기와 노화가 일어나기 전 사이의 성숙기간을 일컫는 말로 대부분 사람들에게 있어 성인기는 18~65세를 말한다. 사춘기를 지나면서 빠르게 진행되던 발달속도가 점차 느려지고 성숙기로 이행된다.

성년기는 일반적으로 정신적 또는 육체적 노동을 통해 가장 활발히 생산적인 일에 가담하는 시기라고 할 수 있다. 이 시기에는 신체적인 성숙이 모두 이루어지지만 사회적, 정신적 발달은 성년기를 지내는 동안 여러 가지 방법으로 계속 발달하게 된다. 또한 이 시기는 유대관계 형성, 가족 성립 및 경력을 만들어 가는 등 삶에 있어서 많은 의미들을 가진다.

노동이란 자신의 에너지를 체내에서 체외로 이동시키는 소비과정이다. 이 과정에서 에너지의 소비와 체성분의 소모를 보충하기 위한 영양관리를 통해 효과적인 노동력의 재생산이 가능하다. 노동은 개인에 따른 직업의 종류에 따라 다르겠지만 크게 근육노동과 정신노동으로 구별된다. 그러나 최근 사회구조의 발달에 따라 산업구조가 기계화되면서 점차 심한 근육노동은 줄어들고 정신노동에 속하는 분야가 증가되고 있다. 정신노동의 증대에 따라 활력보다 지구력의 필요성이 더욱 커지고 있다. 그러므로 영양면에서도 정신력에 중점을 둔 영양관리의 필요성이 강조되어야 한다.

성년기의 건전한 사회생활을 영위하기 위해서는 건강유지를 위한 적절한 영양관리가 무엇보다 중요하다. 건강한 생활활동은 적당한 영양섭취의 바탕 위에서만 가능하다. 또한, 성년기에는 노동강도를 고려하여 영양관리를 병행해나가야 한다. 많은 공장, 사업장에서는 단체급식을 실시하고 있는데, 이를 통해 성인 근로자에 대하여 식사의 편의를 제공할 뿐만 아니라 합리적인 식사의 공급으로 근로자의 건강을 확보하고 생산성을 향상시킬 수 있도록 노력해야 한다. 성년의 영양관리에 있어서 주의할 점은 다음과 같다.

(1) 성년기의 변화

사춘기의 성장발달과는 반대로 성년기는 기능적 안정성이 이루어지는 시기라고 말할 수 있다. 여성의 폐경을 제외하고는 성년기의 생리적 변화는 크게 일어나지 않는다. 대부분의 성장이 18세 정도에 이루어지는데, 유일하게 근, 골격계의 성장은 계속 일어난다. 근, 골격계는 20대 초반에 완성되며, 최대 골질량도 30대 초반까지 계속 증가한다. 이러한 근, 골격계의 성장이 완전히 이루어졌을 때 신체적으로도 완전한 성숙에 이른다.

이러한 신체적 성장과 발달이 완전히 이루어지면 신체의 기관이나 조직을 이루는 세포의 교체와 보수가 적절히 이루어지면서 건강한 성년기를 이어나갈 수 있다. 성인질환에 대한 유년기 기원에 대한 역학적 재현은 사망률 통계의 생태학적 분석과 함께 시작된다.

인구질환의 경향 및 차이에 대한 연구는 역사적, 문화적, 사회적 문맥 사이에서 특수질환에 대한 학문교류로써 더 발전될 수 있다.

성인질환의 유년기 기원에 대한 역학적 재현은 공식적인 사망률통계의 생태학적 분석과 함께 시작되었다. 1930년대 초기 코호트분석에 대한 회고가 있었음에도 불구하고, 촛점은 어린이 사망률보다는 성인사망률과 유아에 집중되었다. 시대, 국가와 사회그룹간 인구의 질환위험에서 변이를 이해하는 생애주기 관점의 적용은 인구경향과 특수질환상의 차이와 관계가 있다

유사한 연구의 예로는 역사적 인구집단에서 성인 사망률, 키와 신체사이즈 간의 관계를 조사하는 것이었다. Kermack의 연구도 역사적, 지역적 특수성의 중요함을 강조하고 있다.

(2) 성년기의 영양상태

2001년 국민건강, 영양조사에서 성인 남녀의 영양소별 영양권장량에 대한 섭취비율을 조사한 결과 남녀 모두 칼슘의 섭취량은 권장량에 비해 낮게 나타났으나 대부분의 영양소 섭취량은 양호한 것으로 나타났고 비타민C는 남녀 모두 권장량의 200% 가까이 섭취하였다.

또한 성인 중 영양권장량의 75% 미만을 섭취한 비율이 50% 이상으로 나타난 영양소는 비타민A, 칼슘, 철분으로 이런 영양소의 섭취상태가 불량한 것으로 나타났다.

영양소 섭취량의 연차적 추이를 보면 2001년도 조사에서는 1998년도 조사보다 비타민A, 티아민, 비타민C의 섭취량은 증가하였으나 철분의 섭취량은 감소한 것으로 나타났다. 2001년 국민건강, 영양조사의 식습관 조사에서 20~29세의 아침 결식이 전 연령층 중 가장 높아 약 45.4%이며, 30~49세 21.5%, 50~64세 8.9%로 나타나고 있다. 20대는 주로 늦잠을 자거나 시간이 없어서 조식을 거르는 경우가 많았고, 30~40대는 시간이 없거나 식욕이 없어서, 50대 이후의 성인은 주로 식욕이나 맛이 없어서 아침 결식을 하는 것으로 나타났다.

또한 2001년도 국민건강, 영양조사에서 우리나라 성인 남녀의 약 30.6%가 과체중이나 비만으로 조사되었다. 그러나 최근 비만에 못지않게 무리한 다이어트에 의한 저체중도 심각한 사회문제로 대두되고 있다. 특히 젊은 여성일 경우 무리한 다이어트는 단백질, 무기질, 비타민 등 필수영양소의 결핍이나 면역기능 악화 등을 가져올 뿐만 아니라 노후에 골다공증의 위험이 증가하므로 이에 대한 인지도 절실한 상황이다.

① 열량을 충분히 공급한다.
② 중노동자의 경우, 단백질의 충분한 공급과 함께 양질의 단백질이 공급될 수 있도록 전체적인 식품선택과 배합에 유의한다.
③ 노동의 종류나 환경에 따라 무기질이나 비타민을 함유한 식품을 신중하게 선별한다.
④ 식품에 의한 공급이 어려울 경우에는 영양강화식품이나 영양보조제에 의한 간접공급도 고려할 필요가 있다.
⑤ 영양의 충족과 함께 맛에도 유의할 필요가 있으며, 동시에 식사환경의 중요성도 고려해야 한다.

2) 성년기와 만성질환

통계청의 2004년 사망원인 결과에 의하면 한국인 남녀 전체의 사망원인 1위가 악성신생물, 2위가 뇌혈관질환, 3위가 심장질환, 4위가 자살, 5위가 당뇨병 순으로 나타났고 이들 5대 사인에 의한 사망자 수가 전체 사망자의 57%를 차지하였다. 40대 이후는 암과 뇌혈관질환에 의한 사망률이 높은 것으로 밝혀졌다. 40~50대는 간질환에 의한 사망률도 다른 연령층에 비하여 높게 나타났다.

표 9-4▶ 만성퇴행성질환과 식이 및 생활양식의 위험요인

위험 요인 ＼ 질환		암	고혈압	당뇨병	골다공증	동맥경화	비만	뇌출혈	게실염	치아및구강
식이 관련 위험 요인	고지방식	✓	✓	✓		✓	✓	✓	✓	
	과량의 음주	✓	✓		✓	✓	✓	✓		
	복합 탄수화물 및 섬유질 섭취부족	✓		✓		✓	✓	✓	✓	
	비타민 및 무기질 섭취부족	✓	✓		✓	✓			✓	✓
	고설탕섭취	✓					✓			✓
	염장식품섭취증가	✓	✓							
기타 위험 요인	유전	✓	✓	✓	✓	✓	✓	✓		✓
	나이	✓	✓	✓	✓	✓		✓	✓	
	좌식생활	✓	✓	✓	✓	✓	✓		✓	
	흡연	✓	✓		✓	✓		✓		✓
	스트레스		✓			✓		✓		
	환경오염	✓								

자료 : 최혜미 외, 2001.

(1) 심혈관계질환

순환기계질환의 최근 10년간 변천을 살펴보면 고혈압성질환, 동맥경화증 사망률은 감소하였으나 허혈성 심장질환에 의한 사망률은 증가하였다. 흡연, 동물성 지방 섭취 증가, 운동부족, 비만, 스트레스 증가 등에 기인한다. 한국인의 혈청 콜레스테롤 농도와 중성지방의 농도는 과거에 비해 증가추세에 있는 반면 HDL-콜레스테롤은 감소추세에 있다.

식습관 및 생활양식

흡연을 금하고 규칙적인 운동, 적정체중을 유지하고 혈중 콜레스테롤 농도를 낮춘다. 복합탄수화물과 섬유질의 섭취를 증가시키고 저지방, 고칼륨, 고칼슘, 저나트륨 식사로 고혈압의 위험을 낮춘다. 음주는 하루 한두 잔 이하로 유지한다. 항산화제가 풍부한 과일과 채소를 섭취한다. 스트레스에 대한 면역력을 높인다.

발전적 결정 시기와 초기 건강의 기원

George Draper는 인생을 5 개의 큰 주기인 태아기, 유년기, 아동기, 성인 중심기(둘로 나누면 사춘기와 갱년기)와 인생의 마지막 단계로 구분하였다. Draper는 "성장시기 중 한 개인의 환경에 대한 반응 결과는 다음 시기에 영향을 미칠 정도로 중요하다"고 했다.

다수의 체질 및 질환 연구에 있어, 인체형상의 세밀한 측정이 생체학적 변이를 광범위한 카테고리로 분류하였고 다양한 질환유형을 지닌 그들 간의 관계를 조사하였다. 심장질환과 관련된 인체생리학적 차이에 대한 연구를 한 Pearl과 Ciccio는 1934년 발행된 사진에서, 심장질환이 있는 사람과 없는 사람 간의 차이를 묘사하였다.

사실 이 연구에서 가장 눈에 띄는 차이는 심장질환이 있는 군과 없는 군을 비교시, 그 결과는 더 많이 나가는 체중과 흉부의 기능적 결핍으로 나타났다. Pearl과 Ciccio는 이 사실이 타고난 건강의 차이가 아니라, 오히려 상대적으로 과식하고 신체운동의 부족으로 축적된 신체지방 때문이라고 한다. 과체중과 작은 신장에 대한 다양한 만성질환의 관계는 생명보험 데이터 연구에 의해 밝혀지게 되었다. 성인의 라이프스타일과 건강(유전적 혹은 초기 삶에서 후천적인)에 관련된 상대적 중요성이 변화되고 있다.

(2) 고혈압

고혈압은 수축기 혈압이 140mmHg, 이완기 혈압이 90mmHg 이상일 때로 정의한다. 고혈압의 주요 위험요인은 비만, 음주, 노화, 고혈압의 가족력, 인종 등이다. 따라서 고혈압은 나이가 들어감에 따라 흔해지며 고혈압의 가족력이 있는 사람은 발병위험률이 3배나 높다. 특히 복부비만은 고혈압과 깊은 관련이 있다. 고혈압인 사람은 나트륨의 섭취를 조금만 제한해도 적정혈압 유지에 필요한 약 복용량을 줄일 수 있다. 칼륨 섭취 또한 고혈압을 감소시키는 효과가 있으며 뇌졸중 위험과도 역의 상관관계가 있다고 한다. 칼륨의 섭취급원으로는 녹색채소, 감자, 오렌지주스, 살구, 바나나 등이다. 또한 칼슘의 섭취 부족도 고혈압 위험과 관련이 있으므로 고혈압인 경우 충분한 칼슘 섭취도 필요하다.

(3) 동맥경화증

동맥경화는 관상동맥 혈관에 지방과 콜레스테롤이 점착되어, 동맥 혈관을 좁고 단단하게 만들며 결국에는 혈관이 막히게 되는 증상을 말한다. 발생 원인으로는 식생활의 영향, 잘못된 생활습관, 운동부족 등이 있으며 활성단백질(효소)이 결핍되어 대사기능이 저하되는 것이 주원인이다. 개선 방법으로는 지방을 줄이고 야채나 과일 등 익히지 않은 식품을 많이 섭취하고 운동량을 늘려야 한다.

(4) 당뇨병

성년기에 주로 나타나는 당뇨는 인슐린 비의존형, 제2형 당뇨병이다. 전체 당뇨의 90% 이상을 차지하며 주로 40세 이후의 비만인에게서 출현한다. 당뇨병환자 식사요법의 기본은 적절한 열량을 섭취하고, 영양소를 균형 있게 섭취하며 아울러 규칙적인 식사를 한다. 가능하면 혈당지수가 낮은 식품의 섭취를 증가시킨다.

(5) 암

우리나라 2004년 사망원인 1위가 악성신생물이며 전체 사망자의 약 26.3%가 이로 인해 사망하였다. 특히 위암, 간암, 자궁암에 의한 사망률은 감소하였으나 폐암, 대장암, 췌장암, 여성유방암, 전립선암 등에 의한 사망률은 증가하였다. 암을 발생시키는 원인 중 환경적 요인은 전체 암 발생의 70~80%를 차지하며 특히 우리가 섭취하는 음식물이 각종 암의 발생과 밀접히 관련되어 있다. 채소와 과일에 많은 베타카로틴과 비타민C나 식물성 유지에 풍부한 비타민E와 같은 항산화 영양소는 항암효과가 있는 것으로 알려져 있다. 그 기전은 유해산소를 없애주어 세포막 지질의 과산화를 막고 DNA의 손상을 억제시켜 주는 것이다.

식생활 지침

비만을 피하고 정상체중을 유지한다. 식이섬유소의 섭취를 위해 정제되지 않은 곡류나 신선한 야채를 다량 섭취한다. 감귤류와 녹황색 채소를 많이 섭취한다. 염장이나 질산염으로 보존된 식품의 섭취를 줄인다. 식품첨가제가 많이 들어간 가공식품의 섭취를 줄인다. 탄 음식이나 곰팡이가 번식한 음식을 섭취하지 않는다.

(6) 체중과다와 비만

우리나라의 경우 1970년대 이래 경제발전과 더불어 식생활이 서구화되고 컴퓨터의 발달과 교통수단의 발달로 생활방식이 변화되면서 비만율은 증가하고 있다. 비만은 심혈관계질환과 고혈압 등 여러 가지 성인병의 위험요인이며 혈청 콜레스테롤을 상승시키는 위험요인이다. 또한 뼈의 유연성, 운동성을 감퇴시켜 관절염, 퇴행성 뼈관절 질병의 진행을 촉진하며 성인 당뇨 발생의 주요 요인이 된다.

(7) 전후시기 성인건강과 만성질환에 대한 설명으로 본 초기 생애요인의 변화되는 역할

전쟁 후 처음 25년간, 관상심장질환의 병인학에서 초기 생애요인이나 생애주기에 대한 고려에는 거의 관심이 없었다. 비록 체격에 대한 완전 평가는 Framingham 연구에서 다수 수행되었음에도 불구하고, 이후에는 고전적인 위험요인이 된 신체형상의 장기적 모습보다는 성인의 체중이란 일부 흥미로운 결과가 밝혀졌다. 공중보건서비스에 종사하는 Sidney Abraham과 그의 동료들은 생명연장이나 성인생애에서 후천적으로 생긴 경우, 과체중의 영향이 차이가 있는지를 조사하였다.

1920년대 Haggerston, Maryland의 사망률 연구에 참여한 어린이들에 대한 추적으로, 고혈압과 심혈관 심장질환의 최고위험은 어린시절 평균 이하의 체중이었다가 과체중이 된 성인들에게 나타났다. 영국 Morris의 경우 국제적 영향, 프로그램과 성인질환의 어린시절 전조의 중요성을 고려하였다.

Geoffrey Rose 이후 10년은 국소적 심장질환에서의 유전양상에 대해 같은 주제를 반복하였다.

유전양상은 특히 유년기 시절, 과도한 사망을 경험한 가족들에게서 발생된 질환을 겪은 성인 생애주기의 사람들에게서 나타났다.

Morris는 생애주기 연구에서 선천적인 방법적 문제들이 이 접근의 발전을 막는다고 제안했다. 결코 잘 설계된 생이주기연구는 성인건강의 다른 일면들, 예를 들어 자궁 속에서 장기 기근을 경험했다거나 정신상태에 영향을 미친다거나 유아기 호흡계질환을 경험한 자가 성인 호흡계 사망률에 영향을 미치지는 않는다. 전후 관계상의 요인들에서도 유아기 경험과 성인질환 사이의 가능한 연결에 대한 조사를 제한했다. 예를 들어, 영국의 건강상태와 복지서비스에 관련된 다수의 조직적, 행정적 변화는 전쟁 전 어린이와 성인건강 사이의 보건학적 관계를 깨뜨렸다. Morris에 의하면, 비교적 낮은 어린이 사망률은 더 나은 어린이 건강과 사회적 불평등의 감소에 의한 것으로 증명되었다.

실용적인 수준에서, 개인의 미래 연구가 전(全) 생애주기에 적용될 수는 없다. 심지어 성인연구는 분석용의 충분한 경우들을 위한 장기 수행 계획이 수반되어야 한다.

3) 성년기의 영양필요량

성년기에는 더 이상의 성장이 일어나지 않으므로 성인의 에너지 및 영양필요량은 신체유지에 소요되는 양과 같다. 따라서 성년기의 영양필요량은 청소년기에 비해 대체로 적거나 같다. 한국인의 성년기 영양권장량은 남녀 각각 20~29세, 30~49세 및 50~64세의 연령층으로 구분하여 설정하였다. 연령의 증가는 영양필요량을 감소시킨다. 그러나 연령이 증가하면서 소화, 흡수기능의 효율성이 떨어지므로 권장량 설정시에 이를 보정하였다. 성년기의 건강은 식습관, 운동 유무, 흡연 및 음주 유무, 스트레스 관리방법에 따라 많이 달라진다. 따라서 일생 동안 건전한 식습관 및 생활습관을 가지면 각종 성인병을 예방할 수 있다.

(1) 에너지

성년기에는 성장을 위한 에너지는 필요하지 않으며 원활한 신진대사와 신체적, 정신적 활동을 위한 에너지만을 필요로 한다. 즉, 휴식대사와 활동대사 그리고 식사가 유발하는 발열작용 Diet induced thermogenesis: DIT 에너지를 소모한다. 정신활동에 쓰이는 에너지는 미량이므로 무시할 수 있는 수준이다. 그러므로 에너지 소비량은 개개인의 체중과 체조성 및 신체활동 수준에 따라 달라진다. 에너지 권장량은 남자는 2,500~2,300 kcal이고, 여자는 2,000~1,900kcal로, 에너지 필요량이 줄어드는 시점을 남녀 모두 50대로 보아 50~64세의 권장량을 남녀 각각 200kcal와 100kcal씩 낮추었다. 성인 중반기 이후에는 에너지 필요량이 하루에 12~13kcal씩 감소되는데, 이 중에 5kcal는 기초대사량 감소에서 발생하고 나머지는 신체활동량 감소에 기인한다.

(2) 단백질

성년기의 단백질 필요량은 체내의 질소 배설량과 식사를 통한 질소 섭취량이 균형을 이루는 최소의 수준이다. 성년기에는 새로운 조직의 합성이 없으므로, 기존 조직을 유지하기 위한 구조단백질과 효소, 호르몬, 항체, 운반체 등 기능단백질의 합성을 위한 아미노산이 필요하다. 나이 들면서 근육량이 감소하는 현상을 최대한 억제하기 위해서는 단백질 영양상태를 양호하게 유지할 필요가 있다는 견해가 있다. 여자는 남자에 비해 체중이 낮고 근육량이 적으므로 단백질 필요량이 적다. 이와 같은 이유로 남자의 단백질 권장량은 모든 연령층에 70g으로, 여자는 모든 연령층에 55g으로 설정되었다.

우리나라 성인의 연령별 단백질 영양섭취 기준 ◀표 9-5

연령(세)		체중 (kg)	평균필요량 (g/kg/일)	권장섭취량(g/일)		권장섭취량 (g/kg/일)	권장섭취량(g/일)	
				계산치	조정치		계산치	조정치
유아	20~29	65.8	0.66	43.4	45	0.83	54.6	55
	30~49	63.6	0.66	42.0	45	0.83	52.8	55
	50~64	60.6	0.66	40.0	40	0.83	50.3	50
	65~74	59.2	0.66	39.1	40	0.83	49.1	50
	75 이상	59.2	0.66	39.1	40	0.83	49.1	50
남자	20~29	56.3	0.66	37.2	35	0.83	46.7	45
	30~49	54.2	0.66	35.8	35	0.83	45.0	45
	50~64	52.2	0.66	34.5	35	0.83	43.3	45
	65~74	50.2	0.66	33.1	35	0.83	41.7	45
	75 이상	50.2	0.66	33.1	35	0.83	41.7	45

*FAO/WHO/UNU, Energy and protein requirments, P.105, Table 33 참고로 산출함.

(3) 비타민

성년기의 비타민 필요량을 설명하기 위해 시행된 실험이나 권장량 설정을 위한 연구는 많지 않으며, 특히 한국인을 근거로 한 자료는 거의 없다.

① 지용성 비타민

비타민A 필요량은 비타민A의 결핍증을 예방하고, 간에 20μg/g 정도의 적정 저장량을 유지하며, 조직의 비타민A 요구를 충족시키는 혈중농도인 30㎍/100ml 정도를 유지하는 데 요구되는 수준이다.

비타민D는 골밀도의 유지와 관련하여 매우 중요한 영양소이며, 권장량은 연령층에 따라 실외 활동량이 다른 점을 감안해 설정되었다. 실외 노출시간이 긴 편인 20~29세와 30~49세는 남녀 모두 5㎍으로 정하였고, 짧은 편인 50~64세는 남녀 모두 10㎍으로 정하였다. 10㎍은 아동기 및 청소년기의 권장량과 동일하다. 성년기에 비타민D 영양이 중요한 것은 골밀도의 유지와 관련되기 때문이다.

비타민E 는 세포의 불포화지방산 함량과 관련이 있으며 식사를 통한 섭취량과도 연관되어 있다. 필요량은 비타민E의 결핍증을 예방하고, 지방조직, 근육, 간 등에 적정한 저장량을 유지하며, 혈중 농도를 0.5~1.2mg/100ml 로 유지하는 데 요구되는 수준이다. 비타민E 필요량은 세포의 불포화지방산 함량과 상관이 있으므로 식사를 통한 불포화지방산 섭취량과도 관련된다.

비타민K 필요량은 적은 편이고, 대부분의 식품에 다량 함유되어 있으며 장내 세균으로부터 일부 합성된다. 성인남자의 충분섭취량은 75㎍/일이고 여자는 65㎍/일로 정하였다. 간 질환 등으로 인해 광범위 항생제를 장기간 투여받는 사람의 비타민K 필요량은 정상인보다 높을 수 있다. 다만 상한섭취량에 대해서는 인체 혹은 동물실험 자료가 충분하지 않으므로 상한섭취량은 미설정으로 두었다.

② 수용성 비타민

수용성 비타민 중 비타민C는 생체 내에서 여러 가지 효소반응의 조효소로 쓰이며, 콜라겐 형성과 카르니틴, 신경전달물질의 합성, 철의 흡수, 면역기능, 상처회복 등의 기능에 관여한다. 비타민C의 백혈구(호중구, 림프구, 단핵구)에서의 항산화기능은 매우 중요하다. 백혈구 비타민C는 혈장이나 적혈구 비타민C보다 체내 저장량을 더 잘 반영해주는 지표로서 그 농도는 상당히 높으며, 농도가 증가할수록 산화스트레스 손상에 대한 보호효과도 증가한다. 비타민C는 생체 내에서 백혈구, 폐, 위 점막의 활성 산화물질을 제거하고 지질과산화를 삭제하는 기능이 있으므로 비타민C의 평균필요량은 항산화작용이 가능한 수준에서 산정한다.

비타민C의 필요량은 괴혈병을 예방하는 양인 10mg/일과 대사되지 않고 소변으로 배설되기 시작하는 섭취량인 200mg/일 사이에 있다고 판단된다. 세계적으로 비타민C 권장량이 상향되는 추세를 보이는 가운데 우리나라에서도 2000년에 권장량을 개정하면서 비타민C 권장량을 55mg 에서 70mg 으로 올렸고, 이 수준을 10세 이후 모든 남녀 연령층에 동일하게 적용하였다.

한국 성인의 비타민B_1, 비타민B_2 및 나이아신 권장량은 한국인의 식사가 탄수화물 위주인 점을 고려해, 제안된 필요량 중 가장 높은 수준인 에너지 섭취량 1,000kcal 당 각각 0.5mg, 0.6mg 및 6.6mgNE로 설정되었다.

비타민B_6는 주로 단백질 대사경로에서 조효소로 작용하므로 그 필요량은 단백질 섭취에 영향을 받는다. 우리나라 성인의 비타민B_6 권장량은 단백질 섭취량을 1g당 0.02mg으로 설정하였으며, 단백질 권장량이 70g 미만인 계층의 경우도 모두 1.4mg으로 하였다. 따라서 남녀 세 연령층 모두 1.4mg이다.

(4) 무기질

성인 20~29세 동안에 최대골질량이 형성되며 장골의 성장은 중단되지만 골질의 강화는 계속된다. 최대골질량의 연령은 골격부위와 성에 따라 다양하게 나타나지만 성인 이후 약 10년 동안 골질량의 축적은 계속된다.

성년기의 무기질 필요량은 체내 조직의 적정함량을 유지하는 상태에서 체외로 배설되는 불가피 손실량과 같다. 무기질의 권장량은 각 무기질마다 최소필요량에 흡수율을 고려하고 개인차에 따른 안전율을 가산해 설정한다.

(5) 전해질과 물

물과 나트륨, 염소, 칼륨 등 전해질도 필수영양소로서 수분 평형과 전해질 평형의 유지에 중요한 역할을 한다. 나트륨과 칼륨 섭취는 고혈압과 관련해 그 중요성이 평가되고 있어 성년기에 더욱 유의할 필요가 있다. 칼륨은 세포내액에 가장 다량으로 들어있는 양이온으로 세포막의 전위를 유지하고 세포내액의 이온의 세기를 결정한다. 이온화된 칼륨은 나트륨 이온과 함께 신경 및 근육세포의 흥분과 자극전달을 조절하여 근육의 수축과 이완을 조절하는데 특히 심장박동의 유지에 중요한 역할을 한다.

성인의 1일 최소 필요량은 나트륨, 염소, 칼륨 각각 500, 750 및 2,000mg으로 추정된다. 성인의 수분 필요량은 에너지 1kcal 섭취량당 1.0~1.5ml로 추정된다. 그러므로 에너지 권장량에 따라 2,000~3,000ml의 수분섭취가 요구된다. 수분 필요량은 온도와 습도 등 환경조건에 크게 영향을 받으므로 고온 환경에서 땀을 흘리는 경우에는 섭취량을 증가시켜야 한다.

표 9-6 18개 영양소 권장량, 상한섭취량

영양소	권장섭취량	상한섭취량
비타민A	750μg	3,000μg
비타민D	5μg	60μg
비타민E	10mg	540mg
비타민C	75mg	2,000mg
니아신	16mg	35mg
비타민B_6	1.5mg	100mg
엽산	400μg	1,000μg
칼슘	700mg	2,500mg
인	700mg	3,500mg
나트륨	1.5g	2.0g
마그네슘	350mg	350mg
철	10mg	45mg
아연	9mg	35mg
구리	800μg	10,000μg
요오드	150μg	3,000μg
셀레늄	50μg	400μg
망간	3.5mg	11mg
불소	3.5mg	10mg

*30~39세 성인남성 기준임.

(6) 식사관리

중년 성인의 경우 건강에 대한 자신감 결여나 성인병에 대한 불안으로 건강보조식품과 보약에 대한 과신으로 영양적으로 비합리적인 특정 강장제, 정력제 등을 복용하는 사례가 많다. 사회경제적 발전과 생활양식 변화로 과거에는 단순히 끼니를 때우기 위해 식사하였으나 현대에는 영양과 기호를 고려하여 식품을 선택하는 양식으로 변하고 있다. 특히 직장 남성들은 육류 위주의 외식으로 열량이 너무 높고 동물성 지방 섭취가 많다. 따라서 외식을 하더라도 다양한 식품을 고루 갖춘 식사를 선택하고 매번 다른 메뉴를 주문하며 되도록 싱겁게 먹고 가공식품과 인스턴트 식품의 섭취를 줄인다.

한국인 영양섭취기준에서 식사구성안을 위해서 6가지 식품군으로 분류하였고, 식품군별 대표식품을 선정하여 이들 대표식품의 1인 1회 분량을 한국보건산업진흥원과 식품의약품안전청 자료(2004년)를 이용하여 정하였다. 이를 이용하여 식품군별 대표 영양가표를 만들고 연령별 에너지 섭취량에 따라 권장식사패턴을 제시하였다. 건강한 성인 남녀(20~29세)의 에너지 섭취량을 각각 2,600kcal, 2,100kcal를 고려하여 식품권별 권장섭취 횟수를 표에 제시하였다.

① 중년층을 위한 식단은 비만을 방지하고 인슐린 저항성을 개선하고 고인슐린 혈증을 낮추도록 해야 한다.
② 동물성지방의 섭취를 제한한다.
③ 에너지원인 포도당을 일정한 속도로 공급하도록 한다.
④ 식품 다이어리를 작성하고 절제 있는 식습관을 만든다.
⑤ GI 수치가 낮은 식품을 선택하여 식사한다.

• **GI(glycemic index)란** : 어떤 식품이 어떤 속도로 혈액에 포도당을 제공하며 인슐린 분비를 얼마나 요구하는지를 측정하는 도구로 혈당지수가 있다. 이는 식빵을 기준으로 각각 다른 식품에 함유된 동량의 탄수화물이 혈당치에 미치는 영향의 정도를 나타내는

그림 9-1 성인 남녀의 1일 식품군별 권장 섭취 횟수

자료 : 한국영양학회, 2005

것으로, 어떤 식품은 혈당치를 빠르게 상승시키는가 하면 어떤 식품은 비교적 일정한 수준을 유지시킨다.

- 식품에 함유된 섬유소의 종류 : 수용성 식이섬유소를 함유하는 식품은 GI가 낮다.
- 음식의 형태 : 떡은 밥보다 GI가 높다.
- 단순당의 종류 : 설탕이나 포도당보다 과당은 GI가 낮다.
- 함께 섭취한 단백질과 지방함량 : 단백질이나 지방을 함께 섭취하면 GI가 낮다.
- 전분의 구조 : 아밀로오스 함량이 높으면 GI가 낮다.

• 식사구성안

미량영양소의 밀도가 높으며 식물체 화학물질을 풍부하게 함유하는 식사는

- 5~9단위의 과일류, 채소류(녹황색 채소류, 구근류 및 두꺼운 껍질의 호박류)
- 6~11단위의 쌀, 잡곡, 국수, 빵, 시리얼(도정하지 않은 전곡류)
- 3단위의 무지방 저지방 우유 요구르트, 무지방 저지방(치즈 또는 칼슘이 풍부한 식품), 진한 녹색, 채소류, 칼슘강화두유
- 2~3단위의 두류, 견과류, 어류, 난류, 조류, 저지방 육류

(7) 보호영양

성년기 신체기능을 최대한 발휘하고 최적의 건강상태를 유지하기 위해서는 과일, 채소, 곡류, 두류 등 식물성 식품을 적정수준에서 최대한 섭취한다. 이는 질병을 예방하고 건강을 향상시키는 것으로, 포화지방의 섭취제한과 균형 잡힌 지방산 섭취를 중요시하며, 어류 · 조류의 섭취를 권장한다. 이런 식사는 항산화 · 상암작용을 하는 여러 식물체 화학물질을 섭취하게 되어 신체기능을 최대로 유지하고 노화를 늦추며 각종 만성질환을 예방할 수 있다.

(8) 식물성 식단

주로 곡류 · 두류 · 채소 · 과실류 · 버섯류 등으로 구성된다. 식물성 식품들은 필수적인 식물체 화학물질인 비영양성분을 함유하며 이들 식물체 화학물질들은 식물체 내에서 생물학적 활성을 나타내는데, 자신을 미생물의 침입으로부터 보호하는 방어계로 작용하고 산화적 손상을 막으며, 색과 향 또는 풍미를 갖게 하는 것으로 플라보노이드, 카로티노이드, 안토시아닌 등이 있다.

(9) 식물체 화학물질

암 예방 효과는 식물체 화합물질들이 암 발생을 감소시키는 차단인자 또는 억제인자로 작용하기 때문인데, 이들은 체내에서 발암물질을 해독하는 효소계의 활성을 유도하거나 반응성 발암물질을 잡아 가두거나 암 증진 과정에 요구되는 세포 내 반응을 차단하는 작용 등을 한다. 이러한 성분들에는 테르펜 terpenes, 페놀, 티올, 리그난 lignans 등이 있으며 강력한 항산화기능과 대사조절 작용을 통해 만성퇴행성 질병의 발생을 억제한다.

① 테르펜(terpenes)

강력한 항산화제로 카로티노이드, 리모노이드 limonoids 등이 있다. 카로티노이드는 식물체에 황색 · 주황색 · 적색을 띠는 색소물질이며, 테르펜의 한 종류로 토마토 · 파슬리 · 오렌지 · 자몽 · 시금치 등에 있다. 리모노이드는 테르펜의 한 종류로 자몽 등 감귤류에 많이 함유되어 있으며, 간의 1단계 및 2단계 효소의 해독계를 활성화하여 발암물질의 수용성을 높이고 배설을 촉진한다.

② 페놀(phenols)

식물체에서 산화적 손상을 방지하는 역할을 하는 물질로, 플라보노이드 flavonoid와 이소플라본 isoflavones 등이 있다. 플라보노이드는 식물체에 청색, 적청색, 자색 등을 띠게 하는 식물체 색소물질로 800종 이상이 있다. 플라보노이드는 수포옥사이드 음이온이나 단일산소 같은 자유기를 제거하고 금속이온을 격리하여 양파, 케일, 브로콜리, 포도, 사과, 곡류 등이 암 위험을 감소시킨다.

차, 양파, 사과 등에 함유된 플라보노이드 섭취량을 늘린 경우에는 관상심장질환 발생이 낮아진다. 이소플라본은 대두와 대두식품 등 두류에 있으며, 에스트로겐과 구조가 비슷하므로 에스트로겐의 작용물질, 또는 길항물질로서의 양방향성 기능을 가지며, 심장질환의 위험을 감소시킨다. 또, 콩 단백이 고콜레스테롤 혈증을 유의하게 개선시키며, 콩이 동맥의 탄력성을 증대시키고 LDL 산화를 방어하는 효과가 있다. 또 콩은 전립선암을 예방할 수 있는데, 이는 테스토스테론이 암 성장을 촉진하지 못하도록 에스트로겐 유사작용물질로 방해를 하기 때문이다.

③ 티올(thiols)

티올은 브로콜리, 콜리플라워, 브루셀스프라우트, 케일, 양배추 등 십자화과 채소류에 들어 있는 유황을 함유하는 물질이다. 그 종류로는 indoles, isothiocyanates 등이 있다. 이러한 유기황화합물들은 발암물질이나 기타 이물질 해독과정에 관련된 효소활성을 증가시킨다. 유기황화합물들은 마늘, 실파, 부추 등의 파 마늘류나 양파과 채소류에서도 발견된다. 마늘의 황화 알릴류 allyl sulfides와 다른 유기화합물들은 발암물질의 활성화를 억제하는 것으로 보이며, 간의 2단계 해독계 효소인 글루타티온 S 전이효소 glutathione-S-transferase 생산을 증가시키고 변이과정을 저해하며, 대식세포와 T-림프구의 활성을 증가시킨다.

04 폐경기 미용건강

1) 폐경기의 특징

의학적으로 폐경이란 월경이 영구히 정지되어 임신능력을 상실했을 때를 말하고 이는 난소에서 생성되는 에스트로겐과 황체호르몬인 프로게스테론의 생성이 감소되어 나타난다. 여성은 태어날 때 수백만 개의 난자를 가지고 태어나는데 이 난자의 수는 나이가 들수록 점점 줄어들게 된다. 더 이상 성장할 난자가 없으면 월경도 없어지고 여성호르몬의 생성도 급격히 감소한다. 이처럼 대부분의 여성들은 45세에서 55세 사이면 난소에서 생성되는 여성 호르몬이 감소하여 여성 호르몬의 유익한 작용들이 없어지게 되면서 폐경기 증상이나 골다공증 등 폐경기 증상이 나타나게 된다. 아래 그림은 폐경 후 여성의 소변 에스트로겐 배설량이 급격히 감소함을 보여주며 이는 혈중 에스트로겐 농도가 폐경 후 현저히 감소함을 의미한다.

인체 내의 호르몬 불균형이 일어나면 얼굴이 화끈거리거나 자다가 식은땀을 흘리거나 불안감, 우울감 등의 신체적 그리고 육체적 증상을 경험하게 된다. 폐경기 증상으로 많은 여성이 기억력 감퇴를 얘기하는데 이러한 증상은 개인뿐만 아니라 다른 사람과의 관계에도 영향을 미칠 수 있다. 이렇듯 여성은 갱년기가 되면 자신에게 닥치는 신체적 변화에 좌절과 두려움을 느끼게 되고 심할 경우 우울증, 불안증 등 정신적 질환까지 동

그림 9-2 폐경 전과 폐경 후 여성의 소변 에스트로겐 배설량 비교

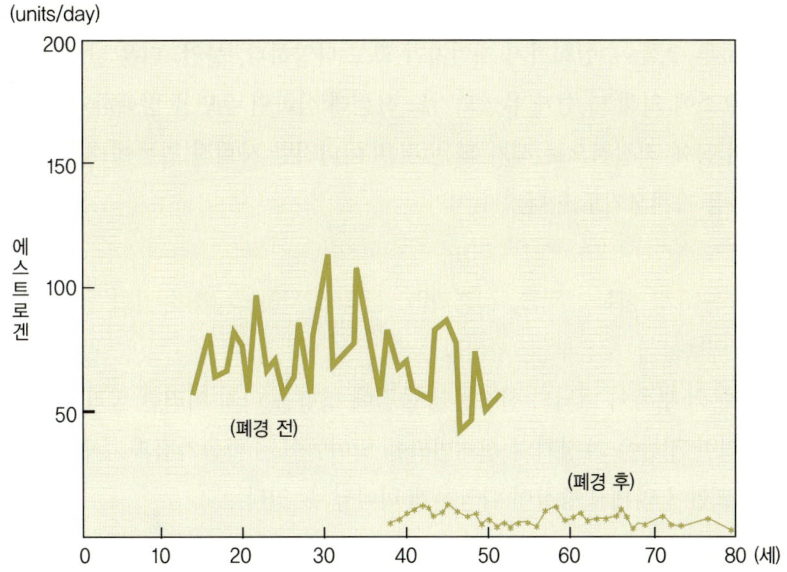

자료 : W. F. Gangnog, 1981.

반하게 되는 것이다. 갱년기 여성의 약 25~50%에서 심리적 증상들이 나타난다.

이들 증상들은 폐경기와 관련하여 나타나는 호르몬의 변화가 사회 · 문화적 요인들과 스트레스 등 생활적인 요인들과 상호작용을 통해 나타나는 것으로 여성의 폐경에 대한 태도, 과거의 경험, 성격 등이 반응을 결정하게 된다. 폐경에 따른 변화의 의미를 부정적으로 생각하거나, 힘들 것이라는 기대를 하게 되는 경우, 심리적 증상을 호소하게 되는 경우가 늘어난다. 따라서 긍정적인 사고방식 및 적당한 운동, 호르몬 대체요법 등이 도움이 될 것이다.

(1) 각 기관별 갱년기 증상

폐경기 증상은 발생하는 시기에 따라 크게 3가지로 나눌 수 있다.

A. **급성증상** : 폐경전후 약 3~4년에 걸쳐서 발생한다.

① 혈관운동성장애 : 안면홍조, 야간발한, 불면증

폐경기가 가까워지거나 폐경이 되면 체내에 여성호르몬의 농도가 갑작스럽게 감소하여 생긴다. 얼굴, 머리, 가슴, 목 등으로 피부가 갑자기 붉게 변하며 불쾌한 열감이 나타나 전신으로 퍼져가는 느낌으로 가끔 발한현상이 나타나기도 하며 평균 3분 정도 지속된다. 하루 수회~수십회까지 개인차가 크고 다양하다. 불안, 더운 날씨, 스트레스 등의 자극 요소에 의해 더 쉽게 유발되기도 하는데 심하면 수면을 방해하기도 한다. 이러한 것들이 몸에 직접적으로 해가 되는 것은 아니지만 사회적 활동에 지장을 주거나 심리적 위축을 가져오기도 한다.

② 신경내분비계 변화 : 우울, 신경과민, 집중력 저하, 기억력 감퇴, 공격성, 긴장, 짜증, 의욕상실, 우유부단, 자신감 상실

여성호르몬의 부족이 대뇌의 신경전달 물질에 영향을 미쳐 이러한 심리적 증상이 나타난다. 이러한 것들은 폐경기의 신체변화를 받아들이는 마음가짐과 주변의 사회, 문화, 심리적 요인에 의해서 증상이 다양하게 나타날 수 있다.

B. **아급성 증상** : 폐경이 되고 나서 1~2년 후부터 생긴다.

① 비뇨생식기의 위축으로 인한 증상 : 생식기계 위축, 성교통, 요도증후군, 성욕 감퇴

여성호르몬이 부족하면 질과 요도의 상피가 얇아지고 위축되어 생기는 증상. 질이 건조하고 자극감이 있으며 성교시 불편하고 통증이 있다. 세균성 질염이 자주 생겨 냄새 나는 묽은 냉이 생기기도 한다. 소변이 자주 마렵고 소변을 볼 때 불편하며 방광염에 자주 걸린다. 기침하거나 웃을 때 소변이 새는 요실금 증세도 새로이 생기거나 더욱 심해진다.

표 9-7 갱년기 여성의 신체적 · 정신적 변화

신체적 변화	정신적 변화
• 월경이 불규칙해짐. • 얼굴과 앞가슴 부위의 화끈거림과 함께 식은땀이 나며 심장이 두근거리며 불안 · 초조감을 느낌. • 소변을 자주 보고 밤에도 화장실을 자주 감. • 팔목, 발목, 손 · 발가락 관절 등에 통증이 있음. • 두통, 어지러움증이 있음. • 상복부의 팽만감이 있음.	• 괜히 불안하고 신경이 예민해짐. • 우울감, 고독감, 만사가 귀찮고 피로감을 느낌. • 수면장애로 생활력이 저하됨.

② 결체조직 내 교원질 소실에 의한 증상 : 피부위축, 관절통, 자궁탈출증, 요실금

피부의 아래층인 진피층에 있는 교원질이 감소하여 피부가 얇아진다. 피부가 건조하고 가려움증이 잘 생기며 이상한 느낌이 들기도 한다. 방광에 있는 교원질이 감소하면 방광기능이 떨어지고, 인대와 연조직의 교원질이 감소하면 관절통이 생기고 자궁이 빠지기도 한다.

C. **만성 후유증** : 폐경 후 약 7~8년 후부터 나타난다.

① 근골격계 : 골다공증

나이가 들면서 뼈가 서서히 약해지지만 폐경이 되어 여성호르몬 분비가 감소하면 급격하게 골소실이 많이 일어난다. 따라서 7~8년 후가 되면 전체적으로 골량이 감소하고 뼈의 강도가 수준 이하로 떨어져 살짝 넘어지기만 해도 쉽게 골절이 일어날 수 있는 상태가 될 수 있는데 이를 골다공증이라고 한다. 골절은 주로 척추, 손목, 고관절(대퇴부)부위에 호발하며 회복이 잘 되지 않아 여러 가지 합병증을 일으킬 수 있으며 사망원인이 되기도 한다. 골다공증은 이미 생긴 경우 치료하더라도 골량만이 조금 증가할 뿐 근원적인 회복이 안 되므로 미리 예방하는 것이 가장 중요하다. 예방하는 약제로 여러 가지가 있으나 여성호르몬이 가장 중요하다.

D. **심혈관계** : 뇌혈관 질환(뇌졸중), 심장(관상동맥) 질환

여성호르몬은 혈액 내 지방의 성분을 변화시키고 동맥벽에 작용하여 동맥경화를 억제하는 작용이 있다. 폐경 전의 여성은 남자에 비하여 동맥경화로 인한 사망률이 훨씬 적은 데 비하여 폐경이 되고 10년이 경과하면 동맥경화로 인한 사망이 급격하게 증가한다. 그래서 폐경 후에도 여성호르몬을 장기간 투여하면 심장병 발작의 위험성이 반으로 감소한다고 한다.

폐경기 증상에 대해 다시 한 번 간단히 정리하면 다음과 같다.

부인과	폐경, 성생활 장애
혈관 신경계통	안면홍조, 야간발한, 냉증, 초조함, 심장 두근거림, 무력감, 식욕감퇴
운동기관	골다공증, 요통, 손발 저림
비뇨기계	질건조증, 요실금, 성교통, 잔뇨감
정신 신경계통	우울증, 두통, 신경과민, 식은땀

(2) 폐경기 영양문제의 중요성

45세 이후부터는 근육량의 감소로 기초대사량이 줄고, 활동량도 감소하게 되므로 전체적인 열량 필요량이 줄게 되어 섭취하는 열량을 감소시키지 않으면 비만이 되기 쉽다. 또한 소화기, 신장 등 장기의 기능 감소로 음식물의 소화, 흡수, 배설에 문제를 가지게 되며 여러 가지 만성 퇴행성질환으로 영양상태는 더욱 나빠질 수 있다.

2) 폐경기를 위한 식생활 지침

(1) 폐경기 여성의 건강관리

① 정상체중을 유지한다.

중년 이후부터는 근육량의 감소로 기초대사량이 줄고, 활동량도 감소하게 되므로 전체적인 열량 필요량이 줄게 되어 지금까지 먹던 것만큼만 먹어도 비만이 되기 쉽다. 발량이나 기름기가 많은 음식을 피하여 열량섭취를 줄이도록 하여 체중증가를 방지해야 한다. 신체활동은 청장년기부터 규칙적인 운동을 해오다가 조금씩 조정해 나가는 것이 필요하다.

② 단백질은 양질의 것을 선택해서 섭취한다.

열량 필요량은 나이가 듦에 따라 감소하지만 체중 kg당 단백질 필요량은 청장년기의 필요량과 같다. 양질의 단백질이 함유된 부드러운 생선, 살코기, 두부, 간, 우유 및 유제품을 적절히 섭취하도록 권장한다. 하지만 단백질을 너무 많이 섭취하면 찌꺼기를 다량 만들어서 신장에 부담을 주어 신장기능을 떨어뜨릴 수도 있다.

③ 단순당질은 피하고 지방은 식물성 기름을 우선으로 한다.

과다한 당질과 열량섭취는 혈액 중의 중성지방과 혈당을 올리기 쉽다. 일반적으로 혈청 콜레스테롤 함량은 나이가 들면서 증가하는데 여자의 경우 20~55세까지는 남자보다 낮으나 폐경 이후에는 남자보다 높아진다. 육류와 굳은기름(버터, 라드)에 많은 포화지방산보다 보통 온도에서 액체상태인 식물성 기름(불포화 지방산)을 더 많이 섭취하면 혈청 콜레스테롤, 중성지방이 낮아지는 경향을 보인다. 기름은 불포화지방산이 많아 동맥경화증, 혈전, 심장순환기계 질환을 예방하는 데 도움을 주므로 섭취를 권장하며 식물성 기름이라도 팜유, 야자유는 포화지방산이 많으므로 주의해야 한다.

④ 골격질환 예방을 위해 칼슘을 충분히 섭취한다.

특히 폐경 후의 여성에게 척추의 골절과 요골하단골절이 많이 발생한다. 우리나라의 폐경기 이후 중년층은 우유와 유가공품의 섭취량이 적어 하루 칼슘 권장량에 훨씬 못 미치는 양을 섭취하고 있다. 최근에는 권장량이 700mg은 너무 적고 1000~1500mg을 섭취해야 한다는 주장이 유력시되면서 하루에 '우유 2컵 마시기 운동' 이나 칼슘보충제 사용을 권장하는 영양학자도 있을 정도이다. 우유가 받지 않는 경우라면 찬 우유보다는 따뜻한 상태로 마시고, 우유와 전분이 함께 조리된 형태로(푸딩, 크림스프 등) 하며, 조금씩 씹듯이 여러 차례에 나누어 마시면 좋다.

⑤ 비타민, 무기질은 균형식으로 충분히 섭취 가능하다.

다섯 가지 기초식품군(어육류 및 두류, 우유류, 채소 및 과일류, 곡류, 유지류)이 골고루 포함된 균형식은 필요한 비타민, 무기질을 골고루 함유하고 있다. 가급적 식사를 충실하게 하려는 노력을 하고 필요한 경우에는 반드시 전문가와 상담한 후 고단위영양제를 부분적으로 이용한다.

⑥ 규칙적인 식사시간과 적당한 운동, 휴식을 취한다.

매일 매끼 식사시간을 지켜서 생활리듬이 깨지지 않도록 한다. 또한 운동량 부족, 수분섭취 부족, 소화기 운동저하, 식사량 감소로 변비가 생기기 쉬우므로 신체상태와 기능에 적합한 가벼운 운동과 휴양을 하도록 한다. 이것은 정신적, 정서적으로 생활에 만족감을 주게 되며, 건강하게 지낼 수 있는 바람직한 방법이다.

(2) 폐경기 여성의 영양관리

① 콩류에 함유된 이소플라본은 여성호르몬과 유사한 기능으로 갱년기 증상완화에 도움이 된다.
② 소량씩 자주 먹는 것이 안면홍조 예방에 도움된다.
③ 지질과 탄수화물의 섭취를 줄이고 콩 · 두부 · 생선 등 양질의 단백질을 섭취한다.
④ 비타민E는 밤에 땀이 많이 나는 증상이나 안면홍조 · 피로 · 신경과민 · 불면증 등

폐경 이후 증상완화에 도움이 된다. 씨앗류, 견과류, 콩, 소맥, 배아유 등의 섭취를 늘인다.

⑤ 현미 · 잡곡밥을 중심으로 매끼 균형 있는 식사가 되도록 한다. 변비가 되지 않게 물과 섬유질을 충분히 섭취한다.

⑥ 전반적인 영양결핍이 노후의 골다공증 발생에 영향을 주므로 잦은 결식이나 편식은 삼가한다.

⑦ 골다공증 예방을 위해 유제품 등의 고칼슘 식품을 섭취한다. 그 외 구리 · 망간 · 아연 등이 부족하지 않게 섭취한다.

⑧ 비타민C는 뼈의 콜라겐 합성에 필수적이며 비타민 A와 E는 함께 노화를 지연시켜주는 항산화 영양소이므로 충분히 섭취한다.

⑨ 술과 탄산음료를 삼가고 심혈관계질환의 위험을 감소시켜주기 위해 지질과 짠 음식을 줄인다.

⑩ 흡연을 삼가고 균형 있는 식사와 적절한 운동을 한다.

3) 폐경기의 피부관리

폐경 이후 피부는 탄력성을 잃어 거칠어지며, 외상에 약하게 되며, 주름살이 점점 늘어가고 건조해진다. 또한 모발이 가늘고 얇아지고 얼굴에 잔털이 많아지며 피부에 흰색, 붉은색 또는 갈색 반점이 많이 나타난다. 피부관리는 영양을 적절히 섭취하고 적당한 운동 및 비타민, 칼슘의 섭취와 과다하진 않지만 정기적인 햇빛노출 등을 들 수 있다.

- 피부를 좋게 만드는 에스트로겐

에스트로겐은 피부에 직접적인 영향을 끼치기 때문에 폐경기 이후 에스트로겐 수치가 급격히 떨어지면 피부의 탄력성이 떨어지고 주름과 같은 노화현상이 눈에 띄게 나타나기 시작한다.

여드름 방지

에스트로겐은 피지 농도를 묽게 만들어 피지 배출을 용이하게 해주므로 여드름 완화관리 및 예방에 도움이 된다.

피부 보습

에스트로겐은 각질층을 얇고 부드럽게 만들고, 진피의 탄력조직인 엘라스틴, 콜라겐과 피부보습인자 히알루론산의 생성을 촉진시키며, 피하지방층을 두껍게 하여 섬세하고 부드러우며 매끈한 피부로 가꿔준다.

05 노년기 미용건강

노년기는 사회생활로부터 은퇴하게 되는 시기이므로 통상적으로 경제적인 문제와 그동안 등한시했던 건강문제에 봉착하게 된다. 은퇴에 대한 적응은 개인의 차이가 크지만 일반적으로 건강하고, 적당한 수입과 활동적이며, 대인관계가 원만한 사람일수록 생활만족도와 함께 적응도 또한 크게 나타났다. 은퇴는 개인에게 매우 중요한 의미를 갖는다. 직업에 대한 재정립, 자기 자신에 대한 가치관 및 자존심을 재확립시켜야 할 시기이기 때문이다. 은퇴는 단순히 직업의 상실이 아니라 새로운 신체적, 심리적 적응을 필요로 하는 일생일대의 충격으로 다가오기 때문이다. 은퇴 후에 대한 준비가 잘된 노인들의 경우를 보면 이전보다 더 건강하고, 여유롭게 생활하며, 직업에 대한 대안을 적극적으로 모색하여 경륜을 바탕으로 새로운 직업의 활동영역을 구축하거나, 사회 자원봉사 활동을 통해서 성취감과 사랑을 나누거나, 개인 및 단체의 여가활동을 통해서 대인관계를 원활히 하며 건강을 함께 유지하는 형태 등 다양하게 활동영역을 펼치고 있다. 은퇴 후 경제적인 문제도 중요하지만 건강문제는 가장 직접적이며, 현실적인 문제이다. 그간의 사회활동에 따르는 불가피한 생활습관에 따른 질병에 대한 예방 및 관리야말로 건강한 미래에 대한 투자이자 가장 중요한 과제인 것이다.

그러므로 더욱더 신체적, 정신적 건강을 유지하며, 안락한 일상적인 일을 만들어 가야만 하며, 가족 및 이웃과의 관계를 계속 원만하게 유지해야만 한다. 이 시기의 주요 건강문제는 한 가지 장기에 국한된 것이 아니라 여러 가지 장기 노화 및 손실에 의한 기능 저하와 이에 따른 증상으로서 지속적인 관리와 치료가 필요한 시기라고 할 수 있다.

1) 신체의 노화현상

(1) 피부의 변화

피부의 탄력을 유지하는 교원질과 탄력소가 굳어져 피부의 탄력과 저항력이 점점 약해지게 된다. 교원질과 탄력소의 변화는 신체의 각 부분에 영향을 미치며 이로 인하여 주름이 생기고 거칠어지며 상처가 쉽게 나게 된다. 피하지방의 분포는 얼굴, 목, 팔, 손, 발, 다리에서는 감소되고 복부와 엉덩이 부분에는 증가된다. 피지선의 활동도 감소되고 손, 발 등에 검은 반점이 나타나게 된다. 50세를 전후해서 모공이 1/3 정도는 위축되고 이 이후 매년 1% 정도의 모공이 위축되어 소실되므로 머리가 빠지고 흰머리가 나오게 되며 여기에 호르몬 분비의 영향이 더하여 머리털이 감소하게 된다. 이런 이유로 노인들의 피부는 저항력이 약하며 가려움증을 주로 호소하고 약한 피부의 경우 피부암 발병이 젊은층보다 많다.

(2) 시력의 변화

눈 주변 근육의 탄력성 저하와 피하지방의 감소로 눈꺼풀이 처지게 되며 눈물의 생성도 감소된다. 동공은 점점 작아지고 수정체는 노랗게 황화현상을 일으키고 눈꺼풀이 처지게 되는 결과 눈이 작아져 외부의 빛이 50% 정도 감소되어 망막으로 들어오게 된다. 수정체의 유연성은 감소되고 수정체의 위치를 지탱해주는 눈의 모양체근은 긴장이 상실되는 결과로 멀고 가까운 것을 구별하는 능력이 어렵게 되며 가까운 것은 못 보고 먼 곳은 잘 보는 노안, 즉 원시상태로 된다.

(3) 청력의 변화

고주파수에 대한 청력손상이 저주파수에 대한 청력손상보다 먼저 진전되기 때문에 난청이 생기며 노인성 난청은 가장 흔한 노년층의 청력 상실에 속한다.

(4) 미각과 후각의 변화

혀에 있는 맛을 감지하는 미뢰의 수는 감소하게 된다. 그러므로 적은 수로 맛을 감지하기 위해서는 더 강한 자극이 필요하게 되는 것도 바로 이런 변화 때문이다. 맛과 냄새는 항상 보조를 같이하는데 냄새를 수용하는 신경섬유도 연령에 따라 감소된다.

(5) 촉각과 운동감각의 변화

노인은 열, 냉, 동통 등의 감각을 젊은 사람만큼 빨리 느끼지 못하게 되므로 방어하지도 못한다. 운동감각도 감퇴하여 몸의 평형유지 능력이 감소된다.

(6) 근골격계의 변화

① 근육의 변화

연령이 증가함에 따라 근섬유의 수와 크기가 모두 감소되며 근육의 유연성과 탄력성도 감소된다.

② 골격의 변화

뼈는 용적과 밀도가 감소되어 다공성으로 변하는데 이러한 현상은 남성보다 여성에게 더 급격히 일어난다. 뼈가 가늘어지고 골밀도가 낮아지는 현상을 골다공증이라 하는데 골다공증의 영향 요인으로는 에스트로겐 분비 저하, 흡연, 음주, 칼슘결핍, 조기 폐경, 단백질 대사의 변화, 스테로이드 계통 약의 빈번한 사용 등을 들 수 있다. 노화에 따른 뼈의 변화는 척추의 추간판에도 영향을 주어 추간판의 골밀도 상실로 인해 노인들의 키가 줄어들게 되고 척추만곡, 척추후만 등의 허리가 구부러진 자세를 유지하게 된다.

(7) 비뇨기계의 변화

① 신사구체의 변화

노인에게는 항이뇨 호르몬의 활동이 감소되기 때문에 나트륨 보유가 낮아지며 이로 인해 수분의 손실을 가져온다.

정상적으로는 신사구체 여과가 낮에 대부분 일어나므로 밤에 여과된 소변을 아침에 1회 배설할 때의 소변량은 최대량이 된다. 그러나 노인에게는 이러한 양상이 뚜렷하지 않고 신장이 밤 동안에 계속해서 활동하기 때문에 노인들은 밤 동안에도 소변을 자주 보게 된다.

② 방광의 변화

노인에게 있어서 방광의 용적은 감소되지만 배뇨 후 남아있는 잔류 소변량은 증가하게 되므로 여러 번 소변을 보기 위해 일어나게 되고 잠을 설치게 된다. 노인들에게 방광조절이 어려운 또 하나의 이유는 복부조직의 탄력감소로 방광조절이 힘들기 때문이다. 남성노인들에게는 전립선의 비대가 방광에서 요도로의 소변의 흐름을 방해하고 소변을 시원하게 보는 데 장애를 주며 소변을 보기 시작할 때 어려움을 주게 된다. 방광운동이 감소되어 잔류뇨가 남아있게 되는 것이 요로 감염과 요석 형성을 촉진하게 된다.

(8) 위장관의 변화

연령이 증가함에 따라 구강점막의 위축과 결합조직의 감소는 치아의 기저부를 싸고 있는 잇몸을 퇴축시킨다. 치아의 법랑질은 딱딱해지고 치아는 점점 반투명해지며 턱뼈의 재흡수는 치아를 헐겁게 만들며 침샘에서의 침 분비 저하로 침이 끈끈해진다. 위에서의 위액 분비는 점차 감소되며 식도의 연하운동은 저하되어 먹은 음식이 위에 들어가는 속도가 지연된다. 간은 크기와 기능이 약화되어 약물의 해독과 호르몬 대사능력이 저하된다.

대장은 대장 자체의 주된 변화는 없지만 복부근육의 긴장도와 탄력이 저하되기 때문에 대장운동에 영향을 주며 직장이 팽창된 데 대한 민감성이 감소되므로 배변하고 싶은 느낌이 실제보다 지연된다. 미각과 후각의 균형이 흐트러지고 잇몸의 변화로 식욕이 감소되고 상아질의 노후로 음식을 씹는 데 통증을 느끼게 되면 잘 맞지 않는 틀니는 통증을 주어 이로 인한 음식섭취의 감소로 영양상태가 나빠질 수 있다.

(9) 심혈관의 변화

연령이 증가함에 따라 심장이 기능하기 힘이 들어 효율은 떨어진다. 그러므로 심장박동은 증가하지만 방출되는 혈액은 감소하게 된다. 심장의 판막은 두꺼워지고 탄력이 줄어들며 말초혈관의 저항은 증가하게 된다. 교원질과 탄력소의 변화는 혈관을 딱딱하게 만들어서 탄력을 감소시킨다. 심장근의 섬유조직과 지방은 증가하며 혈관 내에 지방 침전물이 생긴다.

(10) 호흡기계의 변화

폐조직은 탄력이 감소되고 호흡기계 근육과 횡경막의 탄력도 감소하게 된다. 늑골은 굳어지고 강직하게 되며 폐포의 크기와 수가 증가한다. 폐포의 표면이 줄어들고 산소와 일산화탄소의 교환능력이 감소되며 폐호흡의 깊이나 크기가 감소되며 기침에 대한 반사도 감소된다.

(11) 내분비계의 변화

나이가 들어감에 따라 갑상선의 무게는 감소하고 결체조직은 증가하며 교질은 감소하게 된다. 기초 신진대사율은 여러 세포활동의 감소에 따라 감소된다. 그러나 이런 기초대사율의 감소는 노인들이 정상활동을 하는 데는 영향을 주지 않는다.

(12) 면역기능의 변화

면역기능의 변화는 생리학적으로 매우 복잡하므로 면역기능이 나이가 들어감에 따라 어떻게 변화하는지에 대해서 아직 뚜렷한 결론이 나 있지 않은 상태이다. 그러나 여러 가지 다른 기관의 변화에 비추어 보면 면역기능은 연령이 증가함에 따라 감소한다고 할 수 있다.

(13) 생식기계의 변화

노화에 따른 생식기계의 변화는 남녀의 특징이 다르게 나타난다. 여성의 경우 에스트로겐의 분비가 감소하여 유방이 늘어지고 평평해진다. 질벽은 탄력이 감소하고 얇아지며 질 분비물이 줄어들고 질산도도 낮아지며 경관과 자궁의 크기도 작아지고 음모도 감소한다. 남성의 경우는 테스토스테론의 분비가 감소하며 성기의 발기가 느리고 약하며 사정시의 사정액의 양, 사정기간 및 강도도 감소하며 정액은 탁해진다. 65세 이상의 남성 노인들의 대부분은 전립선비대로 인한 장애를 경험하게 된다. 전립선비대는 요도에 압력을 가하게 되므로 배뇨곤란 및 요실금을 야기하게 된다.

(14) 뇌의 변화 및 수면의 변화

뇌의 변화로는 뇌세포가 상실되고 뇌는 작아지며 뇌실은 커진다. 뇌세포의 감소에 따라 뇌세포 간의 의사전달 능력이 떨어진다고는 하나 실제로 노인이라 하더라도 어떤 새로운 것을 배우고 기억하는 데 장애가 없다는 이론이 더욱 지배적이다.

노인이 되어 꿈을 잘 꾸지 않는다는 것은 잠을 깊이 자지 않는다는 의미가 된다.

노인들이 깊은 잠을 자지 못하는 이유로는 생리적인 수면 형태의 변화 이외에 죽음이나 기타 질병에 대한 불안과 공포감, 자녀들에 대한 걱정, 만성질환으로 인한 통증, 약물의 부작용, 요실금, 항상 같이 자던 배우자와의 이별, 주변의 소음, 밝은 전기 불빛 및 자극 있는 커피나 술 등에 의한 것 등이 수면 방해의 원인이 된다.

이러한 이유로 깊은 잠을 자지 못하게 되면 수면을 통해서 회복되어야 할 정신적, 신체적 피로가 계속 쌓이게 되며 밤에 일부러 잠을 자려고 노력하다 보면 잠은 오지 않고 신경만 많이 쓰게 되어 피로가 더 겹치게 된다. 이런 노인들은 피로를 풀기 위해 낮 동안에 낮잠을 자주 자지만 또 깊게 잠을 들 수 없기 때문에 피로가 충분히 풀리지 않고 정신이 맑지 않으므로 넘어지거나 발을 잘못 딛게 되는 사고를 유발하게 된다. 이런 상태가 계속되면 일에 대한 적극성이 사라지고 자기 관리에 소홀해지며 기분이 우울해진다.

2) 건강관리

(1) 노년기의 영양과 식생활

노년기는 일반적으로 치아가 빠지고 약하게 되며, 딱딱한 것보다 부드러운 음식을 즐기게 되는 기호의 변화가 나타나게 되며, 소화 및 흡수력이 떨어지므로 영양상 필요한 영양소가 부족해져서 건강장애를 초래하는 경우가 많이 있다.

① 노인의 1일 영양 권장량

• 에너지

기초대사율이 감소되고 육체활동 또한 적어지므로 성인보다 열량을 적게 섭취하는 것이 좋은데 남자는 2,000~1,800kcal, 여자는 1,700~1,600kcal 정도를 권장한다.

한국인 1일 영양 권장량 (2000년도 제7차 개정판)

구분	연령(세)	체중(kg)	신장(cm)	에너지(kcal)	단백질(g)	칼슘(mg)	철분(mg)
남 자	65~74	64	167	2,000	65	700	12
	75 이상	60	166	1, 800	60	700	12
여 자	65~74	54	154	1, 700	55	700	12
	75 이상	52	152	1, 600	55	700	12

• 단백질

효소, 호르몬, 항체 등의 주요 생체기능의 재생과 유지에 필요한 단백질은 충분히 섭취하여야 한다. 남자는 65~60(g), 여자는 60(g) 정도 섭취를 권장한다. 공급원으로는 육류, 생선, 달걀, 우유, 대두 등이 있는데 일반적으로 육류나 생선에는 동물성 지방이 많이 함유되어 있어서 고혈압, 동맥경화증의 원인이 되는 경우가 있으므로 지방을 제거한 육류 및 간, 조기 등의 흰살 생선이나 등 푸른 생선이 좋다.

• 지방

노년기에 들어서면 체지방이 증가하게 되어 동맥경화 같은 질환이 생기게 된다. 그러나 병을 일으킬 만큼 지질의 과잉섭취는 일부에 국한된다고 볼 수 있다. 동물성 지방을 많이 과잉섭취하면 위험하기 때문에 고기 같은 것을 먹을 때는 기름은 떼어내고 먹는 것이 좋다.

• 철분

철분은 체내에서 산소를 조직으로 이동, 저장하는 데 관여하고 여러 효소의 보조인자로 작용하는 중요한 역할을 하는데, 노인이 되면 위장계의 변화로 인하여 철분의 흡수가 더욱 어려워지게 된다. 철분이 부족하면 골수의 영양이 나빠져 조혈작용이 저하되므로 빈혈을 일으키게 되는데, 평소에 철분이 들어 있는 식품을 많이 섭취하는 것이 좋다. 함유 식품으로는 간, 육류, 달걀, 녹색채소 등이 있다.

• 칼슘

체내 무기질 중에 가장 많은 칼슘은 치아와 골격을 유지하는 기능 외에도 여러 가지 생리기능을 조절하는 데 중요한 역할을 한다. 장기간의 칼슘섭취의 정도는 골격의 건강에 영향을 미쳐 골다공증의 발병여부에 중요한 결정요인으로 작용한다. 여성의 경우, 노인이 되었을 때 칼슘이 문제가 되고 있다. 여성이 폐경기가 되면 호르몬의 변화에 의하여 체내의 칼슘이 많이 빠져 나가게 되어 작은 충격에도 쉽게 뼈가 부스러지는 골다공증이 생기기 쉽다. 칼슘 제제의 복용도 도움이 되지만 매일 1끼에 우유 1컵씩,

하루에 3컵씩 음용하면 도움이 된다.

• 비타민

노인이 되어 결핍되기 쉬운 것이 바로 비타민D이다. 이것이 결핍되면 다리의 뼈가 구부러지는 구루병이 생긴다. 평소에 실내에만 머물지 말고, 정기적으로 산책을 하거나 일광욕을 한다면 특별한 음식을 먹지 않아도 비타민D가 몸 안으로 흡수가 된다. 또한 비타민은 연령이 증가할수록 혈청 내 수준이 급격히 감소하게 되는데, 이는 노인들의 위산 분비가 감소하기 때문이며, 흡수가 따라서 감소되게 된다. 그러므로 노인들의 식사는 저작과 소화가 용이해야 하며, 단백질과 비타민이 풍부히 들어 있어야 한다. 감각기능의 저하로 입맛이 떨어지므로 음식의 질, 종류, 양에도 신경을 써야 한다.

② 하루 권장식품 섭취량

• 육류: 50~100g

저단백질의 곡류와 채식에만 의존하면 뇌졸중의 위험이 있다. 필요한 양의 육류는 섭취하되 기름기가 많은 부위는 먹지 않는 것이 좋다.

• 어류: 육류보다 조금 많게

생선에는 세포를 만드는 물질인 핵산이 들어 있다. 핵산은 체내에서 단백질과 탄수화물에 의해 합성되지만 노인은 핵산 합성능력이 약하기 때문에 식품으로 보충하여야 한다. 정어리, 꽁치, 고등어 등을 매일 섭취하는 것이 좋다.

• 달걀: 1개

달걀은 8종류의 필수아미노산을 모두 함유하고 있으며, 비타민A, B군도 풍부하며, 밥과 함께 먹으면 서로 부족한 점을 보완해 준다. 흰자의 경우 굳을 정도의 조리법이 가장 적당하다.

• 우유: 1~2컵

칼슘을 가장 손쉽게 얻을 수 있다. 칼슘은 단백질과 결합해 뼈와 이를 만들기 때문에 칼슘과 단백질을 함께 섭취하면 효과가 커진다. 매일 마시면 골다공증을 예방할 수 있다.

• 콩 제품: 조리형태가 다른 제품을 많이 섭취한다.

두부, 콩조림, 순두부찌개 등 콩 제품이 대표식품이다. 콩에는 단백질 이외의 식물성 섬유나 레시틴 등이 함유되어 있다. 두부나 비지 형태로 가공하면 흡수가 잘된다. 콩

제품에는 비타민A, C가 부족하므로 채소를 곁들여 함께 섭취하는 것이 좋다.

• 채소: 매끼마다 한 가지씩 섭취

비타민, 미네랄, 식물성 섬유 등이 많이 들어 있다. 날것보다는 삶거나 데치는 등 익혀서 나물로 무쳐 섭취하는 것이 좋다.

3) 노년기의 질환

노인들의 가장 흔한 건강문제는 퇴행성 질환이다. 통계에 의하면 노인의 75%가 만성심질환, 암, 뇌졸중으로 사망한다. 호흡기, 심혈관계, 소화기계 및 비뇨기계 수술이 다른 연령군에 비해 3배 정도가 높으며, 안과의 경우는 5배나 높은 것으로 나타났다. 65세 이상의 노인의 약 10~40%가 정신, 심리적 문제를 경험하는데 이는 우울이나 섬망과 같은 기능적 정신장애 발생률이 높다. 최근에는 치매에 시달리는 노인인구가 증가하고 있어 사회적 문제로 대두되고 있다. 만성질환과 노화는 신체 활동력을 저하시켜 생활기능 및 활동영역을 현저히 떨어뜨린다. 또한 골다공증이 되어 허리가 굽고 뼈가 부러지기도 한다. 나이가 들수록 몸 관리에 신경을 써야 하며 고단백 음식은 물론 섬유식품, 비타민류 등 혈액순환에 도움이 되는 음식들을 골고루 섭취해야 하며, 가벼운 운동으로 몸을 단련시켜 저항력을 높이는 습관도 기르도록 해야 한다. 대표적인 노인성질환으로는 노인성 치매, 당뇨병, 소화기 질환, 간 및 담도 질환, 고혈압, 골다공증과 골연화증, 빈혈 등이 있으며 건강하고 활기찬 생활을 영위하기 위하며 예방 및 치료방법에 관해서 많은 관심을 기울여야 한다.

(1) 치매

일상 및 사회생활에서의 정상기능을 잘하지 못하게 되는 지각능력의 감소를 의미하는데 흔히 기억력의 감퇴가 특징적으로 나타나고 새로운 정보능력 저하, 그 외에도 성격변화, 언어능력의 감소, 판단력, 추리력 등이 떨어지지만 의식이 흐려지는 일은 드물다.

① 치매 초기 증상

일반적으로는 기억력 감퇴, 우울증이나 불안장애 등과 같이 감정의 변화가 있을 수 있고, 이전까지 잘하던 일을 하지 못하고, 판단력이 흐려지고 행동이 둔해지며, 성격이 변하고 친구나 이웃을 멀리한다. 남을 의지하고 어리광을 부리거나 심각한 경우는 남을 의심하거나 환각을 경험하게 되고, 요실금 또는 체중이 감소하는 등 신체적인 증상도 나타날 수 있으며, 심하게 되면 세수나 면도 등의 일상생활도 못하게 되고, 가장 기본적인 음식 섭취와 대, 소변 관리도 못하게 된다.

전형적인 치매의 증상은 직업수행의 지장을 주는 건망증, 정상적인 업무수행의 어려움, 적절한 언어사용의 어려움, 시간이나 장소에 대한 지남력 상실, 저하된 판단력, 추상적 사고의 어려움, 물건 정돈의 어려움, 기분이나 행동의 부적절한 변화, 성격의 변화 및 자발성의 상실 등이다.

② 치매의 원인

• 알츠하이머병에 의한 치매

기억, 사고 및 행동의 장애를 초래하는 뇌의 진행성, 퇴행성 병변이다. 치매 원인의 약 50%로 가장 흔하며, 현재 치료가 불가능하다.

• 혈관성 질환에 의한 치매

두 번째로 흔한 치매의 원인으로 전체 환자의 10~20%를 차지하고 있다. 위험인자로는 고혈압, 심장질환, 흡연, 당뇨, 비만, 뇌졸중 등이 있다.

• 파킨슨병에 의한 치매

기저핵의 흑질에서 신경전달 물질인 도파민 생산이 결핍되어 발생한다. 최근 하루 한 시간 정도 빠르게 걷는 운동만 해도 이 병의 진행을 늦출 수 있다는 연구가 보고된 바 있다.

• 루이소체 치매

루이소체가 비만성으로 존재하는 것으로 임상적으로는 치매, 파킨슨 증상, 환시 또는 망상과 같은 정신 증상의 특징을 가지고 있다.

• 그 외에 종양, 영양 부족, 약물에 의하거나 내분비 이상, 뇌염 등에 의한 치매가 있다.

③ 치매환자의 주요 관리 및 치료

치매의 원인이 밝혀져 있고 그 원인이 가역적이라면 원인에 따라 치료를 하면 된다. 그러나 대부분의 경우 비가역적이므로 마땅한 치료법은 아직 개발되지 않았지만,

치료 가능한 부분만이라도 치료함으로써 환자의 증상 중 우울증이나 수면장애, 심신 안정에 도움을 줄 수 있다. 치매환자의 치료에서 중요한 것은 장기적인 경과를 밟게 되므로 그 가족이나 간호하는 사람의 건강에 대해서도 신경을 써야 한다는 것이다. 치매환자가 가족 내에 있음으로써 생길 수 있는 신체적, 정신적, 사회적인 문제와 가정의 위기에 대해서 생각하고 가능한 한 여러 사람이 피해를 줄이려고 노력하는 것이 필요하다.

- 약물치료는 단독치료를 원칙으로 하고, 약물복용은 삼가야 하며, 부작용에 유의한다.
- 지적 능력의 장애가 있더라도 육체적이거나 정신적인 활동을 하도록 하여야 한다.
- 일상생활에서 예상되는 위험이나 사고 예방에 힘쓴다.
- 의식주 생활이 정상적으로 이루어질 수 있도록 도와야 하며 인권을 최대한 존중한다.
- 가정을 치료의 한 단위로 보아 가정의 항상성과 평형성을 유지하도록 한다.
- 환자를 돌보는 사람은 병의 경과와 예후에 대해 교육을 받아둔다.
- 가족 전체에 위기가 되지 않도록 유대를 강화하고 필요하면 가족 상담도 고려한다.
- 유사시에 이용할 수 있는 의료기관, 응급실, 환자 후송체계, 병원 등을 알아둔다.

(2) 골관절염

골관절염이란 관절운동에 필요한 관절조직이 손상되는 질환이다. 골관절염시의 관절의 변화는 관절연골이 퇴행성 변화를 일으켜 탄력성이 없어지고 균열이 일어난다. 연골이 파괴됨에 따라 관절은 모양이 변하고, 뼈의 관절면 부위는 두꺼워져서 골극을 형성하게 된다. 이와 같이 중심부에서는 연골이 소실되고 가장자리에서는 골극이 생기므로 관절면이 고르지 못하게 되어 정상보다 힘을 많이 받는 부위와 적게 받는 부위가 생기게 되므로 악순환이 형성되어 병적 과정이 계속된다. 또한 뼈와 연골의 조각들이 관절강 내로 유리되어서 움직일 때 통증을 유발하기도 하며 때때로 염증을 일으킬 수 있다. 골관절염과 류머티즘성 관절염은 다른 질환이다. 류머티즘성 관절염은 관절에 염증을 일으키고 전신으로 침범한다. 그러나 골관절염은 관절과 주위조직만을 침범하고, 관절의 염증은 잘 일으키지 않는다.

① 원인과 증상

정확한 원인은 밝혀지지 않았지만 유전, 비만, 관절의 결함, 손상, 노화 등을 요인으로 유추하고 있다. 누구나 나이가 들면 골관절염이 어느 정도는 생기는데 대부분은 느끼지 못한다. 남자보다 여자에게 2배 정도 더 많다. 골관절염은 서서히 진행하므로 초기에는 그 증상을 잘 못 느낀다. 경미한 통증 정도이다. 병이 진행되면서 움직일 때 통증이 심해지므로 잘 움직이지 않으려고 하고, 그 결과 관절에 붙은 근육이 약화되고 자세가 나빠진다. 통증은 날씨가 춥거나 습기가 많으면 악화되는데 주로 발생하는 관절의 부위는 체중이 부하되는 고관절, 무릎관절, 족부관절, 척추관절 등이다. 그리고 손가락의 말단관절과 엄지손가락과 엄지발가락의 시작부위의 관절에도 자주 발생한다.

② 치료

여러 가지 방법이 있는데 증상의 정도, 연령, 직업, 활동량에 따라 적절한 방법을 선택할 수 있다. 약물요법과 적당한 휴식, 운동요법, 보조기 사용의 병용이 일반적으로 이용된다.

• 약물요법

소염진통제 등의 복용으로 쉽게 통증이 완화된다. 그 외에도 부신피질 호르몬제를 관절 내에 주사하면 현저하게 좋아지는데 이러한 방법은 병 자체를 치료하는 것은 아니고 과용시 부작용이 생기므로 주의를 요한다.

• 운동요법

걷기나 수영 등의 규칙적인 운동은 관절을 유연하게 만들고, 근육의 강도를 유지시켜서 관절의 안정성을 유지시켜 주고, 침범된 관절이 더 이상의 손상을 받지 않도록 막아 준다. 운동방법은 관절을 최대 운동 범위로 부드럽게 하루에 몇 차례 움직여준다. 그러나 통증이 심할 정도로 운동을 해서는 안 된다. 지나친 휴식 또한 관절을 더 굳게 만드는 인자이다.

• 온열요법 또는 냉열요법

온열요법은 근육을 이완시키고, 통증을 완화시키는 효과가 있다. 냉열요법으로 얼음주머니도 통증완화 효과가 있다.

바른 자세 유지도 매우 중요하다. 딱딱한 침대를 사용하며 의자에 앉을 때는 등을 펴고 똑바로 앉으며, 서거나 걸을 때는 배를 뒤로 당기는 느낌으로 꼿꼿하게 걸어야 한다. 그 외에도 보조기로서 목발, 지팡이, 부목 등으로 통증을 경감시킬 수도 있으며, 관절이 심하게 손상된 경우에는 수술 치료를 할 수도 있다.

(3) 뇌졸중

흔히 '중풍' 이라고도 불리는 뇌졸중은 우리의 뇌에 혈액을 공급하고 있는 혈관이 막히거나 터짐으로써 그 부분의 뇌가 손상되어 나타나는 신경학적 증상을 말한다. 뇌는 수많은 기능을 수행하고 있는데 손상된 부분의 뇌는 그 기능을 못함으로써 기능상실이 뇌졸중의 증상으로 나타나게 되는 것이다. 노년층에서 많이 발생하지만 20대 또는 30대에서도 발생할 수 있다.

① 뇌졸중의 종류

• 뇌혈전

뇌혈전은 비교적 굵은 뇌의 동맥에 동맥경화증이 심하여 혈관내벽이 상했거나 좁아진 상태에서 응고된 혈액이 혈관을 막아버려 일어나는 것으로, 혈액 공급을 받지 못하게 되는 뇌의 조직이 파괴되어 여러 가지 증상을 일으키는 병이다. 뇌혈전 사망률은 뇌출혈보다는 낮으나 재발률이 높아 가장 중요한 문제가 된다.

• 뇌전색

뇌전색은 뇌혈관이 아닌 부위에서 생긴 핏덩어리나, 심장병(심판막증, 심내막염)의 괴사된 조직이 혈류를 따라서 흐르다가 뇌동맥에 가서 혈관을 막기 때문에 일어난다.

• 뇌출혈

뇌 속의 작은 동맥이 터져서 피가 뇌실질 속으로 흘러 들어가 뇌세포가 기능을 잃음으로써 생기는 병이다. 뇌의 작은 혈관이 터지는 이유는 대부분 고혈압이 원인이 되어 동맥이 약해져 발생한다. 뇌출혈은 원인보다 유발 원인이 중요한데 흥분이나 정신적 긴장, 격무, 과로가 커다란 위험인자로 되어 있다.

• 지주막하 출혈

뇌동맥에 생긴 동맥류가 터져서 뇌막의 3개 층 중의 하나인 지주막에 출혈을 일으키는 것이다. 특히 배변 중에 잘 발생하고 정신적 흥분, 긴장이 발작 원인이 되며 사망률이 매우 높다.

• 고혈압성 뇌증

뇌의 혈압이 갑자기 올라가서 순환장애가 오기 때문에 생기는 병으로 중증일 때는 반신이 마비되거나 의식이 흐려진다. 이 병으로 콩팥 혈관에 장애를 주어 신부전증을 일으킬 수도 있으며, 이 병이 유인이 되어 뇌출혈을 일으키는 수도 있다.

② 뇌졸중의 증상

우리의 뇌는 다양한 기능을 가지고 있다. 뇌혈관이 막히거나 터져서 뇌세포의 일부분이 손상을 받게 되면, 이 부위에서 담당하던 기능에 장애가 오며 이것이 곧 뇌졸중의 증상으로 나타나게 된다. 비교적 일반적으로 나타나는 뇌졸중의 증세는 다음과 같다.

• 반신마비 및 반신 감각장애

우리의 팔, 다리를 움직이게 하는 운동신경은 대뇌에서 출발하여 내려오다가 뇌간의 아랫부위에서 교차하여 반대쪽 팔, 다리를 지배하게 된다. 따라서 한쪽 뇌에 이상이 생기면 대개는 그 반대쪽에 마비가 온다. 뇌간 뇌졸중의 경우에는 사지가 모두 마비되는 경우가 많다. 운동신경과 마찬가지로 감각신경도 교차하여 올라가게 되므로 손상된 뇌의 반대 측의 얼굴, 팔, 다리에 감각장애가 생기며 이는 대개 반신마비와 함께 온다. 경우에 따라서는 감각 이상이 심해져서 감각만 느끼지 못하는 경우도 있다.

• 언어 및 발음장애

정신은 명료한데 갑자기 말을 못하거나, 남의 말을 이해 못하는 등의 증상을 말하며, 인간의 90% 이상에서 언어중추는 좌측 대뇌에 있으므로 좌측 뇌기능 장애시 우측 반신마비와 함께 언어장애 증세가 나타나게 되며 뇌졸중의 위치에 따라 글을 못 쓰거나 못 읽게 된다.

또한 말을 하거나 알아들을 수는 있으나 혀, 목구멍, 입술 등의 근육이 마비되어 정확한 발음을 할 수 없는 경우를 말한다. 삼키는 장애가 같이 동반되며 일반적으로 팔, 다리의 마비와 함께 나타나기도 한다.

• 시력장애 및 혼돈

뇌졸중이 후두엽에 생겼을 때는 반대쪽 시야의 한 귀퉁이가 어둡고 캄캄해지며, 한쪽 눈이 갑자기 안보이거나, 시야의 한 귀퉁이가 어둡게 보이는 증상이 나타난다. 뇌졸중이 뇌간에 생겼을 때는 물체가 뚜렷이 보이지 않고 두 개로 겹쳐 보인다. 대개 어지러운 증세가 함께 나타난다.

• 두통

두통은 뇌경색보다는 뇌출혈시에 많이 나타나며, 특히 뇌동맥류의 파열에 의한 거미막하 출혈시에는 극심한 두통이 갑자기 발생하며, 의식을 잃기도 한다.

• 현기증과 의식장애

어지럼증은 특히 뇌간, 소뇌에 뇌졸중이 생겼을 때 흔히 나타나며 다른 신경학적 증상, 징후를 동반한다. 뇌졸중의 정도가 심한 경우 또는 뇌간 뇌졸중의 경우에 의식장애를 동반하게 된다. 가장 심각한 의식장애 상태를 혼수상태라 하는데 이런 때는 아무리 자극을 주어도 환자가 깨어나지 못하며 예후는 매우 나쁘다.

• 치매

반복적으로 뇌졸중이 발생하면 기억력, 판단력 등 지적능력이 떨어지고 동작이 서툴러지고, 대소변도 잘 못 가리게 된다.

• 식물인간 상태

심한 뇌졸중에 의한 혼수상태에서 생명을 건졌다 하더라도 식물인간 상태로 남게 되는 경우가 있으며 이때는 환자가 눈도 뜨고 잠도 자고 하지만 인식능력이 없어 사람 구실을 하지 못하는 상태로 오랫동안 누워 지내게 된다. 혹은 의식이 깨어나 잘 알아볼 수 있으나 심한 언어장애, 사지마비 등으로 꼼짝없이 누워 지내는 경우도 있다.

③ 뇌졸중의 원인

• 고혈압

고혈압이 있는 환자에게서는 뇌졸중이 정상인에 비해서 5배가량 더 많이 발생한다. 또한 고혈압은 뇌경색과 뇌출혈 모두의 원인이 되며 뇌경색보다는 뇌출혈에 더욱 중요한 인자가 되므로 뇌출혈이 많은 우리나라에서는 중요한 위험인자가 된다.

• 심장병

심장판막증, 부정맥, 심방세동, 심근경색증, 울혈성심부전 등 심장기능에 이상이 있는 환자인 경우는 정상인에 비해서 뇌졸중에 대한 위험률이 2배 정도 높다. 심장판막증이 없는 노인에게 심방세동이 있는 경우에는 뇌졸중이 생길 확률이 5배 정도 높아지며, 뇌졸중 자체가 허혈성 심근경색증 등과 같은 심장병의 중요한 위험인자로 알려져 있고 상당수의 뇌졸중 환자가 뇌졸중 자체보다는 심장병으로 사망한다.

• 나이

나이가 들수록 뇌졸중을 앓을 확률이 높아지며, 70대는 50대에 비하여 발병 빈도가 4배 정도 높다고 알려져 있다.

• 뇌졸중 병력

뇌졸중에 걸린 사람의 경우에 재발할 위험률이 10~20배 정도로 높아진다. 그러나 위험인자를 잘 치료하면 뇌졸중의 재발을 줄일 수 있다.

• 일과성 뇌허혈 발작

일과성 뇌허혈 발작이 있었던 환자는 앞으로 일과성 뇌허혈 발작, 완전뇌졸중 및 심근경색증을 앓을 위험이 높다. 뇌졸중이 일어날 확률이 나이가 65~75세의 일반인인 경우에 매년 1%라면, 일과성 뇌허혈 발작이 있었던 경우는 5~8%로 높아진다. 일과성 뇌허혈 발병 후 1년 이내에 뇌졸중이 생길 확률이 가장 높다.

• 흡연

나이, 고혈압의 유무 및 그 외의 심혈관질환의 유무와는 상관없이 흡연 자체가 뇌졸중의 위험인자가 된다. 흡연은 특히 65세 이하의 성인에서 뇌졸중의 위험인자로 작용하며, 젊은 15~45세 사이의 젊은 성인에게서 흡연자가 비흡연자에 비해서 뇌경색이 1.6배나 더 잘 생긴다고 한다. 흡연한 기간이 길면 길수록 그 위험 정도가 더 높다. 흡연자가 담배를 끊으면 2년 내에 뇌졸중에 대한 위험도가 상당히 감소하고, 5년째는 비흡연자와 같아지는 것으로 밝혀져 있다.

• 당뇨병

당뇨병은 뇌졸중의 중요 위험인자 중 하나인 고혈압을 직, 간접적으로 일으키며, 또한 그 자체로 뇌졸중의 위험인자로 작용한다. 당뇨병환자는 정상인에 비하여 뇌졸중의 빈도가 2배 정도 높다.

• 음주

과다한 음주는 출혈성 뇌졸중, 특히 지주막하 출혈과 연관성이 있다. 소량의 음주는 뇌졸중의 위험 정도를 줄인다는 보고도 있으나 과학적으로 입증된 자료는 아니다.

• 혈청지질 이상

혈청지질 이상은 뇌졸중보다는 관상동맥질환과 연관성이 더 많다. 혈청지질이상은 주로 55세 이하의 환자에게서는 뇌졸중의 위험률을 높이지만, 나이가 많은 경우는 관련성이 적다고 한다. 콜레스테롤 수치가 높은 경우에 뇌졸중이 일어날 확률이 높다. 지질이 낮다고 반드시 좋은 것은 아니며, 오히려 콜레스테롤 수치가 매우 낮은 사람에게서는 뇌출혈이나 지주막하 출혈과 같은 출혈성 뇌졸중이 생길 위험이 높다.

• 경구용 피임약 복용

경구용 피임약을 복용하는 경우에 위험도가 4~13배 정도로 증가한다. 특히 흡연을 같이하는 경우는 위험 정도가 배가한다.

• 비만

비만인 사람은 혈압이 높아지기 쉽고, 당뇨병에 잘 걸리며 고지혈증이 생길 가능성이 높기 때문에 뇌졸중에 걸릴 가능성도 함께 높아진다. 비만이 고혈압, 당뇨병이나 고지혈증과 함께 발생하는 경우에는 간접적으로 뇌졸중의 위험인자가 된다. 특히 비만인 중에서도 복부 비만인 경우에 뇌졸중에 잘 걸린다는 연구 결과가 있다.

• 짜게 먹는 식습관

짜게 먹는 것은 고혈압뿐 아니라 뇌졸중의 중요한 원인이 된다. 음식을 짜게 먹는 나라일수록 뇌졸중에 의한 사망률이 높은 것으로 밝혀져 있다.

④ 뇌졸중의 예방

• 염분 섭취 제한

생리적으로 사람에게 꼭 필요한 일일 염분량은 3g 이하이다. 그러나 우리나라의 일반적인 가정에서는 하루 15~20g을 섭취하는 것으로 조사되고 있기 때문에 국민 전체가 싱겁게 먹을 필요가 있다.

일반적으로 가공식품은 자연식품보다 염분이 훨씬 많이 들어 있으며 우리가 섭취하는 염분의 56~85%는 가공식품을 통해 섭취하고 있다. 자연식품 중에서도 육류가 과일이나 채소에 비해 염분이 더 많이 들어 있으므로 염분 섭취를 줄이기 위해서는 가공식품보다는 자연 식품을, 육류보다는 채소, 과일을 많이 먹는 것이 좋다.

• 콜레스테롤 섭취 제한

콜레스테롤은 하루에 300mg 이하로 줄이는 것이 좋으며 콜레스테롤이 많은 식품은 달걀 노른자, 오징어, 간, 마요네즈, 명란젓, 성게 등이다. 반면 콜레스테롤이 적게 함유된 음식은 닭, 돼지, 소의 살코기이다. 또한 채소나 과일 종류에는 콜레스테롤이 거의 포함되어 있지 않다.

일반적으로 뇌졸중 환자들이나 일반인들이 지방 섭취가 좋지 않다고 생각하여 기름기가 있는 음식이나 고기 등을 전혀 먹지 않는 경우가 있는데 이는 지방 섭취가 너무 적거나 영양 불량 상태를 유발하여 환자나 일반인의 건강에 더 해로울 수 있다. 그러므로 혈액검사를 통해 혈액 내에 지방질이 지나치게 많다는 것이 확인된 환자들에게서만 고지혈증 치료와 함께 지방 섭취를 줄이는 것이 필요하다.

• 야채 섭취 권장

야채 및 과일류를 많이 섭취하게 되면 염분 섭취와 콜레스테롤 섭취를 제한할 수 있으며 변비를 예방할 수 있으므로 야채와 과일류의 섭취를 권장한다.

• 비만

비만이 직접적으로 뇌졸중의 원인으로 입증되지 않았지만 비만으로 인해 유발되는 고혈압, 당뇨 및 고지혈증이 뇌졸중의 원인으로 밝혀져 있으므로 정상적인 체중을 유지하는 것이 좋다. 비만의 유형 중에서도 특히 복부비만의 경우가 더 위험하므로 적절한 운동을 통해 배가 나오지 않도록 주의하여야 한다.

• 흡연

흡연은 동맥경화를 일으키고, 혈액을 쉽게 응고시키고, 심장을 자극하여 심박동수를 불규칙하게 만들기 때문에 뇌졸중을 일으키는 중요한 요인이 된다. 흡연은 뇌경색과 뇌출혈 모두의 원인이 될 수 있으며 뇌경색에 더 중요한 원인이 된다.

• 음주

음주는 뇌경색과 뇌출혈 모두를 일으킬 수 있지만 많은 양의 술을 한꺼번에 마신 경우는 뇌출혈을 더 잘 일으키는 것으로 알려져 있다. 소주를 매일 마시는 경우 술을 마시지 않는 사람에 비해 뇌출혈에 걸릴 가능성이 10배나 높은 것으로 밝혀져 있다. 또한 과다한 음주는 혈압을 급격히 상승시킬 수 있기 때문에 고혈압이 있는 사람이 매일 계속해서 술을 마시는 것은 매우 위험하다.

• 규칙적인 운동

규칙적인 운동을 통해 신체 활동을 증진시키게 되면 혈압이 하강하고 비만이 예방되며 스트레스가 풀리고 기분도 좋아질 뿐 아니라 활발한 신체 활동을 통해 뇌졸중도 예방된다는 연구 결과들이 보고되고 있다.

(4) 전립선비대증

전립선이란 방광의 밑부분에서 요도를 감싸고 있는 호도 크기만한 내분비선을 말한다. 이 전립선은 남자에게만 있는 기관으로 전립선비대증이란 질환은 바로 이 전립선이 커지는 질환을 말한다. 남자들에게서는 나이가 많을수록 발생빈도가 증가하며 60세 이상의 노인에게서는 비교적 흔하게 나타나는 질환으로 그 정확한 원인은 아직 밝혀지지 않고 있다.

① 전립선비대증의 증상

전립선이 커지면서 나타나는 증상으로는 대표적으로 배뇨곤란을 들 수 있다. 요도를 감싸고 있는 전립선이 커지면서 요도를 누르기 때문에 방광으로부터 소변이 배출되기가 어려워지기 때문이다. 심할 때에는 배뇨곤란증이 점점 심해지면서 전혀 소변배출이 안 되고 방광에 소변이 꽉 차면 방광부위의 아랫배가 부풀어 오르면서 통증이 느껴지는 경우도 있다. 그러나 전립선비대증의 증상이 처음부터 배뇨곤란의 증상으로 나타나는 것은 아니다. 초기 증상으로는 소변을 보는 횟수가 늘어나는 빈뇨증의 형태로 나타나는데 낮뿐만 아니라 밤에도 화장실을 가는 횟수가 늘어난다. 또 다른 증상으로는 급박한 요의를 느끼거나, 소변을 보려할 때 처음에 잘 나오지 않게 되고, 또는 소변줄기가 약해지고 소변을 다 보는 데 걸리는 시간이 길어지는 현상이 생기며, 소변을 다 보고 나서도 방광이 완전히 비워지지 않은 것 같은 잔뇨감이 생기거나, 소변을 찔끔찔끔 흘리게 되는 증상이 나타나기도 한다. 전립선 비대증은 소변이 잘 배출되지 않아, 방광염을 비롯한 요도감염의 원인이 되기도 한다.

② 전립선 비대증의 치료

환자가 할 수 있는 자가 치료법으로 물을 한꺼번에 너무 많이 마시지 않도록 한다. 물론 술을 많이 마시는 것도 피해야 한다. 되도록이면 소변을 자주 본다. 감기약 같은 것을 복용할 때에는 반드시 처방에 따라야 한다. 감기약 중의 항히스타민제가 배뇨곤란의 증상을 악화시킬 수 있기 때문이다. 변비를 피해야 한다. 그러나 전립선 비대증으로 인한 증상이 심해져서 정상적인 생활이 어려워지거나 요도가 완전히 막히면 수술치료가 필요하다.

(5) 백내장

백내장이란 눈의 수정체가 혼탁해지는 질환인데 선천적으로 출생시부터 존재하는 것도 있으나 중년기에 나타나는 경우도 있다. 후천적인 것은 노인이 되면서 발견되는 경우가 많으며, 노인에게서 일어나는 백내장을 노인성 백내장이라고 말한다.

① 원인

백내장의 원인은 불분명한데 노화에 의해서 수정체에 백태가 끼는 현상이다. 다시 말하면 각종의 원인에 의해 수정체가 혼탁해져서 시력장애를 가져다주는 것을 말한다. 발현과 증상 진행은 개인차가 크다. 비교적 초기에 발생되고 진행이 빠른 것은 유전성으로 본다.

② 증상

- 눈이 부시거나 밝은 빛이 싫다.
- 눈 안에 실 같은 것이 기어다니는 것 같고 어른거린다.
- 사물이 비뚤게 보인다.
- 독서, TV 보는 것이 불가능해진다.
- 여성 노인은 편물, 자수, 바느질 등의 일이 불가능해진다.
- 1~2년 내에 전체가 완전히 하얀 백태로 덮여 실명상태로 된다.

③ 치료 및 예방

노후에는 정기적 안과 검사를 받는 것이 좋다. 백내장 진단 후 수술로 백태를 적출하는 치료가 대부분인데 수술은 대개 국소 마취하에서 45분 정도 시행되는 간단한 수술이다.

(6) 노인의 피부질환

나이가 들수록 주름살이 깊어지고 거칠어져 초라한 모습으로 변화해, 노인들은 외모로 인하여 심각하게 고민하게 된다. 노년기에도 적절한 방법을 통해 가능하다면 피부의 노화를 지연시킬 수 있도록 관리하는 것이 필요하다.

① 피부의 노화현상

노인들의 피부 노화현상은 피하지방층의 분포 변화로 얼굴 부위의 피하지방층이 감소하고 수분이 소실되며, 탄력섬유의 상실과 색소의 침착으로 유발된다. 이러한 노화현상에 의해 얼굴에는 주름이 생기고 건조해지며 피부가 이완되어 이중턱이 되고 눈꺼풀도 처지게 되며 피부색이 회색으로 변하면서 소위 저승꽃이라 불리는 노인성 반점이 생기게 되고 손톱과 발톱이 두꺼워지고 잘 부숴진다. 특히 햇빛에 장기간 노출된 피부에 노화가 더욱 일찍 찾아오며 증상은 더욱 심하게 나타난다.

오랜 세월동안 자외선에 노출된 노인의 얼굴과 팔의 피부에는 잔주름살, 깊은 주름살, 과색소침착, 색소탈색, 피부건조, 탄력성 감소 등과 같은 변화가 흔히 관찰된다. 반면에 노인에게서도 엉덩이, 배와 같이 자외선에 노출되지 않은 피부는 상대적으로 피부 노화현상이 적다.

피부의 건조, 주름, 이완, 반점, 다양한 증식성 병소는 정상적인 노화, 개인의 유전적 성질, 태양 노출과 같은 환경적 요인에 기인한다.

표피의 두께와 각질층이 변하지 않은 채 남아있다 하더라도 진피와 표피의 접합부위는 나이가 들면서 평평해진다. 노인의 진피 두께는 20%까지 감소하며 피하지방의 감소가 있으며 노화와 관련되어 정상 탄력섬유의 상실과 함께 주름이 생긴다. 진피의 소동맥이완과 수축반사가 감소되어 혈관벽이 감소한다. 활동성 멜라닌 세포수가 감소되어 피부가 태양에 더욱 민감해지며 한선이 위축하여 기능이 줄어든다. 이러한 이유는 정확히 밝혀져 있지는 않으나 성호르몬의 분비변화에 기인하는 것으로 보고 있다.

② 피부질환의 종류

노인에게서 흔한 피부질환은 대상포진, 피부소양증, 피부건조증, 피부암 등이 있다.

• 대상포진

Varicella-Zoster virus가 감염의 원인이며, 이것은 수두를 일으키는 바이러스로서 수두를 앓은 사람의 신경세포 내에 잠복해 있다가 면역력이 떨어지는 환자, 정신적 스트레스나 몸이 피곤한 경우 다시 활동을 시작해서 대상포진을 일으킨다. 심한 통증이 7~10일 정도 지속된 후 피부에 작은 물집이 몇 개씩 모여 나타나게 되며 특히 면역력이 약한 노인에게서 많이 나타난다. 간혹 피부증상이 다 나은 후에도 신경통이 오래 지속되는 경우가 있을 수 있다. 몸이 피곤하거나, 정신적 스트레스가 있는 경우에 발생이 증가하므로 적당한 운동과 적당한 휴식으로 건강을 유지하는 것이 좋다.

• 노인성 소양증 및 건조증

노인들에게서 가장 흔히 관찰되는 증상은 몸이 가려운 소양증이다. 노인의 피부는 건조하고 거친 경우가 대부분이며, 하얀 인설이 피부에서 관찰된다. 주로 밤에 가려움증이 심하며, 계절적으로는 건조한 시기인 겨울에 특히 심해진다. 더운 목욕을 한 후에 더 심해지는 경우도 있으며 가려움증이 심해 계속 긁게 될 경우 피부에 습진과 감염증을 초래하게 된다. 소양증의 원인으로는 만성 신장질환, 갑상선 기능 항진증, 약품의 부작용, 감정적 장애 등이다. 너무 잦은 목욕이나 거친 피부, 심한 마찰, 냉방기 사용, 건조한 열도 원인이 될 수 있다.

• 건조성 습진

주위의 습도가 낮은 겨울철, 잦은 목욕에 의하여 더욱 건조해진 피부에 주로 발생하게 된다. 피부가 가렵고 쓰리거나 아픈 경우도 있다. 팔, 다리의 신전부에 흔하고, 심한 경우에는 몸통에도 발생할 수 있다.

• 신경성 피부염

60세 이상의 노인에게서 자주 관찰되는 습진으로 습관적으로 피부를 긁거나 비빌 때 발생하는 경우를 말한다. 주로 뒤통수, 목뒤, 항문주위, 음낭, 손목, 발에 나타난다.

• 무좀

65세 이상 노인의 80% 정도가 무좀 또는 발톱무좀을 갖고 있다. 노인에게서 무좀이 증가하는 이유로는 면역기능이 떨어지고, 피부의 재생속도가 감소되어 있으며, 간혹 피부 청결관리를 게을리 하는 점 등을 들 수 있다. 증상으로는 발바닥의 피부가 두꺼워지거나 물집이 생길 수 있다. 발톱 사이가 짓무르게 되며 발톱은 노랗게 변하고 두꺼워지며, 쉽게 부스러진다. 가려움증이 심한 경우 긁게 되면 이차적으로 습진이 발생하거나 세균감염이 될 수 있다.

• 흑자

나이가 들수록 피부에 편평한 갈색반점이 많아진다. 대표적인 갈색반점은 일광흑자로 태양광선에 오래 노출된 얼굴, 손등, 팔 부위에 잘 생긴다. 매우 흔한 질병으로 70세 이상에서 90% 이상의 노인에게서 흔히 관찰할 수 있으며 간반 또는 저승꽃이라고 불린다. 태양광선을 차단하는 자외선차단제를 도포하면 많은 경우 예방이 가능하다. 치료는 화학 박피, 레이저 치료로 제거할 수 있다.

• 양성종양

65세 이상의 노인에게는 1종류 이상의 양성종양이 관찰된다. 연성섬유종은 정상 피부색으로 작은 버섯 모양으로 살이 자라나오는 병변이며, 지루각화증은 경계가 뚜렷한 갈색의 약간 튀어나온 병변으로 크기는 다양하다. 체리혈관종은 밝은 붉은색의 성냥 알 크기 이하의 혈관종을 말한다. 주로 몸통에 발생하며 그 수는 매우 다양하게 관찰된다.

• 피부암

피부암의 발생원인은 여러 가지가 있으나 가장 중요한 원인은 태양광선에 포함된 자외선이다. 일생 동안 피부가 받은 자외선의 영향으로 피부암이 발생한다고 알려져 있다. 따라서 젊은 때부터 자외선을 차단하기 위하여 피부에 자외선 차단제를 계속 바르고, 모자를 항상 쓰며, 한낮의 뜨거운 태양을 피함으로써 피부암을 예방할 수 있다. 노인 피부에서도 더 이상의 자외선 노출을 하지 않으면 자외선에 의한 피부손상을 줄일 수 있으며, 피부재생 능력이 증가되고, 피부암의 발생을 예방할 수 있다.

③ 노인의 피부관리

노인에 흔한 증상인 피부 건조증과 가려움증, 각종 습진의 예방을 위해서는 다음과 같은 관리와 주의가 필요하다.

- 목욕은 미지근한 물에 가벼운 목욕을 하는 것이 좋으며, 뜨거운 물이나 장시간의 목욕은 피하는 것이 좋다.
- 노인의 피부는 대단히 건조하면서도 얇으므로 매일 전신 목욕이나 샤워는 피한다.
- 목욕시 욕조에 아로마 에센셜 오일을 넣어 사용하는 것도 좋다.
- 목욕 즉시 보습제를 듬뿍 사용하여야 피부가 건조해지는 것을 예방할 수 있다.
- 목욕 후 화장품 사용은 피부를 유연하게 하고 피부의 가려움이나 자극을 방지하므로 바디전용 화장품을 사용하는 것이 좋다.
- 알코올류는 피부를 건조하게 하므로 크림과 로션을 선택할 때 설명서를 읽어 알코올이 포함되지 않은 제품을 선택한다.
- 피부를 건조하게 하지 않는 중성비누를 사용하는 것이 좋다.
- 외출할 때는 자외선 차단제를 사용한다.
- 운동은 시간과 강도를 조절하여 피로하지 않게 하되 규칙적으로 하여야 피부 탄력 유지에 도움을 준다.

가장 좋은 피부관리 방법은 피부암, 피부노화, 각종 색소성 질환의 주범인 자외선에 노출을 피하고 외출할 때는 반드시 자외선 차단제를 사용하고 균형 잡힌 영양을 섭취하고 비타민을 보충해주면서, 적당한 운동과 더불어 피부를 청결히 유지하는 습관을 가지는 것이다.

(7) 노인의 정신건강 관리

노인들에게 가장 많은 정신건강 문제는 우울증 depression 이다. 이의 원인은 만성으로 진행되는 각종 신체질환, 통증, 배우자의 죽음, 일상생활 활동능력(ADL)의 제한 및 자신이 독자적으로 자신을 조정하면서 살 수 없는 제한점 등이 된다. 이 우울증은 삶의 즐거움을 빼앗고 생활의 질을 저하시키게 된다. 이런 이유에서 우울증이 있는 노인은 자살의 가능성이 높은데 특히 남자노인에게 더 많다. 노인에게 우울증은 치매와 아주 비슷한 증상을 보인다. 그래서 가성치매 pseudodementia 라고 부르기도 한다. 예를 들면 우울증이나 치매가 똑같이 어떤 일에 집중이 어렵거나 기억력이 미약한 것이 같기 때문이다. 우울증의 특징은 슬퍼하고 비관 pessimism 하고 절망하는 것인데 그 증상은 다음과 같다.

- 나는 전혀 살아야할 이유가 없다. 살아갈 수 있는 힘이 전혀 없다고 호소한다.
- 자주 울며, 과다한 양의 술을 자주 마신다.
- 일에 대한 흥미도 기쁨도 보이지 않으며, 외모나 복장에 주의를 기울이지 아니한다.
- 식욕이 없으며, 처방된 약을 먹기를 거부한다.
- 많은 잠을 자기도 하며, 편집증 증상을 보인다.

또한 다른 간헐성 우울증 agitated depression 의 경우는 과다한 신체활동을 하며, 목적 없이 걸어 다니거나 불안해 하고, 적개심을 품기도 하고, 잠을 잘 자지 못하기도 하며, 입맛이 좋아 계속 먹는 증상도 있다. 우울증 환자 혼자 또는 여러 사람을 같이 모아 놓고 그룹치료의 실시 등도 효과를 거둘 수 있으며 우울증 노인을 가진 가족모임 등을 만들어 환자 관리와 관련된 정보를 교환하는 것도 매우 중요한 부분이다. 노인들에게 알맞은 일을 하게 함으로써 스트레스를 감소시킬 수 있으며 노인에게 맞는 에어로빅, 산책, 수영 등은 스트레스 예방에 좋은 효과를 주는 신체활동에 속한다.

4) 노년기의 운동

규칙적인 운동은 적절한 체중을 유지하게 해주며, 심장병, 고혈압, 당뇨병, 우울증, 뇌졸중 등 성인병 관련 질병 및 관절염, 골다공증 등의 예방과 질병으로 인한 장애를 감소시킨다. 하버드대 애번 새커 박사는 운동이나 오락을 통해 보통 정도 이상의 신체 활동을 하는 사람이 운동을 하지 않는 사람보다 파킨슨씨병이나 성인병에 대한 위험이 40% 낮은것으로 보고한 바 있다.

체지방과 콜레스테롤 증가 억제 등 혈액과 체액의 변화를 가져오며, 안정시 심박수 및 운동시 심박수의 저하로 혈압의 안정을 가져온다. 팔과 다리의 근력을 유지시켜 일상생활을 남의 도움 없이 건강하게 지낼 수 있게 하여 삶의 질을 향상시킨다. 스트레스와 긴장이 완화되며, 생활의 활기와 노화의 지연을 가져온다. 또한 긴급사태에 대처하는 능력과 판단력이 증가하여 치매 방지에도 도움이 된다.

(1) 노인 운동 프로그램

(보건사회연구원자료참조)

구 분		준비운동	유산소운동	근력운동	정리운동
종류	입문	스트레칭 및 체조	보행, 산보, 맨손체조	맨손운동	스트레칭 및 체조
	초 · 중급		속보, 게이트볼, 조깅, 수중운동, 수영	체중을 이용한 운동 (앉아–일어나기, 벽을 이용한 팔굽혀 펴기)	
	상급		댄스, 달리기, 수영, 자전거, 등산	기구를 이용한 운동(아령, 밴드 등)	
강도	입문	• 근육의 유연성이 충분히 확보될 정도 • 몸에 땀이 날 정도	최대심박수의 40% 정도	최대근력의 30~40% 정도	• 준비운동과 비슷한 정도 • 몸에 땀이 날 정도
	초 · 중급		최대심박수의 50% 정도	최대근력의 40~50% 정도	
	상급		최대심박수의 60% 정도	최대근력의 50% 이상 정도로 유지	
빈도	입문	운동 전 매번	주 1~2일	주 1~2일	운동 후 매번
	초 · 중급		주 2~3일	주 2~3일	
	상급		주 3~4일	주 3일 정도	
시간	입문	10분 정도	15분 정도	10분 정도	10분 정도
	초 · 중급		15~30분 정도	10~20분 정도	
	상급		30~60분 정도	20~40분 정도	

기간	입문	운동 전 매번	12~16주	12~16주	운동 후 매번
	초 · 중급		12~20주	12~20주	
	상급		계속유지	계속유지	

(2) 운동시 유의점

노인들을 위한 운동프로그램은 운동으로 얻게 되는 효과보다도 안전성에 더 유의하여 실시되어야 한다. 따라서 준비운동과 정리운동은 반드시 포함되어야 한다. 또한 개인별로 운동경력, 병력, 운동환경, 선호도 등이 다르므로 개별화된 프로그램으로 운영되는 것이 바람직하며 반드시 응급처치 계획을 수립하여 만약의 경우를 대비하여야 한다.

운동 중 옆 사람과의 대화, 노래 부르기, 휘파람 불기 등을 부가하여 무리한 운동을 피하도록 하고 여러 명이 동시에 운동할 경우에는 가급적 원형배열을 하여 피로, 창백감, 호흡곤란, 불안 등의 이상 증세를 가능한 빠르게 인지할 수 있도록 한다. 의자나 벽 등을 이용하여 피로할 경우 즉시 기댈 수 있도록 하는 것도 좋은 방법이다. 운동시간은 반드시 한 번에 완수하려고 하기보다는 하루에도 몇 번씩 반복해서 수행해도 무방하다.

심장에서 가까운 부위에서 일시에 강한 힘을 내는 운동은 급격한 혈압상승을 가져올 수 있으므로 피하도록 하고 처음 시도해 보는 낯선 동작보다는 가급적 익숙한 동작으로 구성된 운동을 하도록 한다. 과거에 해본 운동이라도 장기간 중단한 경우는 과거의 경험만 믿고 무리하게 실시하지 않도록 하며, 특히 경쟁적인 운동형태는 피하도록 한다.

참고문헌
References

- 고재숙 외. 피부과학. 수문사, 2000
- 김기연 외. 피부관리학. 수문사, 1997
- 김귀정 외. 화장품 성분사전. 정담, 1998
- 김명숙 외. 미용 영양학. 훈민사, 2002
- 김명희 외. 영양과 건강. 청구문화사, 1999
- 김봉인 외. 피부과학. 형설출판사, 1999
- 김언주 외. 화장품 과학. 청구문화사, 1999
- 김영숙 외. 성인간호학. 수문사, 1992
- 노민희 외. 인체해부학. 고문사, 1988
- 대한피부과학회. 피부과학. 여문각, 1994
- 리차드박. 피부박사. 삶과 꿈, 1995
- 박찬의. 광선치료. 대학서림, 1989
- 범진필. 약과 건강. 청구문화사, 1997
- 유춘희 외, 한국인의 식생활과 건강. 상명대학교, 1998
- 장남섭 외. 인체생리학. 수문사, 1992
- 전세열 외. 피부영양학. 정담, 1998
- 조정순 외, 현대인과 식생활. 서도문화사, 2000
- 피부재생관리 연구회편. 여드름의 치료방법과 피부 재생관리. 고려의학, 2000
- 하명희 외. 피부과학. 훈민사, 2002
- 하병조, '화장품학' 수문사, 1999
- 황정원 편저. 피부관리학. 현문사, 1994
- 이연숙 외. 생애주기영양학. 교문사, 2003
- 이홍미 외. 생애주기영양학. 정문각, 2005
- 한정순 외. 생애주기영양학. 지구문화사, 2006
- 구재옥 외. 생활주기영양학. 한국방송통신대출판부. 2006
- 김명숙. 피부관리학. 현문사, 2006
- 대한비만학회. 약물치료지침. 대한비만학회, 2003

- 조여원, 정구명. 영양판정. 광문각, 2000
- 김연수. 비만환자를 위한 효율적 운동처방 기법. 대한비만학회, 2003
- 김명숙. 림프와 아로마관리학. 훈민사, 2006
- 최혜미 외. 21세기영양학. 교문사, 2000
- 대한비만학회. 비만치료지침. 한의학, 2003
- 대한비만학회. 임상비만학의 최신지견. 대한비만학회, 2002
- 대한비만학회. 비만의 진단과 치료. 한의학, 2003
- 강희성, 오대성, 권오성. 운동처방의 실제. 보경문화사, 1997
- 한국운동영양학회. 운동영양학. 현문사, 2002
- 김대권, 김현권. 운동생리학. 현문사, 1999
- 안의수 외. 운동과 건강관리. 현문사, 2001
- 안홍석 외. 영양과 건강. 성신여자대학교 출판부, 2002
- 이광재. 비만관리를 위한 운동길잡이. 한미의학, 2003
- 송미순, 하양숙. 노인간호학. 서울대출판부, 1995
- 최명애 외. 인체구조와 기능. 계측문화사, 1999
- 문선영 외. 노인층에서 발생하는 피부질환의 임상적 관찰. 한국노화학회지 제5권 제1호, 1995
- 김영혜 외. 인간성장발달과 건강증진. 수문사, 2006
- Rudolf Weyergans. Aktiv gegen Cellulite. Humboldt, 1994
- Diana Kuh, Yoav Ben Shlomo. A Life Course Approach to Chronic Disease Epidemiology 2nd ed. Oxford University Press, 2004
- Phillip L. Rice. Stress and Health 3rd ed. Wadsworth Publishing, 1998

- 노인건강 http://www.hp.go.kr
- 건강길라잡이 http://healthguide.kihasa.re.kr
- 메드시티 http://medcity.com
- 엔젤팜 http://angelpharm.co.kr
- 서울대학교 의과대학 암연구소 http://cri.snu.ac.kr

찾아보기

Index

ㄱ

ㄴ

ㄷ

ㄹ

ㅁ

ㅂ

저·자·소·개

▪ **안홍석**
성신여자대학교 식품영양학과 교수

▪ **홍란희**
동서울대학 뷰티코디네이션과 교수

▪ **김명숙**
성신여자대학교 문화산업대학원 겸임교수

▪ **김문주**
안산1대학 뷰티아트과 교수

▪ **최성임**
신흥대학 뷰티아트디자인과 외래교수

▪ **강신옥**
경복대학 피부미용과 교수

미용건강학

2007년 9월 10일 초판 인쇄
2007년 9월 15일 초판 발행

지은이 | 안홍석 · 홍란희 · 김명숙
김문주 · 최성임 · 강신옥
발행인 | 유제구
발행처 | 파워북
주 소 | 서울 마포구 염리동 161-5
전 화 | (02) 730-1412
F A X | (02) 730-1410
등 록 | 1997. 1. 1 제 300-1997-13

정 가 22,000원
ISBN 978-89-8160-079-2